浙江省高职院校"十四五"重点立项建设教材

主体结构工程施工

ZHUTI JIEGOU GONGCHENG SHIGONG

主　编　郑　东　黄海荣
副主编　周海涛　施之骐　张　巍

Zhejiang University Press
浙江大学出版社
·杭州·

图书在版编目(CIP)数据

主体结构工程施工 / 郑东，黄海荣主编. -- 杭州：
浙江大学出版社，2024. 6. -- ISBN 978-7-308-25073-3

Ⅰ. TU74

中国国家版本馆 CIP 数据核字第 20241ME485 号

主体结构工程施工

主　编	郑　东　黄海荣
副主编	周海涛　施之骐　张　巍

责任编辑	王元新
责任校对	阮海潮
封面设计	周　灵
出版发行	浙江大学出版社
	（杭州市天目山路 148 号　邮政编码 310007）
	（网址：http://www.zjupress.com）
排　版	杭州晨特广告有限公司
印　刷	杭州宏雅印刷有限公司
开　本	787mm×1092mm　1/16
印　张	18.75
字　数	422 千
版印次	2024 年 6 月第 1 版　2024 年 6 月第 1 次印刷
书　号	ISBN 978-7-308-25073-3
定　价	59.00 元

近年来,中国建筑工程施工技术领域经历了深刻的变革。随着科技的飞速进步,建筑施工技术不断推陈出新,淘汰或限制了一大批技术落后的工艺。同时,装配式建筑逐渐在全国范围内得到推广,国家也相应修订了多项与施工相关的规范和规程。建筑行业正步入高质量发展的转型阶段,对建筑施工从业人员的要求日益提高。

"主体结构工程施工"作为高职院校土木大类的核心专业课程之一,主要研究主体结构施工过程中的工艺和方法、技术措施要求、质量验收标准和方法等。该课程在培养学生综合运用专业知识、提高处理工程实际问题能力方面发挥着重要作用。本教材以工作任务为导向,以主体结构工程施工过程为主线,系统介绍了主体施工技术的基本知识和基本理论,并结合中国建筑施工的新材料、新技术、新工艺和新方法,根据最新颁布的施工质量和验收规范要求进行了精心编写,确保了教材的科学性与先进性。

本教材作为浙江省高职院校"十四五"首批重点教材,坚持"理论够用,重在培养实践能力"的原则,在拓展阅读中融入了课程思政和专创融合元素,力求体现高等职业教育的特点,并展现出土木类专业的特色。

本教材由郑东和黄海荣担任主编。宁波建工工程股份有限公司的管小军编写了模块一,宁波职业技术学院郑东编写了模块二、模块三和模块四,施之骐编写了模块六,周海涛编写了模块七,模块八由浙江同济科技职业技术学院黄海荣和施之骐共同编写。全书配套动画资源由西安三好软件技术股份有限公司张巍负责策划与制作,浙江省建工集团有限责任公司金睿对全书进行了审核,在此一并表示感谢! 全书由郑东负责内容策划、统稿并定稿。

本教材在特色方面做了一些大胆尝试。由于编者水平有限,加之编写时间仓促,教材中难免存在疏漏与不足之处。我们恳请各相关高职院校的教师和学生在使用本教材的过程中,对所存在的不足给予关注并提出宝贵的意见和建议,以便我们在未来的修订中不断完善和提高。

所有意见和建议请发至:zd2016076@sina.com。

编者

2024 年 5 月

目录
CONTENTS

数字资源

GAZ（构造边缘暗柱）	板材墙（轻质隔墙）	变截面柱	垂直运输机械	多孔砖砖墙
非承重砖墙	钢筋砼板式楼梯支模与钢筋构造	钢筋砼梁式楼梯支模与钢筋构造	过梁	剪力墙（混凝土剪力墙）
剪力墙暗梁施工	剪力墙连梁施工	剪力墙体变截面施工	剪力墙圆形洞口施工	简支梁
井字梁施工	空心砖砖墙	扣件式落地脚手架	框架角柱施工	框架梁
框架柱钢筋绑扎	立皮数杆	梅花丁承重墙	轻钢玻璃雨棚	圈梁
三顺一丁承重墙	双层双向配筋板	悬挑扣件式脚手架	悬挑梁	一顺一丁承重墙
异形柱支模构造	雨棚施工	蒸压加气混凝土砌块（ACB）砌筑	主次梁交接节点施工	柱支模构造
砖墙留置斜槎	砖墙留置直槎	装配式安全通道	装配式栏杆安装	

模块一 施工准备

施工准备工作,是建筑施工管理的一个重要组成部分,是组织施工的前提,也是顺利完成建筑工程任务的关键。它包括项目部管理人员组建、施工图会审、施工组织设计编制以及施工现场的材料准备、场地规划、报批手续的办理等。

项目概况

装备库及辅助用房工程建筑面积为 $1881m^2$,建筑层数四层(局部五层),第一层层高为 4.2m,第三至五层层高为 3.4m,建筑总高为 14.7m,建筑为框架结构,设计使用年限 50 年,建筑结构安全等级均为二级,抗震设防烈度 6 度。

建筑类别:多层公共建筑。

学习目标

1. 理解施工图纸会审的意义,并能组织一场图纸会审;

2. 掌握施工场地布置的步骤,并能在老师指导下完成一个小型工地的场地布置;

3. 了解各类项目部的组织结构特点,能辅助项目经理组建项目部;

4. 理解"开工报告"的意义,并能正确完成开工报告手续填报;

5. 树立工程施工中的风险防范意识和培养职业责任感。

任务 1 人员与技术准备

一、任务布置

请根据工程特点和实际需要拟定施工项目部组织架构,并完成开工前的技术准备工作。

二、相关知识

(一)项目部组建

施工项目部置于项目经理的领导之下,是为了某个特定工程项目的需要临时组建的

"一次性"机构,应在项目启动前建立,在项目完成后或按合同约定解体。其职能与地位类似于企业内部的临时性职能部门。因此,其行使的职权范围是企业法定代表人授权的范围。为了充分发挥项目部在项目管理中的主体作用,须特别重视项目部的机构设置,做到设计好、组建好、运转好,从而发挥其应有功能。

1.人员配置

项目部人员配置可根据具体工程情况而定,由项目经理、技术负责人以及有关技术人员、管理人员组成,一般情况下不少于现场工人的5%。

项目部的工程现场岗位有项目经理、项目技术负责人、施工员、质量员、安全员、资料员、材料员等,有的项目部还设有项目副经理。造价人员由公司相应职能部门承担,很多项目部不另设造价人员。

项目经理是受企业法定代表人委托,全面负责工程项目施工过程的管理者,须持有注册建造师证书。项目部由项目经理根据项目施工的需要组建,人员并不固定,可以随工程任务的变化而调整。

2.项目部的作用

(1)项目部在项目经理的领导下,作为项目管理的组织机构,负责项目从开工到竣工全过程中施工生产经营的管理,是企业在工程项目上的管理层,同时对作业层负有管理与服务双重职能。

(2)项目部是项目经理的办事机构,为项目经理的决策提供信息,在当好参谋的同时,要执行项目经理的决策意图,对项目经理全面负责。

(3)项目部是代表企业履行工程承包合同的主体,也是对最终建筑产品和业主全面、全过程负责的管理主体。

(二)施工图会审

施工图会审是指在施工交底前,工程各参建单位,包括建设单位、监理单位、总承包单位、专业施工单位、材料设备供货商等在收到设计单位施工图设计文件后,对图纸进行全面细致的熟悉和审查的一项重要活动。

施工图总是或多或少地存在"错""碰""缺"等问题。这里的"错"是指技术错误或表达错误;"碰"是指不同专业图纸之间存在的矛盾或同一专业图纸中的表达不一致,出现碰撞现象;"缺"是指图纸不够完善,施工内容表达有缺漏。

1.施工图会审的意义

(1)使施工单位、建设单位等有关人员进一步了解设计意图和设计要点。

(2)是解决施工图设计问题的重要手段,对减少工程变更、降低工程造价、加快工程进度、提高工程质量都起着重要的作用。

(3)通过会审可以澄清疑点,消除设计缺陷,统一思想,使设计达到经济、合理的目的。

2.施工图会审的内容

(1)是否为无证设计或越级设计,是否经设计单位正式签署,是否经过相关部门图审合格。

(2)地质勘探资料是否齐全。

（3）设计图纸与说明是否齐全，有无分期供图的时间表。

（4）设计的地震设防烈度是否符合当地要求。

（5）几个设计单位共同设计的图纸相互间有无矛盾；专业图纸之间、平立剖面图之间有无矛盾；标注有无遗漏。

（6）总平面与施工图的几何尺寸、平面位置、标高等是否一致。

（7）消防是否满足要求。

（8）建筑结构与各专业图纸本身是否有差错及矛盾；结构图与建筑图的平面尺寸及标高是否一致；结构图与建筑图的表示方法是否清楚；是否符合制图标准；预埋件是否表示清楚；有无钢筋明细表；钢筋的构造要求在图中是否表示清楚；工艺管道、电气线路、设备装置、运输道路与建筑物相互间有无矛盾，布置是否合理等。

（9）施工图中所列各种标准图册，施工单位是否具备。

（10）材料来源有无保证，能否代换；图中所要求的条件能否满足；新材料、新技术的应用有无问题。

3. 图纸会审程序

图纸会审应在开工前进行，一般程序为：业主（主持人）发言→设计方图纸交底→施工方、监理方代表提问题→逐条研究→形成会审记录文件→签字、盖章后生效。

施工方及监理方对提出和解答的问题作好记录，以便核查。

整理成的图纸会审记录，由各方代表签字盖章。图纸会审记录是施工文件的组成部分，与施工图具有同等效力。

《建设工程监理规范》（GB/T 50319—2013）规定："项目监理人员应熟悉工程设计文件，并应参加由建设单位主持的图纸会审和设计交底会议，会议纪要应由总监理工程师签认。"由此可知，图纸会审和设计交底应由建设单位主持。

4. 参加图纸会审人员

建设方：现场负责人员及其他技术人员。

设计方：设计院总工程师、项目负责人及各个专业设计负责人。

监理方：项目总监及各个专业监理工程师。

施工单位：项目经理、项目总工程师及各个专业技术负责人。

其他相关单位：技术负责人。

（三）施工组织设计编制

施工组织设计是以施工项目为对象编制的、用以指导施工的技术、经济和管理的综合性文件。若施工图设计是解决造什么样的建筑物产品，则施工组织设计就是解决如何建造的问题。受建筑产品及其施工特点的影响，每一个工程项目开工前，都必须根据工程特点与施工条件来编制施工组织设计。

施工组织设计的基本任务是根据国家有关技术、政策、建设项目要求、施工组织的原则，结合工程的具体条件，确定经济合理的施工方案，对拟建工程在人力、物力、时间、空间、技术和组织等方面统筹安排，以保证按照既定目标，优质、低耗、高速、安全地完成施工任务。

1.施工组织设计类型

施工组织设计按设计阶段和编制对象不同,分为施工组织总设计、单位工程施工组织设计和施工方案三类。

(1)施工组织总设计

施工组织总设计是以若干单位工程组成的群体工程或特大型项目为主要对象编制的。若采用EPC(engineering procurement construction,设计、采购、施工一体化)承包模式,施工组织总设计一般应在建设项目的初步设计或扩大初步设计批准之后,在总工程师领导下进行编制。建设单位、设计单位和分包单位应协助总承包单位完成编制工作。其任务是确定建设项目的开展程序、主要建筑物的施工方案、建设项目的施工总进度计划、资源需用量计划和施工现场总体规划等。

(2)单位工程施工组织设计

单位工程施工组织设计是以单位(子单位)工程为主要对象编制的,对单位(子单位)工程的施工过程起指导和约束作用。单位工程施工组织设计是施工图纸设计完成之后、工程开工之前,在施工项目负责人领导下进行编制的。

(3)施工方案

施工方案是以分部(分项)工程或专项工程为主要对象编制的施工技术与组织方案,用以具体指导施工过程。施工方案由项目技术负责人负责编制。

对重点、难点分部(分项)工程和危险性较大的分部(分项)工程,施工前应编制专项施工方案。

2.施工组织设计的基本内容

施工组织设计的内容要结合工程对象的实际特点、施工条件和技术水平进行综合考虑,包括以下基本内容。

(1)工程概况

本项目的性质、规模、建设地点、结构特点、建设期限、分批交付使用的条件、合同条件;本地区地形、地质、水文和气象情况等。

(2)施工部署及施工方案

根据工程情况,结合人力、材料、机械设备、资金、施工方法等条件,全面部署施工任务,合理安排施工顺序,确定主要工程的施工方案。

对拟建工程可能采用的几个施工方案进行定性、定量的分析,综合技术、经济评价,选择最佳方案。

(3)施工进度计划

施工进度计划反映了最佳施工方案在时间上的安排。其采用计划的形式,使工期、成本、资源等通过计算和调整达到优化配置,符合项目目标的要求,使工序有序地进行。

(4)施工平面图

施工平面图是施工方案及施工进度计划在空间上的全面安排。它把投入的各种资源、材料、构件、机械、道路、水电供应网络、生产与生活场地及各种临时工程设施合理地布置在施工现场,使整个现场能有组织地进行文明施工。

（5）主要技术经济指标

技术经济指标用以衡量组织施工的水平，它用于对施工组织设计文件的技术经济效益进行全面评价。

三、任务实施

(一)施工项目部组建步骤

（1）根据工程需要确定项目部的管理任务和组织结构。

（2）组建团队。

（3）根据项目管理目标责任书进行目标分解与责任划分。

（4）确定人员的职责、分工和权限。

（5）确定工作制度和考核办法等。

(二)施工图纸会审步骤

（1）熟悉图纸。

（2）施工单位和监理单位进行图纸自审。

（3）各单位提交审图问题清单。

（4）建设单位组织召开图纸会审会议。

（5）设计单位就问题逐项解答。

（6）会签图纸会审记录单。

(三)施工组织设计编制步骤

（1）工程相关资料收集。

（2）现场调查研究。

（3）工程概况编制。

（4）施工方案选择。

（5）施工进度计划编制。

（6）施工质量控制措施编制。

（7）施工安全文明管理措施编制。

（8）制订施工机械设备计划。

（9）制订劳动力计划。

（10）施工现场总平面布置。

四、拓展阅读

(一)基本建设工作程序

建设程序是"基本建设工作程序"的简称。基本建设全过程中的各项工作必须遵循先后顺序，它是对基本建设过程中客观存在的时序规律的认识和反映。

按照基本建设的技术经济特点及其规律性，顺序不能任意颠倒，但可以合理交叉。这些步骤的先后顺序如下。

1.策划决策阶段

策划决策阶段,又称为建设前期工作阶段,主要包括编报项目建议书和可行性研究报告两项工作内容。

(1)项目建议书

对于政府投资工程项目,编报项目建议书是项目建设最初阶段的工作。其主要作用是推荐建设项目,以便在一个确定的地区或部门内,以自然资源和市场预测为基础,选择建设项目。

项目建议书经批准后,可进行可行性研究工作,但这并不表明项目非上不可,项目建议书不是项目的最终决策。

(2)可行性研究

可行性研究是在项目建议书被批准后,对项目在技术和经济上是否可行进行的科学分析和论证。

2.勘察设计阶段

(1)勘察过程

复杂工程分为初勘和详勘两个阶段,它为设计提供实际依据。

(2)设计过程

设计一般划分为两个阶段,即初步设计阶段和施工图设计阶段。对于大型复杂项目,在初步设计之后还可增加技术设计阶段。

初步设计经主管部门审批后,建设项目被列入国家固定资产投资计划,方可进行下一步的施工图设计。

施工图一经审查批准,不得擅自修改。若有修改必须重新报请原审批部门,由原审批部门委托审查机构审查后再批准实施。

3.建设准备阶段

建设准备阶段的主要内容包括:明确项目法人、征地、拆迁、"三通一平"乃至"七通一平";组织材料、设备订货;办理建设工程质量监督手续;委托工程监理;准备必要的施工图纸;组织施工招投标,择优选定施工单位;办理施工许可证等。按规定做好施工准备,具备开工条件后,申请开工,进入施工安装阶段。

4.施工阶段

建设工程具备开工条件并取得施工许可证后方可开工。项目开工时间,按设计文件中规定的任何一项永久性工程第一次正式破土开槽的时间确定。不需要开槽的以正式打桩作为开工时间。

5.生产准备阶段

对于生产性建设项目,在其竣工投产前,建设单位应适时地组织专门班子或机构有计划地做好生产准备工作,包括:招收、培训生产人员;组织有关人员参加设备安装、调试、工程验收;落实原材料供应;组建生产管理机构,健全生产规章制度等。生产准备是由建设阶段转入经营阶段的一项重要工作。

6.竣工验收阶段

工程竣工验收是全面考核建设成果、检验设计和施工质量的重要步骤,也是建设项目转入生产和使用的标志。验收合格后,建设单位编制竣工决算,项目正式投入使用。

7.考核评价阶段

建设项目的考核评价是工程项目竣工投产、生产运营一段时间后,再对项目的立项决策、设计施工、竣工投产、生产运营等全过程进行系统评价的一种技术活动,是固定资产管理的一项重要内容,也是固定资产投资管理的最后一个环节。

(二)施工项目组织形式

组织形式也称为组织结构的类型,是指一个组织以什么样的结构方式去处理层次、跨部门设置和上下级关系。施工项目的组织形式应根据施工项目的规模、结构复杂程度、专业特点、人员素质和地域范围确定。

施工项目的组织形式有很多种,主要包括工作队式、部门控制式、矩阵式、事业部式和直线职能式五种。

1.工作队式施工项目组织结构

(1)特征

项目经理在企业内部聘用职能人员组成管理机构(工作队),由项目经理指挥。

项目组织成员在工程建设期间与原所在部门脱离领导与被领导关系,原单位负责人负责业务指导及服务,但不能随意干预其工作或将其调回。

项目结束后机构撤销,所有人员仍回原所在部门和岗位。

(2)适用范围

工作队式项目组织结构可独立完成工程任务,公司部门只提供一些服务。这种项目组织类型适用于工期要求紧迫、要求多工种多部门密切配合的项目。它要求项目经理素质高,指挥能力强,有快速组织队伍及善于指挥来自各方人员的能力。

2.部门控制式施工项目组织结构

(1)特征

部门控制式项目组织并不打乱施工企业现行的建制,企业把项目委托给某一专业部门或某一施工队,由被委托的部门(或施工队)领导在本单位组织人员负责,项目终止后恢复原职。

(2)适用范围

部门控制式项目组织结构一般适用于小型、专业性较强、不涉及众多部门的施工项目。

3.矩阵式施工项目组织结构

(1)特征

矩阵式项目组织的职能人员或机构由公司的职能部门人员组成。专业职能部门是永久性的,项目组织是临时性的。职能部门负责人对参与项目组织的人员有组织调配、业务指导和管理考察的责任。项目经理将参与项目组织的职能人员在横向上有效地组织在一起,他们为实现项目目标协同工作。多个项目与职能部门结合成矩阵状,如图1-1所示。

(2)适用范围

矩阵式施工项目组织结构适用于同时承担多个需要进行工程项目管理的企业和大型、复杂的施工项目,各项目对专业技术人才和管理人员都有需求,加在一起数量较大。

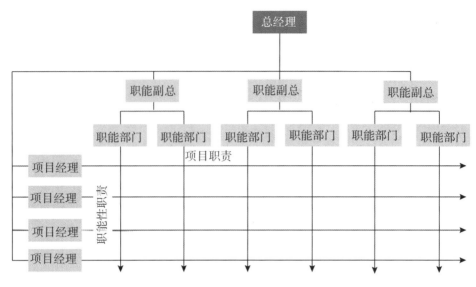

图 1-1 矩阵式施工项目组织机构

4.事业部式施工项目组织结构

（1）特征

事业部（一般为其中的工程部或开发部，对外工程公司设海外部），对企业来说是职能部门，有相对独立的经营权，可以是一个独立单位。事业部可以按地区设置，也可以按工程类型或经营内容设置。如图 1-2 中工程部的工程处，也可以按事业部对待。事业部式组织结构能较迅速适应环境变化，提高企业的应变能力，调动积极性。当企业向大型化、智能化发展时，事业部式组织结构既可以加强经营战略管理，又可以加强项目管理。

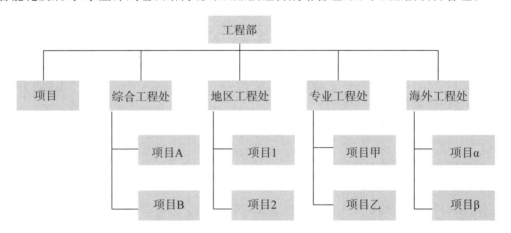

图 1-2 事业部式项目组织结构

（2）适用范围

事业部式施工项目组织结构适用于大型经营性企业的工程承包，特别适用于远离公司本部的工程承包。需要注意的是，一个地区只有一个项目，没有后续工程时，不能设立地区事业部。它适宜在一个地区内有长期项目或一个企业有多种专业化施工力量时采用,事业部与地区市场同寿命。

5.直线职能式施工项目组织结构

(1)特征

直线职能式施工项目组织结构设有三个管理层次:

第一层是施工项目经理部,负责施工项目决策管理和调控工作。

第二层是施工项目专业职能管理部门,负责施工项目内部专业管理业务。

第三层是施工项目的具体操作队伍,负责项目施工的具体实施。

这种管理组织是指结构形式呈直线状且设有职能部门或职能人员的组织,每个成员(或部门)只受一位直接领导指挥,如图1-3所示。

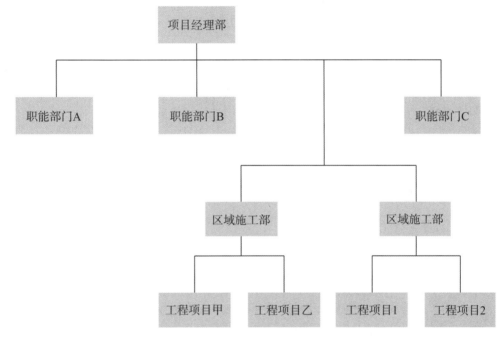

图1-3 直线职能式项目组织结构

(2)适用范围

直线职能式施工项目组织结构比较适合大规模综合性的施工项目任务。

与直线职能式施工项目组织结构相对应的还有一种简单的直线式组织结构,它只有两个管理层次,上一层次是项目经理部,下一层次是具体的业务操作人员,如图1-4所示。它适用于任务种类单一和规模较小的项目,不适用于综合性、大规模的施工任务。其优点是简单易行、灵活机动和指挥统一;缺点是管理方法比较单一,缺乏专业职能部门,无法满足提高专业化和工作效率的需求。

目前我国很多项目部采用这种模式。

(三)项目部组织结构形式的确定

项目部组织结构形式应根据施工项目的规模和地域范围确定,一般来说:

(1)大型项目宜按矩阵式施工项目组织结构设置项目部。

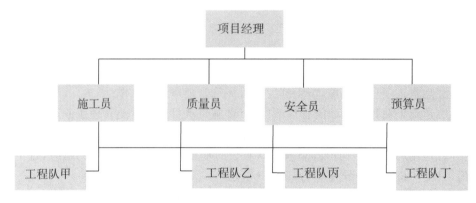

图 1-4　直线式项目组织结构

（2）远离企业管理层的大中型项目宜按直线职能式、工作队式或事业部式施工项目组织结构设置项目部。

（3）中型项目宜按直线职能式施工项目组织结构设置项目部。

（4）小型项目宜选用部门控制式施工项目组织结构设置项目部。

任务 2　现场准备

一、任务布置

（1）根据工程现场条件和工程建设需要完成场地总平面布置。

（2）完成开工手续的办理。

二、相关知识

（一）施工现场准备

施工现场是施工的全体参与者为了实现优质、高效、低耗的目标，而有节奏、均衡、连续地进行"决战"的活动空间。施工场地的准备，主要是为了给工程项目创造有利的施工条件，是保证工程按计划开工和顺利进行施工的重要环节。

1.场地"三通一平"

"三通一平"是指建设项目在正式施工以前，施工现场应达到水通、电通、道路通和场地平整等条件。某些地方还有"五通一平"或"七通一平"的要求。

"五通一平"是指通电、通路、通给水、通信、通排水、土地平整。

"七通一平"是指通电、通路、通给水、通信、通排水、通热力、通燃气、土地平整。

"三通一平"是施工准备阶段的一个重要标志，也是建设工程进行发包或招标所必须具备的一项条件。关于"三通一平"的具体要求和范围,尚无统一的明确规定,一般概念是指将能满足施工高峰需要的水源、电源引入建筑红线以内;为大型施工和运输机械提供进入现场的道路;整个施工现场的障碍物已清除,场地经过平整。"三通一平"工作由建设单位负责实施,建设单位若没有力量施工,可以委托承包该项工程的单位施工。

2.总平面布置

(1)布置原则

在满足施工需要的前提下,尽量减少施工用地,不占或少占农田,施工现场布置要紧凑合理。

合理布置起重机械和各项施工设施,科学规划施工道路,尽量降低运输费用。

科学确定施工区域和场地面积,尽量减少专业工种之间的交叉作业。

尽量利用永久性建筑物、构筑物或现有设施为施工服务,降低施工设施建造费用;尽量采用装配式施工设施,提高安装速度。

各项施工设施布置都要满足有利生产、方便生活、安全防火和环境保护要求。

(2)布置依据

建设项目建筑总平面图、竖向布置图和地下设施布置图。

建设项目施工部署和主要建筑物施工方案。

建设项目施工总进度计划、施工总质量计划和施工总成本计划。

建设项目施工总资源计划和施工设施计划。

建设项目施工用地范围和水源电源位置,以及项目安全施工和防火标准。

(3)现场平面布置内容

拟建的建筑物或构筑物,以及周围的重要设施。

施工用的机械设备固定位置。

施工运输道路。

临时水源、电源位置及铺设线路。

施工用生产性、生活性设施(加工棚、操作棚、仓库、材料堆场、行政管理用房、职工生活用房等)。

(二)材料和机械准备

1.材料准备

建筑施工所需的材料品种多且数量大,能否保证按计划供应,对整个施工过程的工期、质量和成本有着举足轻重的作用。各种施工物资只有运到现场并有必要的储备后,才具备开工条件。施工管理人员应尽早计算出各阶段对材料的需要量,并说明供应单位、交货地点、运输方式等,特别是预制构件,必须尽早从施工图中摘录出构件的规格、质量、数量和品种,列表造册,向预制加工厂订货并确定分批交货清单、交货地点和时间,如表1-1所示。

表 1-1　主要材料进场计划表

序号	名称	规格	单位	需要数量	供货方式（自采或业主提供）	月份进场量									
						1	2	3	4	5	6	7	8	9	10
一	桥梁材料														
1	水泥	525#	t	1522	自采					300	400	400	300	122	
2	水泥	425#	t	2643	自采				200	400	400	500	500	500	143
3	砂		m³	11051	自采	1160	387	2321	3868	1105	1105	1105			
4	碎石		m³	14911	自采	1566	522	3131	5219	1491	1491	1491			
5	片石		m³	413	自采								200	200	13
6	钢筋	II	t	1186.181	自采					200	300	200	200	230	56.181
7	钢绞线	3φ15.20	kg	1104.26	自采					200	300	300	200	104.26	
8	钢绞线	5φ15.20	kg	17542.28	自采					2000	4000	4000	4000	3542.28	
9	钢绞线	0φ15.20	kg	4425.95	自采					800	1000	1000	1000	625.95	
10	钢绞线	7φ15.21	kg	42180.50	自采					8000	10000	10000	10000	4180.50	
11	钢绞线	8φ15.21	kg	7884.75	自采					1000	2000	2000	2000	884.75	
12	钢绞线	9φ15.22	kg	4436.85	自采					800	1000	1000	1000	636.85	
13	钢绞线	φ12.70	kg	3.877	自采					3.877					
14	锚具	OVM15-3	套	4	自采					8					
15	锚具	OVM15-5	套	80	自采					80					
16	锚具	OVM15-6	套	16	自采					16					
17	锚具	OVM15-7	套	128	自采				128						
18	锚具	OVM15-8	套	16	自采				16						
19	锚具	OVM15-9	套	8	自采					8					

2.机械设备准备

施工机械包括土方施工机械、钢筋加工机械、木工加工机械等。实际施工中应根据工程项目特点、工程量大小、施工部位等确定施工方案后，拟定施工机械，进行成本分析，确定选用的方案；然后着手编制相关设备购置、调拨申请和租赁计划等，进行设备的购置、进场验收、分配试用等，尽早使设备投入使用，避免停工、窝工现象的出现。对大型施工机械、设备、辅助机械等要精确计算工作日，确定进场时间，做到进场后立即使用，用完后立即退场，节省机械台班费和停留费，提高机械利用率。

主要设备进场前，由各相关部门根据工程量和机械设备效率计算核实机械台班，编制出施工所需各类机械设备的计划总表（见表1-2），经项目经理审批后下达机械设备供应计划。

表 1-2　拟投入的施工机械设备表

序号	机械/设备名称	型号规格	数量	产地	制造年份	额定功率/kW	生产能力	用于施工部分备注
1	砼搅拌机	JZC-350	1	杭州	2011	7.5	良好	基础及主体
2	砂浆搅拌机	HZ200	1	杭州	2011	2.5	良好	基础及主体
3	钢筋切断机	CJ5-40	1	金华	2011	5.5	良好	基础及主体
4	钢筋弯曲机	CJ5-8	1	金华	2011	3.5	良好	基础及主体
5	对焊机	UN1-100	1	金华	2011	100	良好	基础及主体
6	电焊机	BX1-300	1	徐州	2011	23.4	良好	基础及主体
7	插入振动机	ZX50	1	杭州	2011	1.1	良好	基础及主体
8	平板振动机	PZ-50	1	杭州	2011	1.2	良好	基础及主体
9	圆盘锯	MJ114	1	金华	2011	3	良好	基础及主体
10	手动葫芦	1T-5T	2	杭州	2011	/	良好	主体及装修
11	台钻	$\phi 32$	3	杭州	2011	/	良好	主体及装修
12	液压弯曲管机	1/2"～4"	1	杭州	2011	/	良好	主体及装修
13	电动套丝机	1/2"～4"	1	杭州	2011	/	良好	安装
14	手动电焊机	BX-60	3	杭州	2011	1.2	良好	安装
15	型材切割机	WQS-402	1	杭州	2011	/	良好	装饰及安装
16	型材切割机	100kW	1	杭州	2011	/	良好	备用
17	人货梯	JJS200	1	杭州	2011	11	良好	主体及装修
18	全站仪	N7S-30213	1	杭州	2011	/	良好	基础及主体
19	经纬仪	J2	2	杭州	2011	/	良好	全过程
20	水准仪	24x	2	杭州	2011	/	良好	全过程

(三)施工交底

施工交底是指在工程施工之前,由相关人员按照规定的程序对即将施工的工程进行的事前控制,主要包括工程任务交底、施工图纸交底、安全技术交底和施工技术交底四个方面。交底可以是口头交底,也可以是书面交底,其中安全技术交底和施工技术交底必须以书面形式并由交底人和接受交底人双方签字确认。

1.工程任务交底

工程任务交底是工程项目部按照施工组织设计的要求,对具体施工过程的细化和实施,以保证工程按照施工组织设计正确执行,是在保证安全的前提下,为完成工程约定的质量、工期、造价控制目标而对工作任务在时间、空间上进行的分配和安排。

(1)工程任务交底的原则

要满足安全生产、生产工艺、施工组织设计的要求;尽量避免不必要的交叉作业;注意合理的人员组织与安排,尽可能地减少窝工。

(2)采取层级交底制

主要工序和特殊工序由项目技术负责人对主管人员进行技术交底,然后由主管人员向班组进行交底。

一般工序由施工员直接向各施工班组进行交底。

(3)交底的主要内容

施工图纸的要求。如混凝土强度等级、配合比、坍落度、钢筋搭接长度、模板拆除时间、电气预埋要求及与土建的相互配合等。

施工质量的标准。质量标准严格按照施工图纸及施工验收规范的要求进行施工,合同规定有其他要求的,按照其他要求进行施工。

原材料的标准。各种进场的原材料,必须符合图纸与规范的要求;对于钢材、水泥等主要原材料,进场后要及时进行材料的抽样送检工作,原材料检验合格后方能投入工程使用;施工管理人员要定期或不定期地对原材料情况进行检查。

爱护上一道工序、作业成果,特别要避免破坏装饰面层、堵塞排水管道、随意踩踏绑扎好的钢筋等。

对于特殊工序和特殊工种的施工,除按要求做好交底外,工程技术人员还要严格执行旁站制度,并做好施工记录。特殊工序和特殊工种还需要操作人员和值班管理人员在记录上签名确认。

2.施工图纸交底

图纸交底是指在施工图完成并经审查合格后,设计单位在设计文件交付施工时,就施工图设计文件向施工单位和监理单位做出详细的说明。

在实际工作中,图纸交底与图纸会审往往同期举行。

(1)图纸交底的目的

使参与工程建设的各方了解工程设计的指导思想、建设构想和要求,采用的设计规范、抗震设防烈度、防火等级,基础、结构、内外装修以及设备设计;了解主要建筑材料、构配件、设备的要求以及所采用的新技术、新方法、新材料、新设备等;了解施工中需要特别注意的事项,掌握工程施工关键部位的技术要求。

(2)图纸交底的要求

设计单位必须提供完整的设计图纸,包括各专业相互关联的图纸。

设计单位必须派出负责该项目的主要设计人员参加。

凡直接涉及设备制造厂家的工程项目和施工图纸,要求订货单位邀请设备厂家代表参加。

交底的形式为会议形式,并形成书面记录。交底人和接受人应履行交接签字手续。技术交底资料和交接手续是工程技术档案的重要组成部分,应及时归档并妥善保管。

(3)图纸交底的内容

设计概况、设计依据、设计内容及范围、结构形式、设计意图、设计特点以及应注意的问题。

施工图与设备、特殊材料的要求是否一致,主要材料是否可以代换;新设备、新标准、新技术是否采用,尤其对施工单位不熟悉的设计或特殊构件的要求应做出解释,说明有关设计变更的情况及相关要求,以及其他需要强调和说明的问题。

3.安全技术交底

施工安全技术交底方案的编制工作,由相关专业技术人员完成,在新项目开工前报送本部门负责人审核,项目总工程师批准后实施。根据被批准后的安全技术交底方案,由项目总负责人或安全负责人组织并主持,向项目部技术、安全、质量等管理人员进行交底;一般由再施工员或安全员对施工作业班组、作业技术人员进行交底。

施工员或安全员对安全技术交底的执行结果负责,技术员、质量员负责监督,对实施过程控制负责。如果出现问题,施工员、技术员、质量员、安全员要及时果断处置。

(1)安全技术交底的原则

安全技术交底与施工技术交底要融为一体,不能分开。

必须严格按照施工制度,在施工前交底。

要按不同工程的特点和施工方法,针对施工现场和周围环境,从防护上、技术上提出相应的安全措施和要求。

安全技术交底要全面、具体、针对性强,做到安全施工、万无一失。

建筑机械安全技术交底要向操作人员交代机械的安全性能、安全操作规程和安全防护措施,并经常检查操作人员的交接班记录。

安全技术交底单应由施工技术人员编写并向施工班组及责任人交底,安全员负责监督执行。

(2)安全技术交底的要求

安全技术交底工作在正式作业前进行,应采用书面形式,交底结束后交底人与被交底人都应履行签字手续,施工负责人、生产班组、现场安全员三方各留一份。

安全技术交底是施工负责人向施工作业人员进行责任落实的法律要求,要有针对性,不能过于简单,应按分部分项工程和具体作业条件认真交底,包括注意事项、个人防护用具、公共防护措施、危险因素、预防措施、应急措施等。

目前,我国建筑施工一线工作人员往往缺乏必要的安全知识,自我保护能力缺乏和安全意识薄弱,若安全交底不到位,则容易造成施工现场安全事故的发生。

4.施工技术交底

(1)施工技术交底的原则

施工技术交底虽然是分级管理的,但最关键的是施工技术员一级的交底。

施工技术交底单的编写必须遵循以下原则:所写内容必须有针对性,实事求是,切实可行。严格遵守规范、标准和其他相关规定,不能因施工班组素质不高而降低;交底内容必须重点突出;交底工作必须在开始施工前进行,不允许后补。编写的程序和内容应力求科学化、标准化,宜用图表表示的,可以不用文字。

(2)施工技术交底的内容

施工技术交底单的编制内容包括工程概况、质量要求、施工方法和施工注意事项、安全措施和安全注意事项四方面。表1-3所示为某工程技术交底单实样。

表1-3 某工程技术交底单实样

工程名称	＊＊＊＊新建办公楼	施工部位	一、二、三、四、五区		
施工图号	建施××	施工班组	抹灰队	日期	2023年5月1日

内容:

1.楼梯间的出梁部分:若>60mm,梁下部分贴一皮红砖补砌(与梁一平),梁上部分做假梁,高度为每层楼板建筑标高加500mm。保证楼梯净宽相同,且假梁部分出墙宽度一致(每层相同部分)。

2.线槽封堵、基层清理、放线找规矩、浇水、做灰饼、冲筋、做底层及面层灰、养护等工作同室内,基层为空心砖墙体。

3.楼梯踏步板背面不抹灰,需打磨。

4.楼梯滴水线滴水要求从上至下沿楼梯踏步板、平台底闭合,砂浆滴水收光后刷成与楼梯踏步板同颜色的油漆。滴水应光滑方正,棱角整齐,不出现毛茬。具体做法见下图:

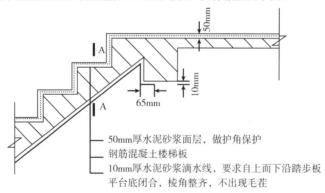

1-1 剖面详图

交底人		接受交底人	

(四)手续报批与开工报告办理

1.开工前手续报批

《中华人民共和国建筑法》(以下简称《建筑法》)规定,有下列情形之一的,建设单位应当按照国家有关规定办理申请批准手续:

需要临时占用规划批准范围以外场地的;

可能损坏道路、管线、电力、邮电通信等公共设施的;

需要临时停水、停电、中断道路交通的;

需要进行爆破作业的;

法律、法规规定需要办理报批手续的其他情形。

《建筑法》要求工程项目开工前,建设单位应当按照国家有关规定向工程所在地县级以上人民政府建设行政主管部门申请领取施工许可证;但是,国务院建设行政主管部门确定的限额以下的小型工程除外。

按照国务院规定的权限和程序批准开工报告的建筑工程,不再领取施工许可证。

《建设工程质量管理条例》规定:建设单位在领取施工许可证或者开工报告前,应当按照国家有关规定办理工程质量监督手续。

夜间施工一般应符合当地地方性法规或者一些部门规章。根据我国有关法律规定,在城市市区噪声敏感、建筑物集中区域内,禁止夜间进行产生环境噪声污染的建筑施工作业,但抢修、抢险作业和因生产工艺上要求或者特殊需要必须连续作业的除外。因特殊需要必须连续作业的,必须有县级以上人民政府或者其有关主管部门的证明,而且夜间作业必须公告附近居民。

2.开工报告申请

开工是指建筑工程项目开始施工作业。其中新建工程的开工,是指正式破土开槽,开始进行土方开挖或者桩基础施工;而改建、扩建工程和旧有房屋装饰装修工程的开工,是指开始进行拆改作业。为保证工程建设质量和工期,控制工程造价,提高投资效益,国家有关部门对工程项目的开工条件有具体的规定。工程项目在开工前必须接受相关监督部门的开工条件审查。

(1)一般工程项目开工条件

施工许可证已获政府主管部门批准。

征地拆迁工作能满足工程进度的需要。

施工组织设计已获总监理工程师批准。

承包单位现场管理人员已到位,机具、施工人员已进场,主要工程材料已落实。

进场道路及水、电、道路、通信等已满足开工要求。

(2)工程项目开工报告

开工报告是核查建设项目开工前各种文件资料准备情况及各种手续办理完善情况的文件资料,是建设项目或单项(位)工程开工的依据。工程完成各项准备工作,具备开工条件后,应及时向主管部门和有关单位提交开工报告。开工报告批准后即可进行工程施工。

《建筑法》规定:按照国务院有关规定批准开工报告的建筑工程,因故不能按期开工或者中止施工的,应当及时向批准机关报告情况。因故不能按期开工超过六个月的,应当重新办理开工报告的批准手续。

按报告、审批单位的不同,开工报告有两类:一类是建设单位向行政主管部门递交的申请报告;一类是施工单位向监理单位和建设单位递交的申请报告。工程中一般涉及第二种。

申请报告的样式各区域也有所差别,如表1-4所示是某地的开工报告样式。

表1-4 某地的开工报告样式

工程名称			结构类型	
建设单位		电话:		联系人
施工单位		电话:		项目经理
设计单位		电话:		联系人
监理单位		电话:		现场监理
工程地址			现场电话:	
建设面积/m²		其中:地下建筑:	地面建筑:	
合同造价/万元		其中:土建:	装修:	安装:
开工日期		计划竣工日期		
建设工程施工许可证签发单位及编号				
施工准备 安全措施 落实情况		施工前准备工作已落实,符合开工条件		
施工单位(签章) 年 月 日				
监理				

监理根据施工单位的申请,对满足开工条件的开具开工令。工程被允许正式开工。

根据国际惯例,没有总监理工程师批准的开工报告,承包商不得进行永久性工程的施工。如果承包商未提出此报告,监理工程师照样可以按合同规定时间下达必须进行的永久性工程开工的开工令。得此命令,承包商必须以令工程师满意的要素投入施工现场。在开工令规定的日期,承包商不能按开工令要求开工,或只是象征性开工,都将视作违约。

三、任务实施

(一)施工现场准备

(1)绘制施工总平面图。

（2）建造围墙、出入口，引入场外交通道路。

（3）现场生产区布置，施工阶段不同，布置要求会有所不同。

（4）现场办公区及临时生活区布置。如果现场场地狭小，现场办公区及临时生活区另租场地搭设或甲方另指定位置搭设的，应另附平面布置图。

（5）布置临时水电管网、排水系统等；布置三级配电箱的位置。

（二）材料和机械准备

1.材料准备

（1）根据工程进度要求提出材料需求计划，填写材料进场计划，如表1-5所示。

表 1-5　材料进场计划

材料进场计划							
工程名称：							
序号	材料名称	规格	数量	单位	施工部位	计划进场日期	备注

（2）对进场材料按照要求验收。

（3）材料进场质量检验。

（4）材料储存与保管。

2.机械设备准备

（1）提出机械设备需求计划。

（2）机械设备进场验收。

(三)施工交底

(1)项目部对工程管理人员进行总体交底。

(2)各专业进行技术与安全交底。

(3)技术人员对各班组进行交底。

(四)手续报批与开工报告办理

施工前需申报的手续、顺序与主办单位如图1-5所示。

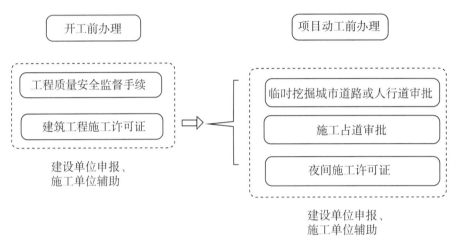

图1-5　施工前需申报的手续、顺序及主办单位

工作人员按照各申报要求准备材料,需要递交的资料一般在各级政府网站会有详细说明。材料准备齐全后,到指定地点进行办理。一般手续办理流程如图1-6所示。

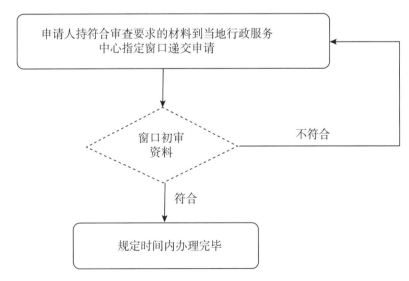

图1-6　一般手续办理流程

现在很多省(区、市)都开始逐渐开通网上办理业务,比如浙江省的"浙里办",开工前的手续可以在线办理,大大提高了工作效率。如图1-7所示,实现了"跑零次"的目标。

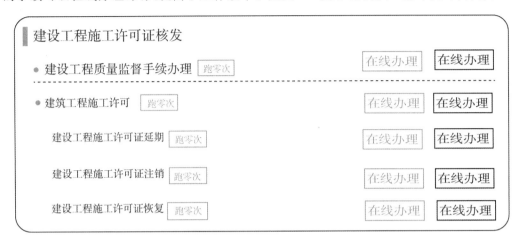

图1-7　浙江省某市的网上行政服务中心办理页面截图

四、拓展阅读

(一)施工总平面布置图编制方法及技巧

1.分阶段进行编制

以房屋建筑总承包工程为例,建议分以下阶段进行布置:

(1)基坑土方开挖及支护阶段——本阶段生产区应绘制基坑边线、基坑坡道,基坑内设置运输通道、基坑排水沟及沉砂池,出入口应设置洗车池等。

(2)地下室施工阶段——本阶段生产区应绘制地下室结构外边线及后浇带,塔吊布置应满足上部结构施工为主。

(3)上部结构施工阶段——本阶段生产区地下室外边线可画成虚线,加工场布置与地下室施工阶段有所不同,部分加工场可移至地下室顶板上,增加施工电梯布置、砌体材料堆场、安装用场地布置等。

(4)装饰及安装施工阶段——本阶段生产区结构施工所需的钢筋加工场、模板加工场、脚手架材料堆场等应撤换掉,增加装修施工用场地、安装用场地布置等。

(5)室外工程施工阶段——本阶段加工场、材料堆场等基本撤换掉,现场办公区及临时生活区有影响的也应撤换掉,应将小区道路及室外的景观构筑物标注上。

2.塔吊的布置

塔吊的平面位置,主要取决于建筑物的平面形状和四周场地条件。一般布置在建筑物边,高层必须考虑附墙加固;塔吊的服务半径应能基本覆盖高层塔楼;选用的塔吊应进行起吊能力验算;群塔布置应能相互避开塔身。

3.布置运输道路

(1)尽可能利用原有道路。

(2)应满足消防要求;施工场地宽松的可设置双车道,场地狭小的可设置单车道,最好能成环状,或者设置回车场。

4.布置施工电梯、混凝土输送泵等机械

施工电梯布置时应查看塔楼标准层平面,尽量设置在阳台位置;高层每幢宜设置1台双笼施工电梯;混凝土输送泵的泵管一般设置在建筑物的中间,地泵的设置要考虑混凝土罐车运行路线。

5.确定钢筋加工场、搅拌站、加工棚和材料、构件堆场的位置

应尽量靠近使用地点或在起重机能力范围内。

6.布置临时水电管网

临时供水的布置:供水管径大小根据计算确定,管网布置要基本覆盖主要拟建建筑物,可沿施工围墙设置,并考虑现场消防需要,设置消防栓。每栋塔楼应设置至少一处供水点(立管随楼层上升),主出入口、蓄水池、搅拌站、生活区及办公区等应设置供水点。

临时供电的布置:变电器、用电量和导线等经计算确定;配电箱布置、开关箱布置、安全架空距离满足用电规范及消防要求。

(二)临时水管网布置

1.施工给水管网布置

施工用的临时给水源由建设单位负责申请办理,由专业公司施工。施工现场范围内的施工用水由施工单位负责。布置时在保证连续供水的情况下,管道铺设越短越好,管径的大小和水龙头数目的设置需视工程规模大小通过计算确定。

工地临时供水管网的布置形式有环形、枝形、混合式三种,如图1-8所示。

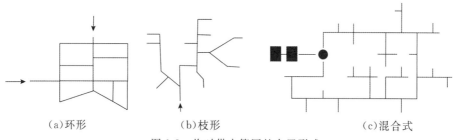

(a)环形　　　　　　　　(b)枝形　　　　　　　　(c)混合式

图1-8　临时供水管网的布置形式

环形封闭管网能保证供水的可靠性,当管网某一处发生故障时,水仍能沿管网其他支管供水。但管线长,造价高,管材耗量大,适用于对供水可靠性要求较高的建设项目或重要的用水区域。

枝形(或放射形)管网,由干线及支线两部分组成。管线长度短、造价低,但供水可靠性差,适用于一般中小型工程。

混合式管网,主要用水区及干管采用环形管网供水,其他区域采用枝形管网供水。这种形式兼有两种管网的优点,在大型工地中采用较多。

给水管网应按防火要求设置消防栓。消防栓应沿道路布置,距离路边不大于 2m,距离建筑物不小于 5m,也不大于 25m;消防栓的间距不应超过 120m,应设有明显的标志,周围 3m 以内不应堆放建筑材料。条件允许时,可利用城市或建设单位的永久消防设施。

高层建筑施工给水系统应设置蓄水池和加压泵,以满足高空用水的要求。

2.施工排水管网的布置

为便于排除地面水和地下水,应及时修通永久性下水道,并结合现场地形在建筑物四周设置排泄水的沟渠。若排入城市污水系统,还应设置沉淀池。

(三)临时用电布置

1.选择工地临时供电电源需要考虑的因素

(1)建筑工程及设备安装工程的工程量和施工进度。

(2)各个施工阶段需要的用电量。

(3)用电设备在建筑工地上的分布情况和距离电源的远近情况。

(4)现有电气设备的容量。

2.临时供电规划

施工用电的设计应包括用电量计算、电源选择、电力系统选择和配置。

工程项目要先计算出施工用电总量,并选择相应变压器,然后计算导线截面积并确定供电网形式。现场布置临时用电应符合《建设工程施工现场供用电安全规范》(GB 50194—2014)。

现场线路应尽量架设在道路的一侧,高出地面的距离一般为 4～6m,离开建筑物的安全距离为 6m。

工地上的 3kV、6kV 或 10kV 的高压线路,可采用架空线路;380/220V 的低压线路中,与建筑物、脚手架等靠近时必须采用绝缘架空线,电杆间距为 25～40m,分支线及引入线均应由电杆处接出,不得在两杆之间接出。

线路应布置在起重机的回转半径之外,否则应搭设防护栏,其高度要超过线路 2m。机械运转时还应采取相应措施,以确保安全。现场机械较多时,可采用埋地电缆,以减少互相干扰。

(四)运输道路规划

运输道路的布置主要解决运输和消防两个问题。

现场运输道路应按材料和构件运输的要求,根据施工项目及其与加工场、临时仓库、堆料场、垂直运输机械的位置,沿着仓库和堆场进行布置,并与场外道路连接。

优化确定场内运输道路主次和相互位置,争取先做主要道路。

现场道路布置时要注意保证行驶畅通,使运输工具有回转的可能性。运输路线最好围绕建筑物布置成一条环形道路。

场区道路应平整、坚实、畅通、边坡整齐、排水良好,应有良好的照明设施,并且既要满足施工运输要求,又要符合消防规定。

现场应根据交通量、路况、环境状况确定行驶速度,并于道路明显处设限速标志。

（五）工程师之戒

1900 年，魁北克大桥开始修建，横贯圣劳伦斯河。为了建造当时世界上最长的桥梁，原本可能成为不朽杰作的桥梁被工程师在设计时主跨的净距由 487.7 米忘乎所以地增长到了 548.6 米。1907 年 8 月 29 日下午 5 点 32 分，当桥梁即将竣工之际，发生了垮塌，造成桥上的 86 名工人中 75 人丧生，11 人受伤。事故调查显示，这起悲剧是由工程师在设计中一个小的计算失误造成的。惨痛的教训引起了人们的沉思，于是自彼时起，垮塌桥梁的钢筋便被重铸为一枚枚戒指。

工程师之戒（Iron Ring），又译作铁戒、耻辱之戒。按照传统，戒指一定要佩戴在用于绘图或者计算的优势手的小指。这意味着，一位习惯用左手的工程师，应该将工程师之戒佩戴在左手的小指上。年轻的工程师刚刚佩戴工程师之戒时，会觉得无论画图还是计算，优势手都会有"受硌"的感觉，这是一种对年轻工程师无时无刻的提醒，提醒其要铭记工程师之于社会公众的责任。

图 1-9　工程师之戒

◇ **实训任务**

（1）完成某工程的施工总平面布置（见图 1.10）

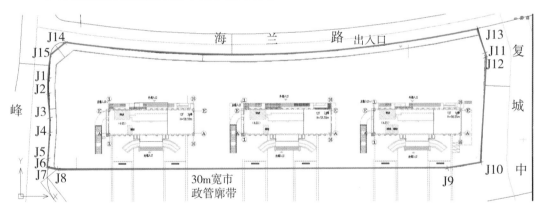

图 1.10　某工程施工总图（空白）

（2）调查本地区开工前需要报批的手续，完成表1-6。

表1-6　___市___区　施工前相关报批手续办事指南

序号	项目名称	审批单位	申报材料	承诺时限	收费标准	其他
1	建设工程质量安全监督手续					
2	建筑工程施工许可证					
3	临时道口开设或挖掘人行道审批					
4	建设规划许可证					
5	施工占道审批					
6	夜间施工许可证					
7	……					

（3）调查本地某工程项目部人员配置情况，并了解其组织结构形式。撰写一份调研报告，分析其岗位人员配置及项目部管理中的优点和存在的问题。

 练习与思考

一、单选题

1. 项目经理必须取得（　　）才能上岗。

A. 建造师考核证书　　　　　　　　　B. 注册建造师资格书

C. 本科毕业证书　　　　　　　　　　D. 项目经理证书

2. 直线职能式组织结构的特点是（　　）。

A. 每一个工作部门只有一个直接的下级部门

B. 每一个工作部门只有一个直接的上级部门

C. 谁的级别高，就听谁的指令

D. 可以越级指挥或请示

3. 矩阵式组织结构是一种较新的组织结构模式，其指令源有（　　）个。

A. 1　　　　　　　　B. 2　　　　　　　　C. 3　　　　　　　　D. 4

4. 一般来说，图纸会审应该由（　　）来组织召开。

A. 设计单位　　　　B. 施工单位　　　　C. 建设单位　　　　D. 监理单位

5. 图纸会审记录与施工图的法律效力比较（　　）。

A. 同等效力　　　　B. 小于施工图　　　　C. 大于施工图　　　　D. 无法确定

二、多选题

1. 以下属于项目经理部人员的有（　　）。

A. 项目经理　　　　B. 施工员　　　　C. 总监理工程师　　　D. 地基勘察设计员

E. 设计师

2. 建设中所说的"三通一平"是指( )。

A. 水通　　　　B. 路通　　　　C. 电通　　　　D. 气通　　　　E. 场地平整

3. 以下应该参加图纸会审的人员是( )。

A. 建设单位项目负责人　　　　　　B. 项目经理

C. 项目技术负责人　　　　　　　　D. 设计单位专业负责人　　　E. 监理员

4. 以下属于临时用水环状管网特点的是( )。

A. 供水可靠　　　　B. 管线短　　　　C. 造价低

D. 管线消耗量大,造价高　　　　　　E. 可靠性差

5. 施工总平面图上必须包括的内容是( )。

A. 已有建筑物　　B. 拟建建筑物　　C. 生产、生活临时设施

D. 供水供电管线　　E. 主要技术经济指标表

三、简答题

1. 图纸为什么要经过会审程序?

2. 施工总平面图纸布置时需要遵守哪些原则?

模块二 钢筋工程施工

钢筋混凝土工程包括钢筋工程、模板工程和混凝土工程。在钢筋混凝土结构中，钢筋起着关键性的作用，钢筋制作及安装质量对整个钢筋混凝土结构的质量产生重要的影响。因为钢筋工程在结构中属于隐蔽工程，当混凝土浇筑完毕后，其质量则难以检查，所以对钢筋从进场到加工以及绑扎安装过程必须进行严格的控制，并建立健全且必要的检查及验收制度，否则就可能给工程造成不可弥补的损失。

学习目标

1. 掌握钢筋进场检验要点，并能根据材料验收规范正确验收钢筋，准确填写钢筋进场验收报告；

2. 理解钢筋"弯曲调整值"概念，熟练掌握常用角度的调整值，能根据图纸计算钢筋的下料长度；

3. 熟悉钢筋代换的要求，能根据给定的条件正确代换钢筋；

4. 掌握钢筋安装要点，能根据施工图纸和《混凝土结构工程施工质量验收规范》（GB 50204—2022）正确验收钢筋安装质量；

5. 理解钢筋工程弊病产生的原因，树立质量第一的意识。

任务1 钢筋进场验收与存放

一、任务布置

某装备库辅助用房基础承台已经完成，根据进度计划项目部进入基础梁顶面至4.170m的柱钢筋工程施工。材料员根据项目要求进来一批钢材，请予以验收并存入指定位置。

二、相关知识

(一)钢筋的分类

钢筋种类很多,通常按化学成分、生产工艺、轧制外形、供应形式、直径大小,以及在结构中的用途进行分类。

(1)按轧制外形分,分为:

①光圆钢筋:Ⅰ级钢筋均轧制成光面圆形截面,直径不大于 10mm,长度为 6～12m。

②带肋钢筋:有螺旋形、人字形和月牙形三种,一般Ⅱ、Ⅲ级钢筋轧制成人字形,Ⅳ级钢筋轧制成螺旋形及月牙形。

③钢线(分低碳钢丝和碳素钢丝两种)及钢绞线。

④冷轧扭钢筋:经冷轧并冷扭成型。

(2)按直径大小分,分为钢丝(直径 3～5mm)、细钢筋(直径 6～10mm)、粗钢筋(直径大于 22mm)。

(3)按力学性能分,分为Ⅰ级钢筋(300/420 级)、Ⅱ级钢筋(335/455 级)、Ⅲ级钢筋(400/540 级)和Ⅳ级钢筋(500/630 级)。

(4)按生产工艺分,分为热轧、冷轧、冷拉的钢筋,还有以Ⅳ级钢筋经热处理而成的热处理钢筋,强度比前三种更高。

(5)按在结构中的作用分,分为受压钢筋、受拉钢筋、架立钢筋、分布钢筋、箍筋等。

(二)钢筋标牌号识读

我国钢筋型号的表示采用英语词组的首字母表示。在表示过程中,一般按照加工工艺、外观形状、钢筋还是钢丝、微观性状(常规者可不标注)、屈服强度、特殊性能(常规者可不标注)的顺序进行。相关英语词组如下:

(1)加工工艺:hot rolled(热轧);cold rolled(冷轧);cold drawn(冷拔);remained heat treatment(余热处理)。

(2)外观形状:plain(光圆);ribbed(带肋);twist(扭)。

(3)钢筋还是钢丝:bars(钢筋);wire(钢丝)。

(4)微观性状:fine(细晶粒)。

(5)屈服强度:$335N/mm^2$、$400N/mm^2$、$500N/mm^2$ 等。

(6)特殊功能:earthquake resistance(抗震)。

例如,HRB400 表示热轧带肋钢筋,屈服强度为 $400N/mm^2$。

钢筋出厂时会在其上标出钢号,如图 2-1 所示。

《钢筋混凝土用钢 第 2 部分:热轧带肋钢筋》(GB/T 1499.2—2018)标准对钢筋的表面标志的规定:钢筋应在其表面轧上牌号标志、生产企业序号(许可证后 3 位数字)和公称直径毫米数字,还可轧上经注册的厂名或商标。

这一组由字母和数字组成的代码表示的意思是:

(1)轧制的第一个数字用来表示钢筋强度等级,如 3 表示牌号为 HRB335;4 表示牌号

图 2-1 钢筋牌号

HRB400;5 表示牌号为 HRB500 等。

（2）轧制的第一组字母：没有字母表示普通热轧钢筋；K 表示余热处理钢筋；C 表示细晶粒热轧钢筋；E 表示抗震钢筋；W 表示可焊钢筋。

（3）轧制的中间组符号：第一个字母和数字与最后一组数字之间的符号一般表示钢筋生产厂家缩写，可以网上搜索代号来判断属于哪个厂家生产的产品。

（4）最后一组数字：表示的是钢筋的公称直径，以毫米为单位，钢筋直径一般为6~50mm。

在图 2-2 中，4E 表示钢筋牌号 HRB400E；029 是首钢长钢公司生产许可证后 3 位（唯一性）；12 表示钢筋规格为 ∅12mm。图 2-1 中的 KG，表示的是昆钢。

图 2-2 钢筋牌号

（三）钢筋交货状态

钢筋混凝土用钢筋交货状态为直条和盘圆两种。一般小于 12mm 的光圆钢筋以盘状交付为多，直径大于 12mm 的通常以直条状交货。如图 2-3 所示为直条状和盘状钢筋。

（a）直条状钢筋

（b）盘状钢筋

图 2-3 钢筋交货状态

（四）见证取样

见证取样和送检制度是指在监理单位或建设单位见证下，对进入施工现场的有关建筑材料,由施工单位专职材料试验人员在现场取样或制作试件后,送至符合资质资格管理要求的试验室进行试验的一个程序。

　　见证人员和取样人员对试样的代表性和真实性负责。如图 2-4 所示为正在进行钢筋见证取样。

图 2-4　钢筋见证取样

(五)钢筋抽样

1.热轧钢筋

(1)组批规则:以同一牌号、同一炉罐号、同一规格、同一交货状态,不超过 60 吨为一批。

(2)取样方法如下。

拉伸检验:任选两根钢筋切取两个试样,试样长 500mm。

冷弯检验:任选两根钢筋切取两个试样,试样长度按下式计算:

$$L = 1.55 \times (a+d) + 140 \qquad (2-1)$$

式中:L——试样长度;

　　a——钢筋公称直径;

　　d——弯曲试验的弯心直径。

取样时应将钢筋端头的 500mm 去掉后再切取。

2.低碳钢热轧圆盘条

(1)组批规则:以同一牌号、同一炉罐号、同一品种、同一尺寸、同一交货状态,不超过 60 吨为一批。

(2)取样方法如下。

拉伸检验:任选一盘,从该盘的任一端切取一个试样,试样长 500mm。

弯曲检验:任选两盘,从每盘的任一端各切取一个试样,试样长 200mm。

在切取试样时,应将端头的 500mm 去掉后再切取。

3.冷拔低碳钢丝

(1)组批规则:甲级钢丝逐盘检验。乙级钢丝以同直径 5 吨为一批任选 3 盘检验。

（2）取样方法：从每盘上任一端截去不少于 500mm 后，再取两个试样，一个拉伸，一个反复弯曲。拉伸试样长 500mm，反复弯曲试样长 200mm。

4. 冷轧带肋钢筋

（1）冷轧带肋钢筋的力学性能和工艺性能应逐盘检验，从每盘任一端截去 500mm 以后，取两个试样，拉伸试样长 500mm，冷弯试样长 200mm。

（2）对成捆供应的 550 级冷轧带肋钢筋应逐捆检验。从每捆中同一根钢筋上截取两个试样，拉伸试样长 500mm，冷弯试样长 250mm。

钢筋力学性能试验，如有一项试验结果不符合国家标准要求，则从同一批钢筋中取双倍试件重做试验，如仍不合格，则该批钢筋为不合格品，不得在工程中使用。

对有抗震设防要求的结构，其纵向受力钢筋的强度应满足设计要求；当设计无具体要求时，对一、二、三级抗震等级设计的框架和斜撑构件（含梯级）中的纵向受力钢筋应采用 HRB335E、HRB400E、HRB500E、HRBF335E、HRBF400E 或 HRBF500E 钢筋，其强度和总伸长率的实测值应符合下列规定：

①钢筋的抗拉强度实测值与屈服强度实测值的比值不应小于 1.25。

②钢筋的屈服强度实测值与屈服强度标准值的比值不应大于 1.3。

③钢筋在最大拉力下总伸长率不应小于 9%。

使用中当出现钢筋脆断、焊接性能不良或力学性能显著不正常等现象时，应立即停止使用，并对该批钢筋进行化学成分检验或其他专项检验。

（六）钢筋重量偏差检测

用电子秤称钢筋的实际重量，并根据理论重量算出重量偏差：

$$重量偏差 = \frac{试件实际重量 - (试件长度 \times 理论重量)}{试件长度 \times 理论重量} \times 100\%$$

钢筋实际重量与理论重量的允许偏差应符合表 2-1 规定。

表 2-1　钢筋重量允许偏差

公称直径/mm	实际重量与理论重量的允许偏差/%
6～12	±7
14～20	±5
22～50	±4

（七）钢筋存放要求

（1）进入施工现场的钢筋，必须严格按批分等级、钢号、直径等挂牌存放。

（2）钢筋应尽量放入库房或材料棚内，露天堆放时，应选择地势较高、平坦、坚实的场地。

（3）钢筋的堆放应架空，离地不小于 200mm。在场地或仓库周围，应设排水沟，以防积水。

（4）钢筋在运输或储存时，不得损坏标志。

（5）钢筋不得和酸、盐、油类等物品放在一起，也不能靠近可能产生有害气体的车间。

（6）加工好的钢筋要分工程名称和构件名称编号、挂牌，堆放整齐。如图 2-5 所示。

图 2-5　钢筋堆放

三、任务实施

（一）钢筋验收

钢筋进场时施工单位应及时通知监理单位到场共同进行检查验收，并各自记录所有进场钢筋的批次、数量和种类。

1. 现场验收

（1）检查能够代表该批待验收钢筋质量情况的产品质量证明书（合格证）。

①提供"产品质量证明书"原件的，原件上必须注明进货重量、规格和时间，经办人签字后加盖经销单位公章。

②不能提供"产品质量证明书"原件的，则需经销单位出示该批钢筋的"产品质量证明书"原件，在原件上注明该工程进场钢筋重量、规格、进场时间和原件保存处，复印后由经办人在该复印件上签字并加盖经销单位公章。

（2）检查钢筋表面标志（螺纹钢筋表面必须有标志）和附带的标牌。标牌如图 2-6 所示。

（3）检查钢筋的外观：钢筋应平直、无损伤；表面无裂纹、油污、颗粒状或片状锈蚀；表面颜色均匀；钢筋表面凸块不允许高出螺纹的高度；外形尺寸应符合有关规定。

（4）用游标卡尺检查钢筋的截面尺寸是否满足要求（见图 2-7）。

图 2-6　钢筋标牌

图 2-7　用游标卡尺钢筋直径检查

2. 抽取钢筋样品

施工单位取样人员在监理工程师旁站监督下抽取钢筋样品。

3. 样品送检测公司进行检验

(1)力学性能:检验钢筋的屈服强度、抗拉强度、伸长率性能,应符合规范规定。

(2)重量检测:重量偏差须在允许范围内。

4. 填报验收记录

施工单位应如实填《材料、构配件进场验收记录》,并报监理工程师审批。

(二)钢筋存放

钢筋按批次、钢号、直径等分类挂牌存放。

四、拓展阅读

(一)钢筋交货时允许偏差

钢筋表面不得允许有裂纹、结疤和折叠。钢筋表面允许有凸块,但不得超过横肋的高度,钢筋表面上其他缺陷的深度和高度不得大于所在部位尺寸的允许偏差。

尺寸、外形、重量和允许偏差如下:

1.公称直径范围及推荐直径

钢筋的公称直径范围为 6～50mm,标准推荐的钢筋公称直径为 6mm、8mm、10mm、12mm、16mm、20mm、25mm、32mm、40mm、50mm。

2.带肋钢盘的表面形状及尺寸允许偏差

带肋钢筋横肋应符合下列基本规定:

(1)横肋与钢盘轴线的夹角 β 不应小于 45°,当该夹角不大于 70°时,钢筋相对两面上横肋的方向应相反。

(2)横肋间距不得大于钢筋公称直径的 70%。

(3)横肋侧面与钢筋表面的夹角 α 不得小于 45°。

(4)钢筋相对两面上横肋末端之间的间隙(包括纵肋宽度)总和不应大于钢筋公称周长的 20%。

(5)当钢筋公称直径不大于 12mm 时,相对肋面积不应小于 0.055;公称直径为 14mm 和 16mm 时,相对肋面积不应小于 0.060;公称直径大于 16mm 时,相对肋面积不应小于 0.065。

3.长度及允许偏差

(1)长度:钢筋通常按定尺长度交货,具体交货长度应在合同中注明;钢筋以盘卷交货时,每盘应是一条钢筋,允许每批有 5% 的盘数(不足两盘时可有两盘)由两条钢筋组成。其盘重及盘径由供需双方协商规定。

(2)长度允许偏差:钢筋按定尺交货时的长度允许偏差不得大于 50mm。

(3)弯曲度和端部:直条钢筋的弯曲变形应不影响正常使用,总弯曲度不大于钢筋总长度的 0.4%;钢筋端部应剪切正直,局部变形应不影响使用。

(二)钢筋检测性能

钢筋的机械性能通过试验来测定,测量钢筋质量标准的机械性能有屈服点、抗拉强度、伸长率,冷弯性能等指标。

1.屈服点(σ_s)

当钢筋的应力超过屈服点以后,拉力不增加而变形却显著增加,将产生较大的残余变形时,以这时的拉力值除以钢筋的截面积所得到的钢筋单位面积所承担的拉力值,就是屈服点 σ_s。

2.抗拉强度(f_u)

抗拉强度就是以钢筋被拉断前所能承担的最大拉力值除以钢筋截面积所得的拉力值,又称为极限强度。它是应力—应变曲线中最大的应力值,虽然在强度计算中没有直接意义,却是钢筋机械性能中必不可少的保证项目。因为:

(1)抗拉强度是钢筋能承受静力荷载的极限能力,可以表示钢筋在达到屈服点以后还有多少强度储备,是抵抗塑性破坏的重要指标。

(2)钢筋在熔炼、轧制过程中的缺陷,以及化学成分含量的不稳定,常常反映到抗拉强度上,当含碳量过高、轧制终止时温度过低,抗拉强度就可能很高;当含碳量少、钢中非金属夹杂物过多时,抗拉强度就较低。

(3)抗拉强度的高低,对钢筋混凝土结构抵抗反复荷载的能力有直接影响。

3.伸长率δ

伸长率是应力—应变曲线中试件被拉断时的最大应变值,又称延伸率,它是衡量钢筋塑性的一个指标,与抗拉强度一样,也是钢筋机械性能中必不可少的保证项目。

伸长率是指钢筋在拉力作用下断裂时,被拉长的那部分长度占原长的百分比。把试件断裂的两段拼起来,可量得断裂后标距长 L_1,减去标距原长 L_0 就是塑性变形值。此值与原长的比率用 δ 表示,即伸长率 δ 值越大,表明钢材的塑性越好。伸长率与标距有关,对热轧钢筋的标距取试件直径的 10 倍长度作为测量的标准,其伸长率以 δ_{10} 表示。对于钢丝取标距长度为 100mm 作为测量检验的标准,以 δ_{100} 表示。对于钢绞线则为 δ_{200}。

4.冷弯性能

冷弯性能是指钢筋在经冷加工(即常温下加工)产生塑性变形时,对产生裂缝的抵抗能力。冷弯试验是测定钢筋在常温下承受弯曲变形能力的试验。试验时不应考虑应力的大小,而将直径为 d 的钢筋试件,绕直径为 D 的弯心(D 规定有 $1d$、$3d$、$4d$、$5d$)弯成 $180°$ 或 $90°$。然后检查钢筋试样有无裂缝、鳞落、断裂等现象,以鉴别其质量是否合乎要求。冷弯试验是一种较严格的检验,能揭示钢筋内部组织结构不均匀等缺陷。

任务 2　钢筋下料计算

一、任务布置

请完成二层 KL1 梁的钢筋配料单填写，如图 2-8 所示。

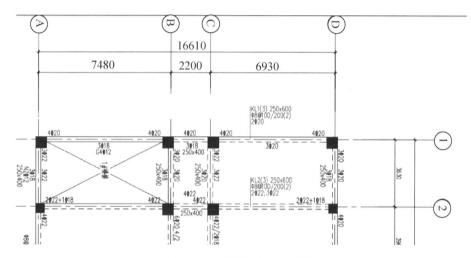

图 2-8　二层梁结构图（部分）

二、相关知识

（一）钢筋量度差值

钢筋下料长度计算是钢筋配料的关键。设计图中注明的钢筋尺寸是钢筋的外轮廓尺寸（从钢筋外皮到外皮量得的尺寸），称为钢筋的外包尺寸，在钢筋加工时，也按外包尺寸进行验收。钢筋弯曲后的特点是，在弯曲处内皮收缩、外皮延伸、轴线长度不变，故钢筋的下料长度即为中心线长度尺寸。钢筋成型后量度尺寸是沿直线外皮尺寸；同时弯曲处又成圆弧，因此弯曲钢筋的尺寸大于下料尺寸，两者之间的差值称为"弯曲量度差"，如图 2-9 所示。

（1）钢筋中间部位弯曲量度差。为计算简便，取量度差近似值如下：当弯 $30°$ 时，取 $0.3d$；当弯 $45°$ 时，取 $0.5d$；当弯 $60°$ 时，取 $0.9d$；当弯 $90°$ 时，取 $2d$；当弯 $135°$ 时，取 $2.5d$。

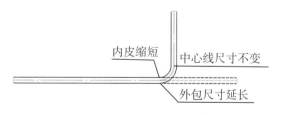

图 2-9　钢筋的量度差值

(2)钢筋末端弯折(曲)有 180°、135°及 90°三种,如图 2-10 所示。

HPB300 级钢筋末端一般做 180°弯钩,在普通混凝土中取其弯弧内直径 $D \geqslant 2.5d$;90°弯折时弯弧内直径 $D \geqslant 4d$;135°弯折时弯弧内直径 $D \geqslant 4d$。

(3)除焊接封闭环式箍筋外,箍筋的末端应做弯钩,弯钩形式应符合设计要求。当设计无具体要求时,箍筋弯钩的弯弧内直径除应满足前条的规定外,尚应不小于受力钢筋直径。箍筋弯钩的弯折角度,对于一般结构,不应小于 90°;有抗震等要求的结构,应为 135°。

箍筋弯折后平直部分长度,对于一般结构,不宜小于箍筋直径的 5 倍;有抗震等要求的结构,平直段长度取 $10d$ 与 75mm 之间的大值。

(4)钢筋 180°弯钩长度增加值:根据规范规定,弯弧内直径 $D = 2.5d$,平直段为 $3d$ 时,其每个弯钩增长值约为 $6.25d$;箍筋做 180°弯钩时,其平直段长度若为 $5d$,则每个弯钩增长值取 $8.25d$。

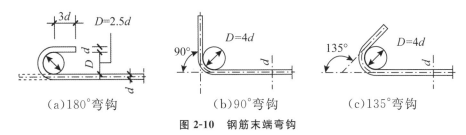

(a)180°弯钩　　　　　　(b)90°弯钩　　　　　　(c)135°弯钩

图 2-10　钢筋末端弯钩

(二)钢筋下料长度计算

1.一般钢筋下料长度计算

直线钢筋下料长度＝构件长度－混凝土保护层厚度＋弯钩增长值

弯曲钢筋下料长度＝直线段长度＋斜段长度－弯曲调整值＋弯钩增长值

箍筋下料长度＝直线段长度＋弯曲调整值－弯钩增长值

或者　箍筋下料长度＝箍筋周长＋箍筋长度调整值

曲线钢筋下料长度＝钢筋长度计算值＋弯钩增长值

2.箍筋弯钩增长值计算

常用的箍筋形式有四种,即 135°/135°、180°/90°、90°/90°、90°/135°,如图 2-11 所示。当有抗震要求时以及受扭构件的箍筋应采用图 2-10(a)样式。

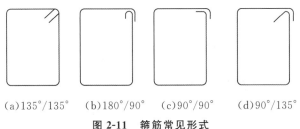

(a)135°/135°　　(b)180°/90°　　(c)90°/90°　　(d)90°/135°

图 2-11　箍筋常见形式

箍筋弯钩增长值计算较其他钢筋略复杂,根据经验抗震结构:

箍筋的下料长度＝内包尺寸周长＋26.5d

或　箍筋的下料长度＝外包尺寸周长＋18.5d

更简便的方法可以直接采用查表加调整值计算(见表2-1)。

表 2-1　箍筋下料长度调整值

箍筋度量方法	箍筋直径/mm			
	4~5	6	8	10~12
量外包尺寸	40	50	60	70
量内包尺寸	80	100	120	150~170

(三)钢筋配料单及配料单填写

钢筋配料单是根据施工设计图纸标定钢筋的品种、规格及外形尺寸,对数量进行编号,并计算下料长度,用表格形式表达的技术文件。

(1)钢筋配料单的作用:确定钢筋下料加工的依据,是提出材料计划、签发施工任务单和限额领料单的依据,是钢筋施工的重要工序。合理的配料单能节约材料、简化施工操作。

(2)钢筋配料单的形式:一般用表格的形式反映,内容由构件名称、钢筋编号、钢筋简图、尺寸、钢号、数量、下料长度及重量等内容组成(见表2-2)。

表 2-2　钢筋配料单

构件名称	钢筋编号	计算简图	直径/mm	钢号	下料长度/mm	单位根数	合计根数	重量/kg
KL1(2)	2	375 ⌐7650⌐ 375	25		8286	2	20	639.1

三、任务实施

钢筋配料单编制的步骤:

(1)熟悉构件配筋图,弄清楚每一根钢筋的直径、规格、种类、形状和数量,以及在构件中的位置和相互关系。

(2)绘制每根钢筋的计算简图。

(3)给每根钢筋编号。

(4)计算每根钢筋的下料长度和根数。

(5)填写钢筋配料单。

(6)填写钢筋料牌。钢筋料牌是为了方便工人加工钢筋而制作的,如图2-12所示。

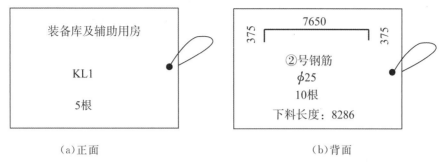

（a）正面　　　　　　　　　　　（b）背面

图 2-12　钢筋料牌形式（单位：mm）

四、拓展阅读

例 **2-1**　某钢筋计算简图如图 2-13 所示，请计算该钢筋的下料长度。

图 2-13　某钢筋计算简图（单位：mm）

解：钢筋下料长度＝$6190+2\times200-2\times2\times25+2\times6.25\times25=6802$（mm）

例 **2-2**　某建筑物一层共有 10 根编号为 L1 的梁，如图 2-14 所示，试计算并完成钢筋配料单。钢筋保护层 25mm，弯起钢筋角度 45°。

解：①钢筋下料长度：$(6240+2\times200-2\times25)-2\times2\times25+2\times6.25\times25=6802$（mm）

②钢筋下料长度：$6240-2\times25+2\times6.25\times12=6340$（mm）

③钢筋下料长度：

上直段钢筋长度：$240+50+500-25=765$（mm）

斜段钢筋长度：$(500-2\times25-2\times6)\times1.414=619$（mm）

中间直段钢筋长度：$6240-2\times(240+50+500+500-2\times25)=3760$（mm）

下料长度：$(765+619)\times2+3760-4\times0.5\times25+2\times6.25\times25=6790$（mm）

④钢筋下料长度：6790（mm）

⑤箍筋下料长度：

宽度：$200-2\times25=150$（mm）

长度：$500-2\times25=450$（mm）

下料长度：$(150+450)\times2+50=1250$（mm）

钢筋配料单如表 2-3 所示。

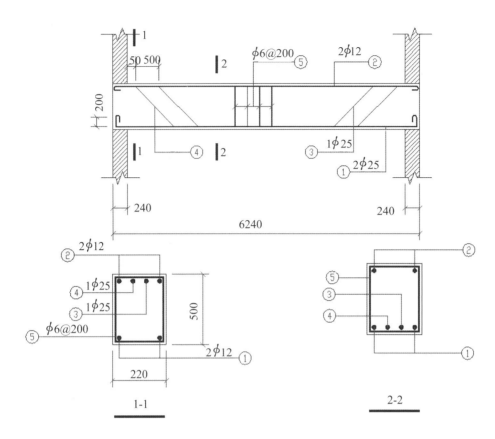

图 2-14　某简支梁配筋图(单位:mm)

表 2-3　钢筋配料单

构件名称	钢筋编号	简　图	钢号	直径/mm	下料长度/mm	单根根数	合计根数	质量/kg
L₁梁 (共 10 根)	①	200　6190	Φ	25	6802	2	20	523.75
	②	6190	Φ	12	6340	2	20	112.60
	③	765　636	Φ	25	6790	1	10	261.42
	④	265　619　4760	Φ	25	6790	1	10	261.42
	⑤	150　450	Φ	6	1250	32	320	88.8
合计	Φ 6:88.8kg; Φ 12:112.60kg; Φ 25:1046.59kg							

例 2-3　某框架结构建筑,抗震等级为四级,共有 10 根 KL1,其配筋如图 2-15 所示,混凝土等级为 C30,柱截面尺寸为 500mm×500mm。试完成该梁钢筋配料。

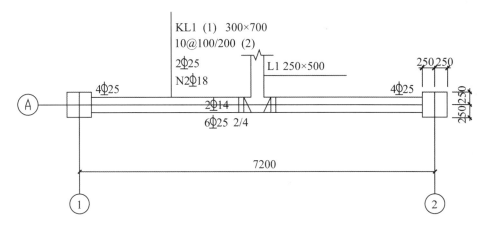

图 2-15 某框架梁配筋图(单位:mm)

解:根据 16G101－1 图集,查得有关计算数据如下:混凝土强度等级 C30,普通钢筋直径≤25mm 时,$l_{aE}=29d$。

纵筋弯锚或直锚判断:因为支座宽 500mm≤锚固长度 29mm×18mm＝522mm,所以钢筋在支座处均需弯锚。

①梁上部通长钢筋下料长度计算

通长钢筋在边支座处按要求应弯锚,弯段长度为 15d,则平直段长度为

$$500-25=475mm \geqslant 0.4l_{aE},$$

故满足要求。其下料长度为:

$$7200+2\times250-2\times25+2\times15\times25-2\times2\times25=8300(mm)$$

②负弯矩钢筋下料长度计算

负弯矩钢筋要求锚入支座并伸出 $L_n/3$,其下料长度为:

$$(7200-2\times250)/3+500-25+15\times25-2\times25=3033(mm)$$

③梁下部钢筋下料长度计算

下料长度为:$7200+2\times250-2\times25+2\times15\times25-2\times2\times25=8300(mm)$

④抗扭纵向钢筋下料长度计算

下料长度为:$7200+2\times250-2\times25+2\times15\times18-2\times2\times18=8118(mm)$

⑤附加吊筋下料长度计算

下料长度为:$2\times20\times14+250+2\times50+2\times(700-2\times25)\times1.414-4\times0.5\times14$
$$=2670mm$$

⑥箍筋下料长度计算

下料长度为:$(650+250)\times2+18.5\times10=1985(mm)$

箍筋根数为:$(1.5\times700-50)\times2/100+(7200-2\times250-2\times1.5\times700)/200+1=44(根)$

另主次梁相交处应在主梁沿次梁边加 3 个箍筋,故箍筋总个数为:

$$44+2\times3=50(个)$$

配料单如表 2-4 所示。

表 2-4 钢筋配料单

构件名称	钢筋编号	简图	钢号	直径/mm	下料长度/mm	单根根数	合计根数	质量/kg
KL1（共10根）	①	375 ⌐——7650——⌐ 375	Φ	25	8300	2	20	639.1
	②	375 ⌐——2708——	Φ	25	3033	4	40	467.1
	③	375 ⌐——7650——⌐ 375	Φ	25	8300	6	60	1917.3
	④	270 ⌐——7650——⌐ 270	Φ	18	8118	2	20	327.7
	⑤	280 280 45° 300 650	Φ	14	2670	2	20	64.6
	⑥	250 650	Φ	10	1985	50	500	612.3
合计		Φ 10:612.3kg; Φ 14:64.6kg; Φ 18:327.7kg; Φ 25:3023.5kg						

任务 3　钢筋代换计算

一、任务布置

装备库及辅助用房二层梁板施工时，发现 HRB400 直径 22mm 的钢筋不足，材料员经过多方努力短期内仍然难以购得，为不影响工程进度，施工员请求用 HRB400 直径20mm 钢筋代替。请问该如何处理？

二、相关知识

《混凝土结构设计规范》（GB 50010—2020）中规定：当进行钢筋代换时，除应符合设计要求的构件承载力、最大拉力下的总伸长率、裂缝宽度验算以及抗震规定以外，尚应满足最小配筋率、钢筋间距、保护层厚度、钢筋锚固长度、接头面积百分率及搭接长度等构造要求。《建筑抗震设计规范》（GB 50011—2023）在施工中，当需要以强度等级较高的替代原设计中的纵向受力钢筋时，应按照钢筋受拉承载力设计值相等的原则换算，并应满足最小配筋率要求。要特别注意的是，不管何种代换方式，都要征得设计单位的同意。

代换前，必须充分了解设计意图、构件特征和代换钢筋性能，严格遵守国家现行设计规范和施工验收规范及有关技术规定。代换后，仍能满足各类极限状态的有关计算要求以及配筋构造规定，如受力钢筋和箍筋的最小直径、间距、锚固长度、配筋百分率以及混凝土保护层厚度等。一般情况下,代换钢筋还应满足截面的对称要求。

(一)代换方法

1. 等强度代换

当结构构件是按强度控制时,可按强度等同原则代换,称"等强度代换"。代换时应满足下式要求:

$$A_{s2}f_{y2} \geqslant A_{s1}f_{y1} \tag{2-1}$$

即

$$n_2 d_2^2 f_{y2} \geqslant n_1 d_1^2 f_{y1} \tag{2-2}$$

式中:A_{s1}、d_1、n_1、f_{y1}——原设计钢筋的截面面积、直径、根数和抗拉强度设计值;

A_{s2}、d_2、n_2、f_{y2}——拟代换钢筋的截面面积、直径、根数和抗拉强度设计值。

2. 等面积代换

当构件按最小配筋率控制时,可按钢筋面积相等的原则代换,称"等面积代换"。代换时应满足下式要求:

$$A_{s2} \geqslant A_{s1} \tag{2-3}$$

即

$$n_2 d_2^2 \geqslant n_1 d_1^2 \tag{2-4}$$

式中:A_{s1}、d_1、n_1——原设计钢筋的截面面积、直径和根数;

A_{s2}、d_2、n_2——拟代换钢筋的截面面积、直径和根数。

3. 裂缝宽度或挠度验算

当构件按裂缝宽度或挠度控制时,钢筋的代换需进行裂缝宽度或挠度验算。代换后,还应满足构造方面的要求(如钢筋间距、最小直径、最少根数、锚固长度、对称性等)及设计中提出的特殊要求(如冲击韧性、抗腐蚀性等)。

(二)钢筋代换注意事项

(1)对某些重要构件,如吊车梁、薄腹梁以及桁架弦等,不宜采用 HPB300 级光圆钢筋代替 HRB335 和 HRB400 级带肋钢筋。

(2)钢筋代换后,应符合配筋构造规定,比如钢筋的最小直径、根数、间距、锚固长度等。

(3)同一截面内,可以同时配有不同种类和直径的代换钢筋,但每根钢筋的拉力差不应过大(如同品种钢筋的直径差值一般不大于 5mm),防止构件受力不均。

(4)梁的纵向受力钢筋与弯起钢筋应分别代换,以确保正截面与斜截面的强度。

(5)偏心受压构件(如框架柱、有吊车的厂房柱、桁架上弦等)或者偏心受拉构件作钢筋代换时,不取整个截面配筋量计算,应按照受力面(受压或受拉)分别代换。

(6)当构件受裂缝宽度控制时,若以小直径钢筋代换大直径钢筋,以强度等级低的钢筋代替强度等级高的钢筋,则可不做裂缝宽度验算。

(7)钢筋代换后,其用量不宜大于设计用量的 5%,也不应低于原设计用量的 2%。

(8)对有抗震要求的框架,不宜用强度等级较高的钢筋代换原设计中的钢筋。

(9)钢筋代换后,有时由于受力钢筋直径加大或根数增多而需要增加排数,则构件截面的有效高度 h_0 减小,截面强度降低,此时需复核截面强度。

三、任务实施

先与设计师沟通,充分了解设计意图,然后拟定钢筋代换方案,经监理单位审批后报设计单位认可,批准后实施。

四、拓展阅读

1. 例题讲解

例 2-4 有一梁,原设计用 7 根 HRB335 级直径 10mm 钢筋,现准备用 HPB300 级直径 12mm 钢筋代换,该用多少根?

解:直径 10mm 设计强度为 $300N/mm^2$,现准备用直径 12mm,设计强度为 $270N/mm^2$。由 $A_{s2} \times f_{y2} \geqslant A_{s1} \times f_{y1}$ 得:

$$A_{s2} \geqslant A_{s1} \times f_{y1}/f_{y2} = 7 \times 3.14 \times 5^2 \times 300/270 = 610(mm^2) = 6.10(cm^2)$$

选用 $6\phi12$ 的钢筋代换,总面积为 $6 \times 3.14 \times 6^2 = 678(mm^2) = 6.78(cm^2)$

例 2-5 某预制板设计配筋为 6 根 HPB300 级直径 12mm 钢筋,仓库无此钢筋,现拟用 HPB300 级直径 10mm 钢筋代换,试计算代换根数。

解:$n_2 = n_1 \cdot d_1^2/d_2^2 = 6 \times 12^2 \div 10^2 = 8.64(根)$,取 9 根 $\phi10$ 钢筋代换。

2. 杭州国家版本馆

杭州国家版本馆,又名文润阁、中国国家版本馆杭州分馆,位于浙江省杭州市余杭区文润路 1 号,为中国国家版本馆组成部分,是中国国家版本馆总馆异地灾备库、江南特色版本库以及华东地区版本资源集聚中心。

杭州国家版本馆包括主书房、南书房、文润阁、山体库房、附属用房等共计 13 个单体建筑,其中展览总面积 7000 平方米。设有展示区、保藏区、洞藏区、交流区等区域,于 2022 年 7 月 30 日正式开馆。建筑群构思精巧,以宋韵江南园林为特色风格。截至 2022 年 7 月,杭州国家版本馆收藏有各类版本累计 100 万册(件),内容包含各种语言版本的《共产党宣言》、战国越王州句青铜剑、吴越国时期刊刻的《雷峰塔经》,以及明清时期的各种刻本。

图 2-16 杭州国家版本馆

杭州国家版本馆是新时代的文化地标,是国家站在文化安全和文化复兴战略高度上谋划的用以存放保管文明"金种子"的"库房",也称为中华文明种子基因库。

钢筋加工与连接

一、任务布置

装备库及辅助用房二层梁板钢筋已经备料齐全,请按工程需要完成钢筋的加工与连接。

二、相关知识

(一)钢筋的加工

钢筋的加工包括调直、除锈、切断、弯曲成型等工作。

1.钢筋除锈

钢筋使用之前,应将其表面铁锈清除干净。大量钢筋的除锈,宜在钢筋冷拉或钢筋调直过程中进行;对钢筋的局部除锈可采用电动除锈剂,或人工用钢丝刷完成。

2.钢筋调直

钢筋调直可采用冷拉的方法进行。对于局部弯折的粗钢筋还可采用锤直和拔直的方法。对于直径 4～14mm 的钢筋可在调直机上进行。调直机(见图 2-16),可同时完成钢筋的调直、除锈和切断三项功能。

图 2-16 调直机

图 2-17 钢筋切断机

3.钢筋切断

钢筋下料时须按预先计算的下料长度切断。钢筋切断可采用钢筋切断机,如图 2-17 所示为手动切断器。钢筋切断机可切断直径小于 40mm 的钢筋;手动切断器适宜切断直径小于 12mm 的钢筋;对于直径大于 40mm 的钢筋常用电弧或乙炔焰切割。

钢筋下料切割时应统一排料;先断长料,后断短料,以减少短头与损耗。

切断机操作时一定要注意安全,300mm 以下不能直接用手送料,并在退刀时进料,否则易发生安全事故。

4.钢筋弯曲成型

钢筋下料之后,应按钢筋配料单进行画线、加工成所规定的尺寸。当弯曲形状比较复杂的钢筋时,可先制作实样,确认后再加工。钢筋弯曲宜采用弯曲机,弯曲机可弯 ϕ 6～40mm 的钢筋。小于 ϕ 25mm 的钢筋当无弯曲机时,也可采用板钩弯曲。为了提高工效,工地常用多头弯曲机(一个电动机带动几个钢筋弯曲盘)以弯曲细钢筋。

图 2-18 与图 2-19 是钢筋弯曲机及其弯曲原理。

图 2-18 钢筋弯曲机

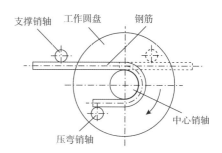

图 2-19 钢筋弯曲机原理

加工钢筋的允许偏差:受力钢筋顺长度方向全长的净尺寸偏差不应超过 ±10mm;弯起筋的弯折位置偏差不应超过 ±20mm;箍筋内净尺寸不应超过 ±5mm。

(二)钢筋的连接

钢筋的连接方法包括绑扎搭接连接、焊接连接和机械连接。钢筋连接接头较整根钢筋而言容易发生质量问题,因此设置钢筋接头的原则是:同一根钢筋上宜少接头;接头宜在受力较小位置;同一截面内接头应满足要求,且宜相互错开。

1.绑扎搭接连接

绑扎搭接连接,其搭接长度与构件的部位、抗震等级、混凝土强度等级有关,主要用于直径不大于 25mm 的受拉钢筋和直径不大于 28mm 的受压钢筋连接。规范要求轴心受拉及小偏心受拉杆件的纵向受力钢筋不应采用绑扎搭接。

2.焊接连接

钢筋焊接适宜直径不大于 28mm 的钢筋的连接。

钢筋焊接分为压焊和熔焊两种形式。压焊包括闪光对焊、电阻点焊和气压焊;熔焊包括电弧焊和电渣压力焊。另外,钢筋与预埋件 T 形接头的焊接应采用埋弧压力焊,也可用电弧焊或穿孔塞焊,但焊接电流不宜大,以防烧伤钢筋。

钢筋常用的焊接方法有闪光对焊、电弧焊、电阻点焊和气压焊等。

(1)闪光对焊

闪光对焊广泛用于钢筋连接及预应力钢筋与螺丝端杆的焊接。热轧钢筋的焊接宜优先用闪光对焊。它是利用对焊机使两段钢筋接触,通过低电压的强电流,待钢筋被加热到一定温度变软后,进行轴向加压顶锻,形成对焊接头。如图 2-20 所示。

闪光对焊工艺常用的有连续闪光焊、预热闪光焊和闪光—预热—闪光焊。对Ⅳ级钢筋有时在焊接后还进行通电热处理。

最新规范指出:闪光对焊属于限制使用技术。

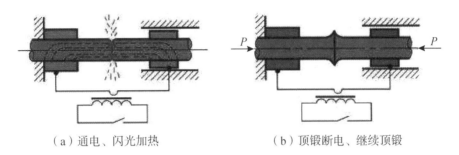

（a）通电、闪光加热　　　　　　（b）顶锻断电、继续顶锻

图 2-20　闪光对焊原理

（2）电弧焊

电弧焊是利用弧焊机使焊条与焊件之间产生高温,电弧使焊条和电弧燃烧范围内的焊件熔化,待其凝固便形成焊缝或接头。电弧焊广泛用于钢筋接头、钢筋骨架焊接、装配式结构接头的焊接、钢筋与钢板的焊接及各种钢结构焊接。

钢筋电弧焊的接头形式有:搭接焊接头（单面焊缝或双面焊缝）、帮条焊接头（单面焊缝或双面焊缝）、剖口焊接头（平焊或立焊）和熔槽帮条焊接头,如图 2-21 所示。

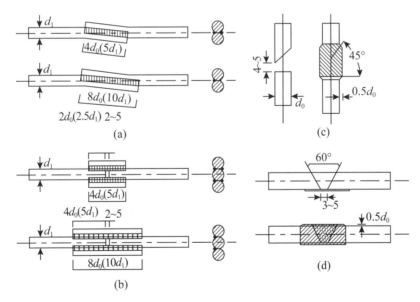

图 2-21　钢筋电弧焊的接头形式

电弧焊一般要求焊缝表面平整,不得有凹陷或焊瘤;焊接接头区域不得有裂纹;咬边深度、气孔、夹渣等缺陷允许值及接头尺寸的允许偏差,应符合相关的规定;坡口焊、熔槽

帮条焊和窄间隙焊接头的焊缝余高不得大于 3mm。

焊接接头质量检查除外观外,亦需抽样作拉伸试验。如对焊接质量有怀疑或发现异常情况,还可进行非破损检验(X 射线、γ 射线、超声波探伤等)。

(3)电阻点焊

电阻点焊主要用于小直径钢筋的交叉连接,如用来焊接近年来开始推广应用的钢筋网片、钢筋骨架等。它生产效率高,材料节约,应用广泛。

电阻点焊不同直径钢筋时,如较小钢筋的直径小于 10mm,大小钢筋直径之比不宜大于 3;如较小钢筋的直径为 12mm 或 14mm 时,大小钢筋直径之比则不宜大于 2。应根据较小直径的钢筋选择焊接工艺参数。

3.机械连接

机械连接宜用于直径不小于 16mm 的受力钢筋的连接。机械连接的连接区段长度是以套筒为中心长度 $35d$ 的范围,在同一连接区段内的纵向受拉钢筋接头面积百分率不宜大于 50%,但对板、墙、柱及预制构件拼接处,可适当放宽。纵向受压钢筋的接头面积百分率可不受限制。

钢筋机械连接具有接头强度高于钢筋母材、速度比电焊快 5 倍、无污染、节省钢材20%等优点。

(1)直螺纹连接接头

直螺纹套筒的连接方法就是将待连接钢筋端部的纵肋和横肋用滚丝机采用切削的方法剥掉一部分,然后直接滚轧成普通直螺纹,用特制的直螺纹套筒连接起来,形成钢筋的连接,如图 2-22(a)所示。

(2)锥螺纹连接接头

锥螺纹连接是将两根待接钢筋端头用套丝机做出锥形外丝,然后用带锥形内丝的套筒将钢筋两端拧紧的钢筋连接方法,如图 2-22(b)所示。

(3)镦粗直螺纹套筒连接

镦粗直螺纹套筒连接是用专用的镦头机预先将钢筋端部待加工纹段镦粗,使该加工段钢筋直径增粗,然后用套丝机对镦粗部分进行套丝加工。连接时用普通施工扳手将直螺纹套筒连接在钢筋端头螺纹上,即可完成钢筋的对接。镦粗型等强直螺纹连接技术具有稳定性,接头强度大于钢筋母材强度等优点,如图 2-22(c)所示。

(4)套筒挤压连接接头

套筒挤压连接是将需要连接的钢筋(应为带肋钢筋)端部插入特制的钢套筒内,利用挤压机压缩钢套筒,使它产生塑性变形,靠变形后的钢套筒与带肋钢筋的机械咬合紧固力来实现钢筋的连接,如图 2-22(d)所示。

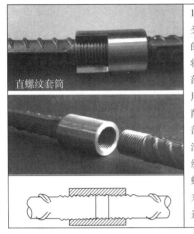

1. 直螺纹连接接头：直螺纹套筒的连接方法就是将待连接钢筋端部的纵肋和横肋用滚丝机采用切削的方法剥掉一部分，然后直接滚轧成普通直螺纹，用特制的直螺纹套筒连接起来，形成钢筋的连接

（a）直螺纹连接

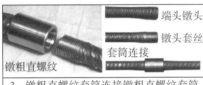

2. 锥螺纹连接接头：将两根待接钢筋端头用套丝机做出锥形外丝，然后用带锥形内丝的套筒将钢筋两端拧紧的钢筋连接方法

（b）锥螺纹连接

3. 镦粗直螺纹套筒连接镦粗直螺纹套筒连接是用专用的镦头机预先将钢筋端部待加工纹段镦粗，使该加工段钢筋直径增粗，然后用专用套丝机对镦粗部分进行套丝加工

（c）套筒连接

4. 套筒挤压连接接头：是将需要连接的钢筋（应为带肋钢筋）端部插入特制的钢套筒内，利用挤压机压缩钢套筒，使它产生塑性变形，靠变形后的钢套筒与带肋钢筋的机械咬合紧固力来实现钢筋的连接

（d）套筒挤压连接

图 2-22　钢筋机械连接形式

三、任务实施

根据图纸中的结构说明，框架梁、框架柱、剪力墙暗柱的主筋采用机械连接或焊接接头。构件受力钢筋直径≥28mm 时采用直螺纹机械连接；当受力钢筋直径＜28mm 时采用绑扎连接接头或焊接接头。

框架梁纵向钢筋直径＞22mm 的次梁纵向钢筋，其接头优先采用机械连接，其次采用双面搭接电弧焊。

当采用结扎搭接接头时，从任一接头中心至 1.3 倍搭接长度的区段内，或采用机械和焊接接头时，在任一机械连接接头或焊接接头中心至长度为钢筋直径的 35 倍且不小于500mm 的区段范围内，有接头的受力钢筋截面面积占受力钢筋总截面面积的百分率应符合表 2-5 规定。

表 2-5　钢筋接头比例要求

接头形式	受拉区	受压区
绑扎搭接接头	25%	50%
机械连接或焊接接头	50%	不限

四、拓展阅读

（一）机械连接接头等级

Ⅰ级：接头抗拉强度不小于被连接钢筋实际抗拉强度或 1.10 倍钢筋抗拉强度标准值，并具有高延性及反复拉压性能。

Ⅱ级：接头抗拉强度不小于被连接钢筋抗拉强度标准值，并具有高延性及反复拉压性能。

Ⅲ级：接头抗拉强度不小于被连接钢筋屈服强度标准值的 1.25 倍，并具有一定的延性及反复拉压性能。

（二）案例分析

四川某地一水泥厂水泥储料库为圆形钢筋混凝土筒仓结构，抗震设防烈度为 6 度，筒仓基础为钢筋混凝土桩基础，结构的设计使用年限为 50 年。该筒仓于 2010 年 6 月建成并投入使用。2015 年 12 月 18 日该库发生垮塌事故，造成了重大损失。事故调查组根据现场检测结果和计算后，认为发生垮塌的主要原因是该水泥储料库垮塌部位存在混凝土强度、混凝土保护层、环向钢筋搭接长度及间距等施工质量不符合要求。

党的二十大报告提出，要加快建设制造强国、质量强国。质量和安全是紧密相关的，安全是质量的主要内容，是质量的前提和保障，没有安全就没有质量。建造安全的建筑，已成为全社会关心关注的焦点之一。

任务 5 钢筋的安装

一、任务布置

钢筋加工完毕，请按照图纸和规范要求组织钢筋的现场安装。

二、相关知识

（一）钢筋安装准备工作

（1）熟悉设计图纸，并根据设计图纸核对钢筋的牌号、规格，根据下料单核对钢筋的规格、尺寸、形状、数量等。

（2）准备好绑扎用的工具，主要包括钢筋钩或全自动绑扎机、撬棍、扳子、绑扎架、钢丝刷、石笔（粉笔）、尺子等。

（3）绑扎用的铁丝一般采用 20～22 号镀锌铁丝，直径≤12mm 的钢筋采用 22 号铁丝，直径>12mm 的钢筋采用 20 号铁丝。铁丝的长度只要满足绑扎要求即可。

（4）准备好控制保护层厚度的砂浆垫块或塑料垫块、塑料支架等。

砂浆垫块需要提前制作，以保证其有一定的抗压强度，防止使用时粉碎或脱落，其大小一般为 50mm×50mm，厚度为设计保护层厚度。墙、柱或梁侧等竖向钢筋的保护层垫块在制作时需埋入绑扎丝。目前市面上也有成品的砂浆垫块，如图 2-23 所示，它有三个厚度方向，绑扎时从中间穿过扎丝就行。

（a）三个厚度方向的垫块　　　　　　　（b）工程中的适用

如图 2-23 水泥砂浆垫块

塑料卡的形状有塑料垫块、塑料马凳和塑料卡环等，如图 2-24 所示。塑料垫块用在两个方向均有凹槽，可以适应两种保护层厚度；塑料卡环用于垂直构件，使用时钢筋从卡嘴进入卡腔；由于塑料卡环有弹性，可使卡腔的大小适应钢筋直径的变化。

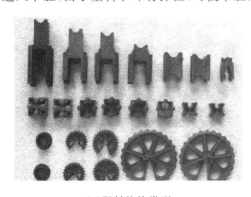

（a）塑料垫块类型　　　　　　　　　（b）塑料卡环工程中的适用

图 2-24　塑料垫块

（5）绑扎墙、柱钢筋前，先搭设好脚手架，一是作为绑扎钢筋的操作平台，二是用于对钢筋的临时固定，防止钢筋倾斜。

（6）弹出墙、柱等结构的边线和标高控制线，用于控制钢筋的位置和高度。

（二）钢筋绑扎搭接接头

钢筋的绑扎搭接接头应在接头中心和两端用铁丝扎牢。同一构件中相邻纵向受力钢筋的绑扎搭接接头宜相互错开。绑扎搭接接头中钢筋的横向净距不应小于钢筋直径，且不应小于25mm。

绑扎搭接接头百分率:钢筋绑扎搭接接头连接区段的长度为$1.3L_a$(L_a为搭接长度),凡搭接接头中点位于该连接区段长度内的均属于同一连接区段。同一连接区段内,纵向钢筋搭接接头面积百分率为该区段内有的纵向受力钢筋截面面积与全部纵向受力钢筋截面面积的比值,如图2-25所示。

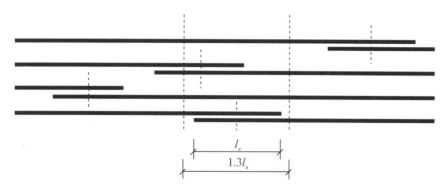

图2-25 钢筋绑扎搭接接头百分率

注:钢筋直径相同时,接头率为50%。

(三)基础钢筋绑扎

(1)按基础的尺寸分配好基础钢筋的位置,用石笔(粉笔)将其位置画在垫层上。

(2)将主次钢筋按画出的位置摆放好。

(3)当有基础底板和基础梁时,基础底板的下部钢筋应放在梁筋的下部。对基础底板的下部钢筋,主筋在下、分布筋在上;对基础底板的上部钢筋,主筋在上、分布筋在下。

(4)基础底板的钢筋可以采用八字扣或顺扣,如图2-26所示。基础梁的钢筋应采用八字扣,防止其倾斜变形,如图2-27所示。绑扎铁丝的端部应弯入基础内,不得伸入保护层内。

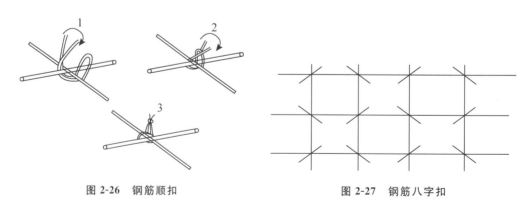

图2-26 钢筋顺扣　　　　**图2-27 钢筋八字扣**

(5)根据设计保护层厚度垫好保护层垫块。垫块间距一般为1~1.5m。下部钢筋绑扎完后,穿插进行预留、预埋的管道安装。

(6)钢筋马凳可用钢筋弯制、焊制,当上部钢筋规格较大、较密时,也可采用型钢等材料制作,其规格及间距应通过计算确定。常见的样式如图 2-28 所示。

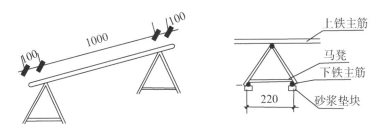

图 2-28　底板及承台板钢筋标准做法(单位:mm)

(四)柱钢筋绑扎

(1)根据柱边线调整钢筋的位置,使其满足绑扎要求。

(2)计算好本层柱所需的箍筋数量,将所有箍筋套在柱的主筋上。

(3)将柱子的主筋接长,并把主筋顶部与脚手架做临时固定,保持柱主筋垂直。然后将箍筋从上至下依次绑扎。

(4)柱箍筋要与主筋相互垂直,矩形柱箍筋的端头应与模板面成135°角。柱角部主筋的弯钩平面与模板面的夹角,对矩形柱应为 45°角;对多边形柱应为模板内角的平分角;对圆形柱钢筋的弯钩平面应与模板的切平面垂直;中间钢筋的弯钩平面应与模板面垂直;当采用插入式振捣器浇筑小型截面柱时,弯钩平面与模板面的夹角不得小于 45°,如图 2-29 所示。

(5)柱箍筋的弯钩叠合处,应沿受力钢筋方向错开设置,不得在同一位置。

(6)绑扎完成后,将保护层垫块或塑料支架固定在柱箍筋上,如图 2-30 所示。

图 2-29　柱子钢筋安装

图 2-30　柱子保护层安装

(五)墙钢筋绑扎

(1)根据墙边线调整墙插筋的位置,使其满足绑扎要求。

(2)每隔 2～3m 绑扎一根竖向钢筋,在高度 1.5m 左右的位置绑扎一根水平钢筋。然后把其余竖向钢筋与插筋连接,将竖向钢筋的上端与脚手架作临时固定并校正垂直。

(3)在竖向钢筋上画出水平钢筋的间距,从下往上绑扎水平钢筋。墙的钢筋网,除靠近外围两行钢筋的相交点全部扎牢外,中间部分交叉点可间隔交错扎牢,但应保证受力钢筋不产生位置偏移;双向受力的钢筋,必须全部扎牢。绑扎应采用八字扣,绑扎丝的多余部分应弯入墙内(特别是有防水要求的钢筋混凝土墙、板等结构,更应注意这一点),如图2-31所示。

图 2-31　扎丝内弯

（4）应根据设计要求确定水平钢筋是在竖向钢筋的内侧还是外侧,当设计无要求时,按竖向钢筋在里、水平钢筋在外布置。

（5）墙筋的拉结筋应勾在竖向钢筋和水平钢筋的交叉点上,并绑扎牢固。为方便绑扎,拉结筋一般做成一端135°弯钩、另一端90°弯钩的形状,所以在绑扎完后还要用钢筋扳子把90°的弯钩弯成135°。

（6）在钢筋外侧绑上保护层垫块或塑料支架,如图2-32所示。

图 2-32　剪力墙钢筋安装

（六）梁钢筋绑扎

（1）梁钢筋可在梁侧模安装前在梁底模板上绑扎,也可在梁侧模安装完后在模板上方绑扎，绑扎成钢筋笼后再整体放入梁模板内。另一种绑扎方法一般宜用于次梁或梁高较小的梁。如图 2-33 所示为梁模板外绑扎。

图 2-33　梁模板外绑扎

（2）梁钢筋绑扎前应确定好主梁和次梁钢筋的位置关系，次梁的主筋应在主梁的主筋上面。楼板钢筋则应在主梁和次梁主筋的上面，如图 2-34 所示。

图 2-34　主次梁交接处钢筋安装

（3）先穿梁上部钢筋，再穿下部钢筋，最后穿弯起钢筋，然后根据事先画好的箍筋控制点将箍筋分开，间隔一定距离，先将其中的几个箍筋与主筋绑扎好，然后依次绑扎其他箍筋。

（4）梁箍筋的接头部位应在梁的上部，除设计有特殊要求外，应与受力钢筋垂直设置；

箍筋弯钩叠合处,应沿受力钢筋方向错开设置。

(5)梁端第一个箍筋应在距支座边缘 50mm 处。

(6)当梁主筋为双排或多排时,各排主筋间的净距不应小于 25mm,且不小于主筋的直径。现场可用短钢筋垫在两排主筋之间,以控制其间距,短钢筋方向与主筋垂直。当梁主筋最大直径不大于 25mm 时,采用 25mm 短钢筋作垫铁;当梁主筋最大直径大于 25mm 时,采用与梁主筋规格相同的短钢筋作垫铁。短钢筋的长度为梁宽减两个保护层厚度,短钢筋不应伸入混凝土保护层内。

(七)板钢筋绑扎

(1)板钢筋绑扎前先在模板上画出钢筋的位置,然后将主筋和分布筋摆在模板上,主筋在下、分布筋在上,调整好间距后依次绑扎。对于单向板钢筋,除靠近外围两行钢筋的相交点全部扎牢外,中间部分交叉点可间隔交错绑扎牢固,但应保证受力钢筋不产生位置偏移;双向受力的钢筋,必须全部扎牢。相邻绑扎扣应成八字形,防止钢筋变形。

(2)板底层钢筋绑扎完,穿插预留预埋管线的施工,然后绑扎上层钢筋。

(3)在两层钢筋间应设置马凳,以控制两层钢筋间的距离。马凳的形式如图 2-35 所示,间距一般为 1m。如上层钢筋的规格较小容易弯曲变形时,其间距应缩小,或采用图 2-28 中样式的马凳。

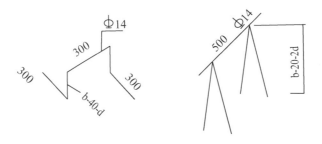

(a)楼板钢筋尺寸定位标准做法

(b)马凳工程实际使用情况

图 2-35　马凳的形式

(1)楼梯钢筋板扎

对楼梯钢筋,应先绑扎楼梯梁钢筋,再绑扎休息平台板和斜板的钢筋。休息平台板或斜板钢筋绑扎时,主筋在下、分布筋在上,所有交叉点均应绑扎牢固。

(九)预埋件安装

(1)柱、墙、梁等结构侧面的预埋件,应在模板支设前安装。混凝土底部或顶部的预埋件安装前,要先在模板或钢筋上画出预埋件的位置。

(2)结构侧面的预埋件安装时,先根据结构轴线及标高控制线确定预埋件的位置和高度,与钢筋骨架临时固定,再根据保护层厚度调整其伸出钢筋骨架的尺寸,然后与钢筋骨架固定牢固。

(3)梁底或板底的预埋件,应在模板安装完成后安装就位,并临时固定,钢筋绑扎时再与钢筋绑扎牢固。

(4)混凝土顶面的预埋件,应在模板及钢筋安装完成后安装。

三、任务实施

(一)独立基础钢筋的绑扎

独立基础钢筋绑扎工艺:基础垫层清理→弹底板钢筋位置线→按位置线布置钢筋→绑扎钢筋→布置垫块→绑扎预留插筋。

(二)柱钢筋绑扎

柱钢筋绑扎工艺:基层清理→弹放柱子边线→调整柱子钢筋→套柱子箍筋→连接竖向受力钢筋→画箍筋位置线→绑扎箍筋。

(三)剪力墙钢筋绑扎

剪力墙钢筋绑扎工艺:基层清理→弹墙体位置线→调整墙体预留钢筋→绑扎纵向钢筋→绑扎横向钢筋→绑扎拉筋或支撑筋。

(四)梁钢筋板扎

模板内安装工艺:画主次梁箍筋间距→放主次梁箍筋→穿主梁底层纵筋及弯起筋→穿次梁底层纵筋并与箍筋固定→穿主梁上层纵向架立筋→按箍筋间距绑扎→穿次梁上层纵向钢筋→按箍筋间距绑扎。

模板外安装工艺:画箍筋间距→在主次梁模板上口铺横杆数根→在横杆上面放箍筋→穿主梁下层纵筋→穿次梁下层钢筋→穿主梁上层钢筋→按箍筋间距绑扎→穿次梁上层纵筋→按箍筋间距绑扎→抽出横杆落骨架于模板内。

(五)板钢筋绑扎

板钢筋绑扎工艺:清理模板→模板划线→绑扎板的下部受力钢筋→绑扎负弯矩钢筋→设置保护层垫块。

(六)楼梯钢筋绑扎

楼梯钢筋绑扎工艺:画钢筋位置线→绑扎受力筋和分布筋→绑扎踏步筋。

四、拓展阅读

(一)钢筋成品保护

(1)浇筑混凝土前检查钢筋位置是否正确,振捣混凝土时防止碰动钢筋,浇筑混凝土后立即修整甩筋的位置,防止柱筋、墙筋位移。

(2)浇筑混凝土时,在柱、墙的钢筋上套上 PVC 套管或包裹塑料薄膜保护,并且及时用湿布将被污染的钢筋擦净。

(3)对尚未浇筑的后浇带钢筋,可采用覆盖胶合板或木板的方法进行保护,当其上部有车辆通过或有较大荷载时,应覆盖钢板保护。

(4)绑扎钢筋时禁止碰动预埋件及洞口模板。

(5)钢模板内面涂隔离剂时不要污染钢筋。

(6)安装电线管、暖卫管线或其他设施时,不得任意切断和移动钢筋。

(二)国家体育馆 Q460 钢材

如果让人评价"21 世纪初叶最有特点的建筑",可能许多人会脱口而出:鸟巢。这座为 2008 年北京奥运会专门建设的国家体育场,在一代中国人心里留下了深深的烙印,这座建筑也成为北京的标志之一。

鸟巢的成功,首先依赖于材料的进步。鸟巢是国内首个使用 Q460E-Z35 规格钢材的建筑。Q460E-Z35 中的"Q"代表钢材的屈服强度;"460"表示屈服强度为 460MPa,普通钢材屈服强度只有 235MPa,比 Q460 小将近一半;"E"代表质量等级为最高级;"Z35"代表厚度方向(Z 向)性能级别。这种钢集高强、柔韧于一体,从而保证了"鸟巢"在承受 460MPa 的外力后,依然可以恢复到原有形状。

Q460 钢材被公认为是建筑结构用钢的顶级产品,曾经只有韩国和日本等极少数国家才能生产。而鸟巢用量庞大,且具有重要的象征意义,我们怎么可能依赖进口呢?为了实现"鸟巢"100%中国制造的夙愿,北京奥组委专门召集国内大型钢铁企业进行座谈、征求意见。最终,拥有"共和国功勋轧机"——4200 毫米特厚板热连轧机的舞阳钢铁公司承担下了 Q460E-Z35 钢板研发生产任务。

2004 年 9 月,Q460 钢第一次试制开始进行,钢板除了强度不符合标准外,其他指标全都合格;2005 年 3 月,第二次试制进行,强度和其他指标达到要求,但低温冲击韧性实验的结果却不能满足要求;2005 年 5 月,第三次试制完成,低温冲击韧性的问题得到解决,产品终于达到"鸟巢"的使用要求;2005 年 7 月,为"鸟巢"量身定制的 Q460E-Z35 开始批量生产,100%中国制造的目标全面完成。

在"鸟巢"建设完成以后,修建"鸟巢"所剩余的全部钢材被制成"鸟巢第一榀钢雕"收藏品(见图 2-36),以纪念中国奥运史上的这一壮举。奥运会结束后,舞钢因其贡献获得了北京奥运会特别贡献奖。

Q460E-Z35 钢材也因此光荣地得名"鸟巢钢"。

图 2-36 鸟巢第一榀钢雕

任务 6 钢筋工程质量验收

一、任务布置

项目部计划明天浇筑装备库及辅助用房二层梁板混凝土,请组织人员对该楼层钢筋进行隐蔽工程验收。

二、相关知识

钢筋安装完成之后,在浇筑混凝土之前,应进行钢筋隐蔽工程验收,主要检查内容包括:

(1)纵向受力钢筋的品种、规格、数量、位置等;

(2)钢筋连接方式、接头位置、接头数量、接头面积百分率等;

(3)箍筋和横向钢筋的品种、规格、数量、间距等;

(4)预埋件的规格、数量、位置等。

钢筋隐蔽工程验收前,施工单位应提供钢筋出厂合格证与检验报告及进场复验报告、钢筋焊接接头和机械连接接头力学性能试验报告。

(一)主控项目

(1)钢筋安装时,受力钢筋的品种、级别、规格和数量必须符合设计要求。

检查数量:全数检查。

检查方法:观察、钢尺检查。

(2)纵向受力钢筋的连接方式应符合设计要求。

检查数量:全数检查。

检查方法:观察。

(二)一般项目

(1)钢筋接头位置、接头面积百分率、绑扎搭接长度等应符合设计或构造要求。

(2)箍筋、横向钢筋的品种、规格、数量、间距等应符合设计要求。

(3)钢筋安装位置的偏差,应符合表2-6的规定。

表 2-6　钢筋安装位置的允许偏差和检验方法

项目			允许偏差/mm	检验方法
绑扎钢筋网	长、宽		±10	钢尺检查
	网眼尺寸		±20	钢尺量连续三档,取最大值
绑扎钢筋骨架	长		±10	钢尺检查
	宽、高		±5	钢尺检查
受力钢筋	间距		±10	钢尺量两端、中间各一点,取最大值
	排距		±5	取最大值
	保护层厚度	基础	±10	钢尺检查
		柱、梁	±5	钢尺检查
		板、墙、壳	±3	钢尺检查
绑扎箍筋、横向钢筋间距			±20	钢尺量连续三档,取最大值
钢筋弯起点位置			20	钢尺检查

注:1.检查预埋件中心线位置时,应沿纵、横两个方向量测,并取其中的较大值;

2.表中梁类、板类构件上部纵向受力钢筋保护层厚度的合格点率应达到90%,且不得有超过表中数值1.5倍的尺寸偏差。

检查数量:在同一检验批内,对梁、柱和独立基础,应抽查构件数量的10%,且不少于3件;对墙和板应按有代表性的自然间抽查10%,且不少于3间;对大空间结构,墙可按相邻轴数间高度5m左右划分检查面,板可按纵、横轴线划分检查面,抽查10%,且均不少于3面。

检验方法:观察、钢尺检查。

三、任务实施

钢筋工程质量标准及检验方法按照现行《混凝土结构工程施工质量验收规范》(GB 50204—2022)中有关钢筋部分规定进行质量检查,并填写隐蔽工程验收记录。

四、拓展阅读

(一)钢筋尺寸定位做法

(1)楼板钢筋定位除了采用制作钢筋马镫的做法外,还可以采用钢管悬挂法进行钢筋尺寸定位,如图 2-37 所示。

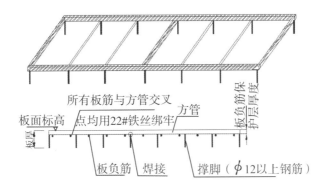

图 2-37 楼板钢筋定位采用钢管悬挂法支撑

(2)柱钢筋尺寸定位采用制作的柱筋定距框的方式进行,上下各设一道,如图 2-38 至图 2-40 所示。

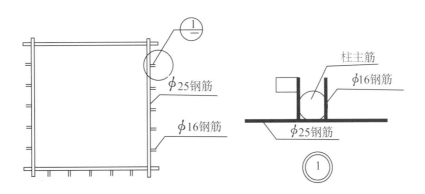

图 2-38 柱筋定距框细部节点

图 2-39 柱钢筋定距框实物

图 2-40 柱钢筋定距框应用实例

(3)墙体钢筋尺寸的定位采用废料钢筋制作的水平和竖向梯子筋。水平梯子筋上下各设一道,竖向梯子筋每隔 4 米设置一道,如图 2-41 至图 2-43 所示。

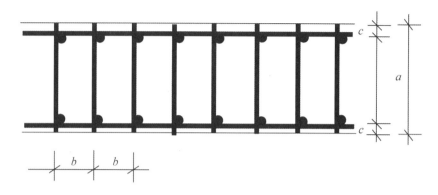

图 2-41　水平梯子筋示意

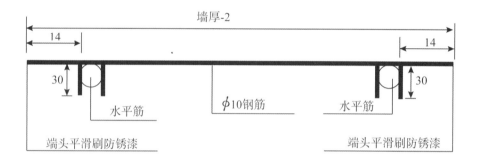

图 2-42　定位梯子筋节点图（单位：mm）

图 2-43　墙体定位筋应用

实训任务

1.教师给定条件,学生完整填写《材料、构配件进场验收记录》。

2.教师选定"装备库及辅助用房"某一构件,学生根据图纸完成钢筋配料单填写。

3.教师根据实训条件给出任务,学生完成钢筋的绑扎与安装。

◇ **练习与思考**

一、单选题

1. 钢筋试验包括拉伸试验和（　　）。

A. 冷弯试验　　　　B. 抗剪试验　　　　C. 抗扭试验　　　　D. 抗拉试验

2. 不同种类钢筋代换，应按钢筋（　　）的原则进行。

A. 面积相等　　　　　　　　　　　B. 强度相等

C. 面积不小于代换前　　　　　　　D. 受拉承载力设计值相等

3. 悬挑阳台板的受力钢筋布置在板的（　　）。

A. 上部　　　　　　B. 中部　　　　　　C. 下部　　　　　　D. 任意位置

4. 梁、柱类纵向的受力钢筋搭接长度范围内箍筋的设置应符合设计要求，当设计无具体要求时，箍筋直径不应小于搭接钢筋较大直径的（　　）。

A. 1/2　　　　　　　B. 1/3　　　　　　C. 1/4　　　　　　D. 2/3

5. 钢筋加工弯曲 90°，其每个弯折的量度差值为（　　）倍的钢筋直径。

A. 0.35　　　　　　B. 0.5　　　　　　C. 0.85　　　　　　D. 2

二、多选题

1. 一般钢筋进场后要进行的检验是（　　）。

A. 查对标识　　　　　　B. 外观检查　　　　　C. 按规定抽样进行机械性能试验

D. 取样做化学成分分析　　　E. 检查出厂证明或实验报告

2. 下列属于钢筋的机械连接方式有（　　）。

A. 钢筋挤压连接　　　　　B. 电渣压力焊　　　　　C. 锥螺纹套筒连接

D. 闪光对焊　　　　　　　E. 直螺纹套筒连接

3. 当发现钢筋（　　）等现象时，应对该钢筋进行化学成分检验或其他专项检验。

A. 脆断　　　　　　　　B. 焊接性能不良　　　　C. 力学性能显著不正常

D. 严重锈蚀　　　　　　E. 扭曲

4. 钢筋安装时应检查受力钢筋的（　　）。

A. 牌号　　　B. 规格　　　C. 数量　　　D. 抗拉强度　　　E. 复试报告

5. 以下钢筋安装正确的是（　　）。

A. 对于双向板钢筋绑扎时，外围两行全部扎牢，中间部位可以间隔交替扎牢

B. 主次梁钢筋相交时，主梁钢筋应在次梁钢筋上面

C. 绑扎连接 1.3 搭接长度内的都属于同一连接区段

D. 为保证钢筋位置准确，可在相应位置绑扎一定厚度的垫块

E. 当采用机械连接时，纵向受压区接头面积百分率不受限

三、简答题

1. 钢筋工程安装完毕后应该验收哪些内容？

2. 对钢筋的存放有什么要求？

材料、构配件进场验收记录

工程名称：   编号：

材料、构配件名称			进场日期	
材料品种		规　格	进场数量	
生产厂家		出厂批号		

验收情况：

 1. 数量_____件；_____t。

 2. 表面质量检查：

 损坏：

 破包：

 污染：

 3. 抽样复试情况

 4. 存放地点

附件：

施工单位检查意见：

      质检员：   材料员：   年　月　日

项目监理机构验收意见：

         专业监理工程师：   年　月　日

本表由施工单位填写，监理机构验收合格后，作为质量证明资料，由施工单位保存。

钢筋配料单

工程名称：

施工部位：

构件名称	钢筋编号	计算简图	直径/mm	钢号	下料长度/mm	单位根数	合计根数	重量/kg

模块三 模板工程施工

混凝土结构依靠模板系统成型，一般将模板面板、连接撑拉锁固件、支撑结构等统称为模板，将模板与其支架、立柱等支撑系统的施工称为模架工程。

现浇混凝土施工中每立方米混凝土构件平均需用模板 $4\sim5m^2$。模架工程所耗费的资源，在一般的梁板、框架和板墙结构中，费用约占混凝土结构工程总造价的 30%，劳动量占 $28\%\sim45\%$；在高大空间、大跨度、异形结构等难度大和复杂的工程中比重则更大。

近年来，随着多种功能混凝土施工技术的开发，模架施工技术不断发展。采用安全、先进、经济的模架技术，对于确保混凝土构件的成型要求、降低工程事故风险、提高劳动生产率、降低工程成本和实现文明施工，具有十分重要的意义。

学习目标

1.理解模板对于混凝土工程的作用，熟悉模板的构造要求，能根据工程特点选择合适的模板系统。

2.掌握模板施工质量验收要点，能在老师指导下对模板工程施工质量进行检查，并准确填写验收记录。

3.理解模架工程搭设质量对安全的重要性，树立工程风险防范意识。

任务1 模板构造与选型

一、任务布置

认真审读"装备库及辅助用房图纸"，结合施工现场条件，选择合适的混凝土模板系统。

二、相关知识

(一)模板的基本要求

现浇混凝土结构工程施工模板系统主要由面板、支撑结构和连接件三部分组成。面板为构成模板并与混凝土面接触的板材。当面板为木、竹胶合板或其他达不到耐水、耐磨、平整要求的材料时,其表面一般都需要做耐磨漆、涂料涂层或贴面,以满足表面平整光滑、易于脱模要求;支撑结构是支撑面板、混凝土和施工荷载的临时结构,保证建筑模板结构牢固地组合,做到不变形、不破坏;连接件是将面板与支撑结构连接成整体的配件。

因此,模板系统需符合下列基本要求:

(1)保证结构和构件各部分形状、尺寸和相互位置的准确性;

(2)具有足够的强度、刚度和稳定性,能可靠地承受新浇混凝土自重和侧压力,以及施工过程中所产生的荷载;

(3)模板组合要合理,构造简单、装拆方便,并便于钢筋的绑扎、安装和混凝土的浇筑及养护;

(4)模板接缝应严密,不漏浆;

(5)尽可能提高周转速度和次数,以利降低成本。

(二)模板的种类

模板按材料的性质可分为木模板、钢模板、钢竹模板、塑料模板和铝合金模板等。

按施工方法分为组合式模板、工具式模板(如大模板、滑模、爬模、胎模等)和永久式模板。

按结构的类型分为基础模板、柱模板、楼板模板、楼梯模板、墙模板、壳模板和烟囱模板等。

按模板的规格形式可分为定型模板(如钢模板)和非定型模板(如木模板)。

近年来,采用大模板、滑升模板、爬升模板施工工艺,以整间大模板代替普通模板进行混凝土板墙施工,不仅节约了模板材料,还大大提高了工程质量和施工机械化程度。支架系统也逐渐向脚手架和支架通用性的工具化方向发展。

1.胶合板模板

混凝土模板用的胶合板有木胶合板和竹胶合板两种。胶合板用作混凝土模板具有以下优点:

(1)板幅大,自重轻,板面平整;

(2)承载能力大,特别是经表面处理后耐磨性好,能多次重复使用;

(3)材质轻,18mm 厚的木胶合板单位面积重量为 50kg,模板的运输、堆放、使用和管理等都较为方便;

(4)保温性能好,能防止温度变化过快,冬期施工有助于混凝土的保温;

(5)易加工成各种形状;

(6)便于按工程的需要弯曲成型,可用作曲面模板。

木胶合板模板分为三类：

①素板：未经表面处理的模板；

②涂胶板：经树脂饰面处理的模板（见图3-1）；

③覆膜板：经浸渍胶膜纸贴面处理的模板。

木胶合板是由木段旋切成单板或由木方刨切成薄木，再用胶黏剂胶合而成的三层或多层的板状材料，通常用奇数层单板，并使相邻层单板的纤维方向互相垂直胶合而成。胶合板面板常用7层或9层胶合板，板面用树脂处理。以木材为主要原料生产的胶合板，由于其结构的合理性和生产过程中的精细加工，可大体上克服木材的缺陷，大大改善和提高木材的物理力学性能。木胶合板的厚度一般为12mm、15mm、18mm和21mm。

竹胶板是以毛竹材作主要架构和填充材料，经高压成坯的建材，其厚度一般有9mm、12mm、15mm和18mm。其组织紧密，质地坚硬而强韧，板面平整光滑，可锯、可钻、耐水、耐磨、耐撞击、耐低温，而且有收缩率小、吸水率低、导热系数小、不生锈等优点。

由于竹是易培养、成林快的林木，三到五年就可以砍伐，能替换木材，因此，国家林业部门的政策大力支持发展以竹为主要加工材料的人造板，已经在很多地方替换了木材类板材的使用，如图3-2所示。

图3-1　木胶合板

图3-2　竹胶合板

2.54型铝合金模板

铝合金模板是新一代的建筑模板，具有重量轻、拆装方便、施工高效、密封性能好、不易跑浆、混凝土成型品质好、周转使用次数多、回收价值高、综合经济效益好的特点，如图3-3所示。

铝合金模板的部件主要由铝合金面板、连接件和支承件三大部分组成。

铝合金模板由3.15mm厚铝合金板制成，$36''\times(9'、8'、7'、6'、5')$等五个规格为标准主板，最大板面为914mm×2743mm（英制为$36''\times9'$），54型铝合金模板共有135种规格，连接件主要由销钉构成，如图3-4所示。

图 3-3　铝合金模板应用　　　　　图 3-4　销钉

3.大模板

大模板主要由板面系统、支撑系统、操作平台和附件组成,分为桁架式大模板、组合式大模板、拆装式大模板、筒形模板以及外墙大模板。

(1)大模板的板面材料

大模板的板面是直接与混凝土接触的部分,它承受着混凝土浇筑时的侧压力,要求具有足够的刚度,表面平整,能多次重复使用。钢板、木(竹)胶合板以及化学合成材料面板等均可作为面板的材料,其中常用的为钢板和木(竹)胶合板。

钢板面一般用 4～6mm 板材拼焊而成。这种面板具有良好的强度和刚度,能承受较大的混凝土侧压力及其他施工荷载,重复利用率高,一般周转次数在 200 次以上。另外,由于钢板面平整光洁,耐磨性好,易于清理,这些均有利于提高混凝土表面的质量。缺点是耗钢量大,重量大($40\text{kg}/\text{m}^2$),易生锈,不保温,损坏后不易修复。

(2)大模板的构造

组合式大模板是目前最常用的一种模板形式。它通过固定于大模板板面的角模,能将纵横墙的模板组装在一起,房间的纵横墙体混凝土可以同时浇筑,故房屋整体性好。它还具有稳定、拆装方便、墙体阴角方正、施工质量好等特点,并可以利用模数条模板加以调整,以适应不同开间、进深的需要。

组合式大模板由板面系统、支撑系统、操作平台及附件组成,如图 3-5 所示。

4.滑动模板

滑动模板施工是以滑模千斤顶、电动提升机或手动提升器为提升动力,带动模板(或滑框)沿着混凝土(或模板)表面滑动而成型的现浇混凝土结构的施工方法的总称,简称滑模施工。

目前,滑模施工工艺不仅广泛应用于贮仓、水塔、烟囱、桥墩、立井筑壁、框架等工业构筑物,而且在高层和超高层民用建筑也得到了广泛的应用。滑模施工由单纯狭义的滑模工艺向广义的滑模工艺发展,包括与爬模、提模、翻模、倒模等工艺相结合,以取得最佳的经济效益和社会效益。

滑模装置主要由模板系统、操作平台系统、液压系统、施工精度控制系统和水电配套系统等组成,如图 3-6 所示。

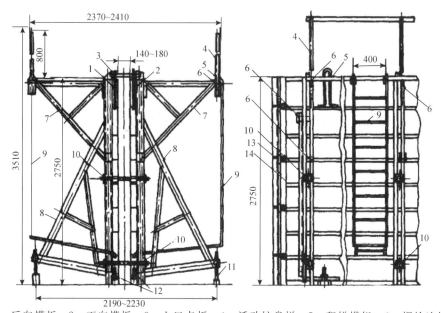

1—反向模板　2—正向模板　3—上口卡板　4—活动护身栏　5—爬梯横担　6—螺栓连接
7—操作平台斜撑　8—支撑架　9—爬梯　10—穿墙螺栓　11—地脚螺栓　12—地脚

图 3-5　组合大模板构造

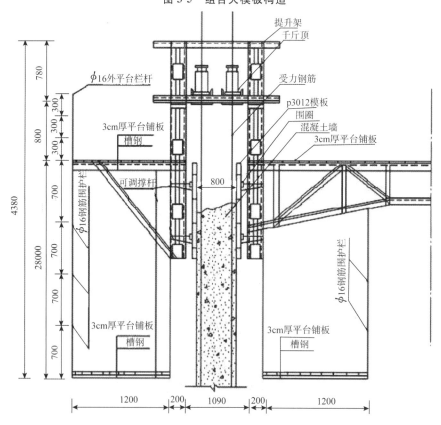

图 3-6　滑动模板示意(单位:mm)

5.爬升模板

爬升模板简称爬模,是通过附着装置支承在建筑结构上,以液压油缸或千斤顶为爬升动力,以导轨为爬升轨道,随建筑结构逐层爬升、循环作业的施工工艺,是钢筋混凝土竖向结构施工继大模板、滑升模板之后的一种较新的工艺。

爬升模板由于综合了大模板和滑升模板的优点,已形成了施工中模板不落地且混凝土表面质量易于保证的快捷、有效的施工方法,特别适用于高耸建(构)筑物竖向结构浇筑施工。爬升模板既有大模板施工的优点,如模板板块尺寸大,成型的混凝土表面光滑平整,能够达到清水混凝土质量要求;又有滑升模板的特点,如自带模板、操作平台和脚手架随结构的增高而升高,抗风能力强,施工安全,速度快等;同时又比大模板和滑升模板有所发展和进步,如施工精度更高,施工速度和节奏更快更有序,施工更加安全,适用范围更广阔。

目前爬升模板技术有多种形式,常用的有:模板与爬架互爬技术、新型导轨式液压爬模(提升或顶升)技术、新型液压钢平台爬升(提升或顶升)技术。

现有的模板与爬架互爬技术,按爬升动力不同分为液压顶升式爬升、电动葫芦提升式爬升,不论哪一种技术,其核心组成包括附着装置、升降机构、防坠装置架体系统、模板系统,如图 3-7 所示。如图 3-8 所示为液压爬架爬升过程。

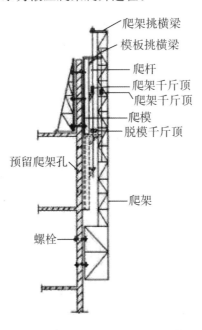

图 3-7　有爬架爬升模板

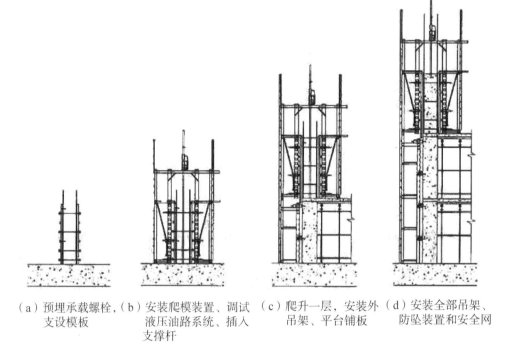

（a）预埋承载螺栓，（b）安装爬模装置、调试　（c）爬升一层，安装外　（d）安装全部吊架、
　　支设模板　　　　　液压油路系统、插入　　　吊架、平台铺板　　　　防坠装置和安全网
　　　　　　　　　　　支撑杆

图 3-8　液压爬架爬升过程

6.永久性模板

永久性模板也称为一次性消耗模板,是指为现浇混凝土结构而专门设计并加工预制的某种特殊型材或构件,它们行使混凝土模板应具有的全部职能,却永远不拆除。这种模板不同于一般模板之处,在于它们与多功能新型材料复合起来,或与高性能混凝土结合起来,从而形成一个整体结构。

我国在现浇楼板工程中常用的永久性模板的材料,主要有压型薄钢板模板和钢筋混凝土薄板两种。

压型薄钢板作为楼承板,是采用镀锌或经防腐处理的 0.75～1.6mm 厚的 Q235 薄钢板,经冷轧成具有梯波形截面的槽形钢板,多用于多层和高层钢结构工程的混凝土楼板作底模,亦可用于作混凝土结构的楼板模板。其特点为施工快捷、方便、工期短、节约钢筋、可兼做钢模板,具有造价低、强度高的特点,如图 3-9 所示。

叠合楼板是预制和现浇混凝土相结合的一种较好结构形式,预制薄板与上部现浇混凝土层结合成为一个整体,共同工作。薄板的主筋即是叠合楼板的主筋,上部混凝土现浇层仅配置负弯矩钢筋和构造钢筋。预制板用作现浇混凝土层的底模,不必为现浇层支撑模板。薄板底面光滑平整,板缝经处理后,顶棚可以不再抹灰。这种叠合楼板具有现浇楼板的整体性、刚度大、抗裂性好、不增加钢筋消耗、节约模板等优点。由于现浇楼板不需支模,还有大块预制混凝土隔墙板可在结构施工阶段同时吊装,从而可提前插入装修工程,缩短整个工程的工期,如图 3-10 所示。

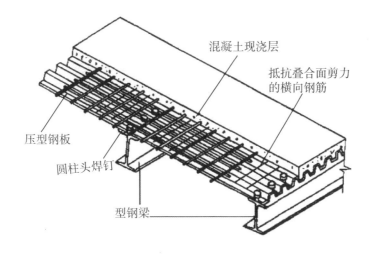

图 3-9 压型钢板模板

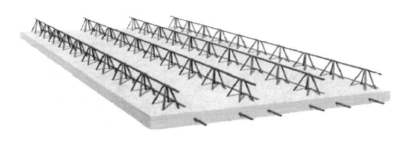

图 3-10 预制混凝土叠合楼板

三、任务实施

在老师指导下,根据工程特点、现场条件和公司现有技术水平,选取合适模板,然后组织技术人员编制详细模板施工方案。

四、拓展阅读

(一)早拆模板体系

20 世纪 80 年代中期,我国从国外引进了早拆模板体系,并应用成功。进入 90 年代初期,早拆模板体系开始在国内的建筑工程施工中推广应用,由于多年的工程应用和施工经验的积累,该施工技术不断走向成熟和规范,是住建部十项推广新技术之一。

早拆模板体系利用结构混凝土早期形成的强度和早拆装置、支架格构的布置,在施工阶段人为把结构构件跨度缩小,拆模时实施两次拆除,第一次拆除部分模架,形成单向板或双向板支撑布局,所保留的模架待混凝土构件达到《混凝土结构工程施工质量验收规范》(GB 50204—2022)规定的拆模条件时再拆除。早拆模板体系是在确保现浇钢筋混凝土结构施工安全度不受影响、符合施工规范要求、保证施工安全及工程质量的前提下,减少投入,加快材料周转,降低施工成本,提高工效,加快施工进度,具有显著的经济效益和良好的社会效益。

根据现行的国家标准《混凝土结构工程施工质量验收规范》(GB 50204—2022)中规定,板的结构跨度≤2.0m时,混凝土强度达到设计强度的50%方可拆模;结构跨度在 2.0以上时,混凝土强度达到75%或100%方可拆模,具体见表 3-5。因此,早拆模板施工的基本原理是:在施工阶段把楼板的结构跨度人为控制在 2m 以内,通过降低楼板自重荷载,在混凝土强度达到设计强度的50%时实现提早拆模。

(二)其他模板

1.木模板

现阶段木模板主要用于异型构件。木模板选用的木材品种,应根据它的构造及工程所在地区来确定,多数采用红松、白松、杉木。木模板的主要优点是制作拼装随意,尤其适用于浇筑外形复杂、数量不多的混凝土结构或构件。另外,因木材导热系数低,混凝土冬期施工时,木模板具有保温作用,但由于木材消耗量大,重复利用率低,本着绿色施工的原则,我国从 20 世纪 70 年代初开始"以钢代木",减少资源浪费。目前,木模板在现浇钢筋混凝土结构施工中的使用率已大大降低,逐步被胶合板、钢模板代替。

2.55 型组合钢模板

55 型组合钢模板的部件,主要由钢模板、连接件和支承件三大部分组成。

钢模板包括平板模板、阴角模板、阳角模板、连接角模等通用模板及倒棱模板、梁腋模板、柔性模板、搭接模板、可调模板、嵌补模板等专用模板,如图 3-11 所示。

连接件包括 U 形卡、L 形插销、对拉螺栓、钩头螺栓、紧固螺栓和扣件等。

支承件包括钢管支架、门式支架、碗扣式支架、盘销(扣)式脚手架、钢支柱、四管支柱、斜撑、调节托、钢楞、方木等。

图 3-11　55 型组合钢模板

3.飞模

飞模又称台模,因其形状像一个台面,使用时利用起重机械将该模板体系直接从浇筑完毕的楼板下整体吊运飞出,周转到上层布置而得名。

飞模是一种水平模板体系,属于大型工具式模板,主要由台面、支撑系统(包括纵横梁、各种支架支腿)、行走系统(如升降和滑轮)和其他配套附件(如安全防护装置)等组成。其适用于大开间、大柱网、大进深的现浇钢筋混凝土楼板施工,对于无柱帽现浇板柱结构楼盖尤其适用,如图 3-12 所示。

飞模的规格尺寸主要根据建筑物的开间和进深尺寸以及起重机械的吊运能力来确定。飞模使用的优点是:只需一次组装成型,不再拆开,每次整体运输吊装就位,简化了支拆脚手架模板的程序,加快了施工进度,节约了劳动力。而且其台面面积大,整体性好,板

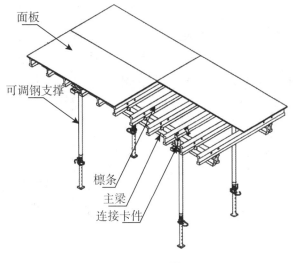

图 3-12　飞模

面拼缝好,能有效提高混凝土的表面质量。通过调整台面尺寸,还可以实现板、梁一次浇筑,同时使用该体系可节约模架堆放场地。

飞模的缺点是:对构筑物的类型要求较高,如果不适用于框架或框架—剪力墙体系,对于梁柱接头比较复杂的工程,也难以采用飞模体系。不但它对工人的操作能力要求较高,而且起重机械的配合也同样重要,因此在施工中需要采取多种措施保证其使用安全性。故施工企业应灵活选择飞模进行施工。

4.模壳

钢筋混凝土现浇密肋楼板能很好地适应大空间、大跨度的需要。密肋楼板是由薄板和间距较小的双向或单向密肋组成的,薄板厚度一般为 60～100mm,小肋高一般为 300～500mm,从而加大了楼板截面有效高度,减少了混凝土的用量,用大型模壳施工的现浇双向密肋楼板结构,省去了大梁,减少了内柱,使得建筑物的有效空间大大增加,层高也相应降低,在相同跨度的条件下,可减少混凝土 30%～50%,钢筋用量也有所降低,使楼板的自重减轻。密肋楼板能取得好的技术经济效益,关键因素决定于模壳和支撑系统。单向密肋楼板如图 3-13(a)所示,双向密肋楼板如图 3-13(b)所示。密肋楼板施工如图 3-14 所示。

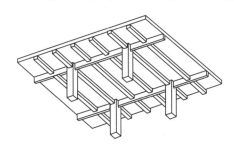

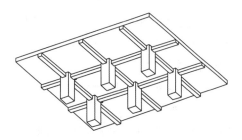

（a）单向密肋楼板　　　　　　　　　　　（b）双向密肋楼板

图 3-13　密肋模板形式

图 3-14　密肋模板施工

任务 2　模板安装施工

一、任务布置

请在老师指导下,根据工程特点和现场条件完成装备库及辅助用房三层结构的模板的施工安装。

二、相关知识

(一)胶合板的配置方法与要求

1.胶合板模板的配制方法

(1)按设计图纸尺寸直接配制模板。形体简单的结构构件,可根据结构施工图纸直接按尺寸列出模板规格和数量进行配制。模板厚度、横档及楞木的断面和间距,以及支撑系统的配置,都可按支承要求通过计算选用。

(2)利用计算机辅助配制模板。形体复杂的结构构件,按结构图的尺寸可用计算机进行辅助画图或模拟构件尺寸,进行模板的制作。

2.胶合板模板配制要求

(1)应整张直接使用,尽量减少随意锯截,以免造成胶合板浪费。

(2)木胶合板常用厚度一般为 12mm 或 18mm,竹胶合板常用厚度一般为 12mm,内、外楞的间距可随胶合板的厚度及构件种类和尺寸,通过设计计算进行调整。

(3)支撑系统可以选用钢管脚手架,也可采用木材。采用木支撑时,不得选用脆性、严重扭曲和受潮后容易变形的木材。

(4)钉子长度应为胶合板厚度的 1.5～2.5 倍,每块胶合板与木楞相叠处至少钉 2 个钉子。第二块板的钉子要转向第一块模板方向斜钉,使拼缝严密。

(5)配制好的模板应在反面编号并写明规格,分别堆放保管,以免错用。

采用胶合板作现浇混凝土墙体和楼板的模板,是目前常用的一种模板技术。与采用组合式模板相比,可以减少混凝土外露表面的接缝,满足清水混凝土的要求。

(二)墙体模板安装

常规的支模方法是:胶合板面板外侧的立档用 50mm×100mm 方木,横挡(又称牵杠)可用中 ϕ 48mm×3.5mm 钢管或方木(一般为边长 100mm 方木),两侧胶合板模板用穿墙螺栓拉结。

(1)钢筋绑扎完毕后,进行墙模板安装时,根据边线先立一侧模板,临时用支撑撑住,用线锤校正模板的垂直,然后固定牵杠,再用斜撑固定。大块侧模组拼时,上下竖向拼缝要互相错开,先立两端,后立中间部分,再按同样方法安装另一侧模板及斜撑等。

(2)为了保证墙体的厚度正确,在两侧模板之间可用小方木撑头(小方木长度等于墙厚),小方木要随着浇筑混凝土逐个取出。为了防止浇筑混凝土时墙身鼓胀,可用直径 12～16mm 螺栓拉结两侧模板,间距不大于 1m。螺栓要纵横排列,并可增加穿墙螺栓套管,以便在混凝土凝结后取出,如图 3-15 所示。如墙体不高,厚度不大,在两侧模板上口钉上搭头木即可。

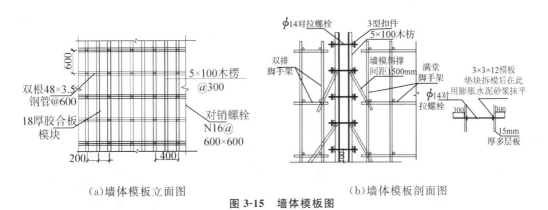

(a)墙体模板立面图　　　　　　　　(b)墙体模板剖面图

图 3-15　墙体模板图

(三)柱板模板安装

(1)根据图纸尺寸制作柱侧模板后,测放好柱的位置线,钉好压脚板后再安装柱模板,两垂直向加斜拉顶撑。柱模安装完后,应全面复核模板的垂直度、对角线长度差及截面尺寸等项目。柱模板支撑必须牢固,预埋件、预留孔洞严禁漏设,且必须准确、稳牢。

(2)安装柱箍:柱箍的安装应自下而上进行,柱箍应根据柱模尺寸、柱高及侧压力的大小等因素进行设计选择(有木箍、钢箍、钢木箍等),柱箍间距一般在 40～60cm,柱截面较大时应设置柱中穿心螺栓,由计算确定螺栓的直径、间距。如图 3-16 所示。

(四)梁模板安装

(1)弹出轴线、梁位置线和水平标高线,钉柱头模板。

图 3-16　柱子模板安装

（2）梁底模板：按设计标高调整支柱的标高，然后安装梁底模板，并拉线找平。梁应按照设计要求起拱，当设计无要求时，大于等于 4m 的梁起拱高度为 1/1000～3/1000。先主梁起拱，后次梁起拱。

（3）梁下支柱支承在基土面上时，应将基土平整夯实，满足承载力要求，并加木垫板或混凝土垫板等有效措施，确保混凝土在浇筑过程中不会发生支顶下沉等现象。

（4）梁侧模板：根据墨线安装梁侧模板、压脚板、斜撑等。

（5）当梁高超过 70cm 时，梁侧模板宜加穿梁螺栓加固。

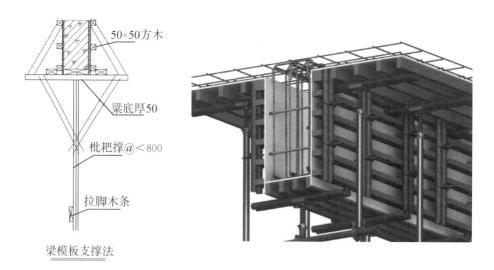

图 3-17　梁模板安装（单位：mm）

（五）楼板模板安装

（1）板顶标高线依 1m 线引测到柱筋上，在施工过程中随时对板底、板顶标高进行复测与校正。

（2）排板：根据开间的尺寸，确定顶板的排板尺寸，以保证顶板模板最大限度地使用整板。

（3）根据立杆支撑位置图放线，保证以后每层立杆都在同一条垂直线上。应确保上下支撑在同一竖向位置。

（4）立杆排好后，进行主次龙骨的铺设，按排板图进行配板，为以后铺板方便可适当编号，尽量使模板周转到下一层相同位置。

（5）模板安装完毕后先进行自检，再报监理预检，合格后方可进行下一道工序。

（6）严格控制顶板模板的平整度，两块板的高低差不大于 1mm。主、次木楞平直，过刨使其薄厚尺寸一致，可用可调 U 形托调整高度。

（7）梁、板、柱接头处，阴阳角、模板拼接处要严密，模板边要用电刨刨齐整，拼缝不超过 1mm，并且板缝底下必须加木楞支顶。

（8）若板跨度≥4m 时，模板应起 1/1000～3/1000 的拱。起拱时先按照墙体及柱子上弹好的标高控制线和模板标高全部支好模板，然后将跨中的可调支托丝扣向上调动，调到要求的起拱高度，起拱应由班组长、放线员、专业工长严格控制，在保证起拱高度的同时还要保证梁的高度和板的厚度。

（9）板过刨后必须用厂家提供的专用漆封边，以减少模板吸水。

三、任务实施

（一）模板安装前准备工作

（1）安装前做好模板的定位基准工作，其步骤如下：

①进行中心线和位置的放线。

②做好标高量测工作。

③进行找平工作：模板衬垫底部应预先找平，以保证模板位置正确，防止模板底部漏浆。常用的找平方法是沿模板边线（构件边线外侧）用 1：3 水泥砂浆抹找平层。

④设置模板定位基准：

墙体模板可根据构件断面尺寸切割一定长度的钢筋焊成定位梯子支撑筋（钢筋端头刷防锈漆），绑（焊）在墙体两根竖筋上，起到支撑作用，间距 1200mm 左右，如图 3-18 所示。

柱模板可在基础和柱模上口用钢筋焊成井字形套箍撑位模板并固定竖向钢筋，也可在竖向钢筋靠模板一侧焊一短截钢筋，以保持钢筋与模板的位置。

⑤合模前要检查构件竖向接槎处面层混凝土是否已经凿毛，如图 3-19 所示。

（2）向施工班组进行技术交底，并且做样板，经监理等有关人员认可后，再大面积展开。

（3）支承支柱的土体地面，应事先夯实整平，并做好防水、排水设置，准备支柱底垫木。

（4）竖向模板安装的底面应平整坚实，并采取可靠的定位措施，按施工设计要求预埋支承锚固件。

（5）模板应涂刷脱模剂。结构表面需作处理的工程，严禁在模板上涂刷废机油或其他油类。

图 3-18　墙体定位梯子筋　　　　　　图 3-19　合模前接槎处凿毛

(二)柱模板安装

安装顺序:放线→设置定位基准→第一块模板安装就位→安装支撑→邻侧模板安装就位→连接第二块模板,安装第二块模板支撑→安装第三、第四块模板及支撑→调直纠偏→安装柱箍→全面检查校正→柱模群体固定→清除柱模内杂物、封闭清扫口。

(三)梁模板安装

安装顺序:放线→搭设支模架安装梁底模→梁模起拱→绑扎钢筋与垫块→安装两侧模板→固定梁夹→安装梁柱节点模板→检查校正→安梁口卡→相邻梁模固定。

(四)楼板模板安装

安装顺序:复核板底标高→搭设支模架→安放龙骨→安装模板(铺放密肋楼板模板)→安装柱、梁、板节点模板→安放预埋件及预留孔模板等→检查校正→交付验收。

(五)模板安装注意事项

梁模板要防止梁身不平直、梁底不平及下挠、梁侧模炸模、局部模板嵌入柱梁间,或拆除困难的现象。

柱模板要防止柱模板炸模、断面尺寸鼓出、漏浆、混凝土不密实,或蜂窝麻面、偏斜、柱身扭曲的现象。

楼板模板安装时要防止板中部下挠,板底混凝土面不平的现象。

四、拓展阅读

(一)现浇混凝土结构模板设计计算概述

1.模板设计的内容

模板设计的内容,主要包括模板和支撑系统的选型;支撑结构和模板的配置;计算简图的确定;模架结构强度、刚度、稳定性核算;附墙柱、梁柱接头等细部节点设计和绘制模板施工图等。各项设计内容的详尽程度,根据工程的具体情况和施工条件确定。

2.设计主要原则

(1)实用性。主要应保证混凝土结构的质量,具体要求是:保证构件的形状尺寸和相互位置的正确;接缝严密,不漏浆;模架构造合理,支拆方便。

（2）安全性。保证在施工过程中,不变形,不破坏,不倒塌。

（3）经济性。针对工程结构的具体情况,因地制宜,就地取材,在确保工期、质量的前提下,尽量减少一次性投入,降低模板在使用过程中的消耗,提高模板周转次数,减少支拆用工,实现文明施工。

（二）荷载与荷载组合

1. 荷载

梁板等水平构件的底模板以及支架所受的荷载作用,一般为重力荷载;墙、柱等竖向构件的模板及其支架所受的荷载作用,一般为侧向压力荷载。荷载的物理数值称为荷载标准值,考虑到模板材料差异和荷载分布的不均匀性等不利因素的影响,将荷载标准值乘以相应的荷载分项系数,即荷载设计值进行计算。

荷载标准值通过计算和查阅相关资料获得;计算时除表 3-2 中列入的 7 项荷载外,当水平模板支撑结构的上部继续浇筑混凝土时,还应考虑由上部传递下来的荷载。荷载分项系数如表 3-2 所示。

表 3-2　荷载分项系数 γ_i

序号	荷载类别	分项系数 γ_i
1	模板及支架自重标准值（G_{1k}）	永久荷载的分项系数:
2	新浇混凝土自重标准值（G_{2k}）	(1)当其效应对结构不利时:对由可变荷载效应控制的组合,应取 1.2;对由永久荷载效应控制的组合,应取 1.35;
3	钢筋自重标准值（G_{3k}）	(2)当其效应对结构有利时:一般情况应取 1;对结构的倾覆、滑移验算,应取 0.9
4	新浇混凝土对模板的侧压力标准值（G_{4k}）	可变荷载的分项系数:
5	施工人员及施工设备荷载标准值（Q_{1k}）	一般情况下应取 1.4;对标准值大于 $4kN/m^2$ 的活荷载应取 1.3。
6	振捣混凝土时产生的荷载标准值（Q_{2k}）	对 $3.7kN/m^2 \leqslant$ 标准值 $\leqslant 4kN/m^2$,按标准值为
7	倾倒混凝土时产生的荷载标准值（Q_{3k}）	$4kN/m^2$ 计算
8	风荷载（W_k）	1.4

2. 荷载组合

参与计算模板及其支架荷载效应组合的各项荷载的标准值组合应符合表 3-3 的规定。

表 3-3　荷载组合

	模板类别	参与组合的荷载项	
		计算承载能力	验算挠度
1	平板和薄壳的模板及支架	1＋2＋3＋5	1＋2＋3
2	梁和拱模板的底板及支架	1＋2＋3＋6	1＋2＋3
3	梁、拱、柱（边长≤300mm）、墙（厚度≤100mm）的侧面模板	4＋6	4
4	大体积结构、柱（边长＞300mm）、墙（厚度大于100mm）的侧面模板	4＋7	4

（三）脱模剂的选择

脱模剂又称隔离剂，是涂刷（喷涂）在模板表面，起隔离作用，在拆模时能使混凝土与模板顺利脱离，保持混凝土形状完整及模板无损的材料。脱模剂对于防止模板与混凝土的黏结，保护模板，延长模板的使用寿命，以及保持混凝土墙面的洁净与光滑，起到了重要作用。

混凝土脱模剂种类繁多，不同的脱模剂对混凝土与模板的隔离效果不尽相同。在选用脱模剂时，应主要根据脱模剂的特点、模板的材料、施工条件、混凝土表面装饰的要求，以及成本等因素综合考虑，同时还要注意脱模剂不应导致混凝土表面风化起灰，不妨碍洒水养护时混凝土表面的湿润，不损害构件的正常性能，不污染混凝土。

脱模剂涂刷注意事项：

（1）在首次涂刷脱模剂前，应对模板进行检查和清理。板面的缝隙应用环氧树脂腻子或其他材料进行补缝。清除掉模板表面的污垢和锈蚀后，才能涂刷脱模剂。

（2）涂刷脱模剂可以采用喷涂或刷涂，操作要迅速，涂层应薄而均匀，结膜后不要回刷，以免起胶。涂刷时所有与混凝土接触的板面均应涂刷，不可只涂大面而忽略小面及阴阳角。在阴角处不得涂刷过多，否则会造成脱模剂积存或流坠。

（3）在首次涂刷甲基硅树脂脱模剂前，应将板面彻底擦洗干净，打磨出金属光泽，擦去浮锈，然后用棉纱沾酒精擦洗。板面处理越干净，则成膜越牢固，周转使用次数越多。采用甲基硅树脂脱模剂，模板表面不准刷防锈漆。当钢模重刷脱模剂时，要趁拆模后板面潮湿，用扁铲、棕刷、棉丝将浮渣清理干净，否则干涸后清理比较困难。

（4）不管用何种脱模剂，均不得涂刷在钢筋上，以免影响钢筋的握裹力。

（5）现场配制脱模剂时要随用随配，以免影响脱模剂的效果和造成浪费。

（6）涂刷脱模剂后的模板不能长时间放置，以防雨淋或落上灰尘，影响脱模效果。

（7）冬雨期施工不宜使用水性脱模。

任务 3　模板工程质量检查验收

一、任务布置

按照规范、图纸和施工方案等技术文件要求完成三层模板的安装，请按照验收规范完成模板的质量验收。

同时一层结构的模板，施工班组请求拆除，请判断是否可以拆除？如果可以拆除，请组织模板的拆除。

二、相关知识

(一)模板工程质量控制

1. 主控项目

(1)安装现浇混凝土的上层模板及其支架时,下层楼板应具有承受上层荷载的承载能力,或加设支架;上、下层支架的立柱应对准,并铺设垫板。

(2)在涂刷模板隔离剂时,不得沾污钢筋和混凝土接搓处。

2. 一般项目

(1)模板安装应满足下列要求:

模板的接搓不应漏浆;在浇筑混凝土前,木模板应浇水湿润,但模板内不应有积水;模板与混凝土的接触面应清理干净并涂刷隔离剂,但不得采用影响结构性能或妨碍装饰工程施工的隔离剂。

浇筑混凝土前,模板内的杂物应清理干净;对清水混凝土工程及装饰混凝土工程,应使用能达到设计效果的模板。

(2)用作模板的地坪、胎膜等应平整光洁,不得产生影响构件质量的下沉、裂缝、起砂或起鼓。

(3)对跨度不小于4m的现浇钢筋混凝土梁、板,其模板应按设计要求起拱。

(4)固定在模板上的预埋件、预留孔和预留洞均不得遗漏,且应安装牢固,其偏差应符合规定。

(5)现浇结构模板安装的偏差应符合表3-6的规定。

表 3-3 现浇结构模板安装的允许偏差及检验方法

项目		允许偏差/mm	检验方法
轴线位置(纵横两个方向)		5	钢尺检查
底模上表面标高		±5	水准仪或拉线、钢尺检查
截面内部尺寸	基础	±10	钢尺检查
	柱、梁、墙	+4,−5	钢尺检查
层高垂直度	不大于5m	6	经纬仪或吊线、钢尺检查
	大于5m	8	经纬仪或吊线、钢尺检查
相邻两板表面高差		2	钢尺检查
表面平整度		5	2m靠尺和塞尺检查

(6)预制构件模板安装的偏差应符合表3-4的规定。

表 3-4　预制结构模板安装的允许偏差及检验方法

项目		允许偏差/mm	检验方法
长度	梁、板	±5	钢尺量两角边,取其中较大值
	薄腹梁、桁架	±10	
	柱	0,10	
	墙板	0,−5	
宽度	板、墙板	0,−5	钢尺量两角边,取其中较大值
	梁、薄腹梁、桁架、柱	+2,−5	
高(厚)度	板	+2,−3	钢尺量两角边,取其中较大值
	墙板	0,−5	
	梁、薄腹梁、桁架、柱	+2,−5	
侧向弯曲	梁、板、柱	$L/1000$ 且 $\leqslant 15$	拉线,钢尺量最大弯曲处
	墙板、薄腹梁、桁架	$L/1500$ 且 $\leqslant 15$	
板的表面平整度		3	2m靠尺和塞尺检查
相邻两板表面高低差		1	钢尺检查
对角线差	板	7	钢尺量两个对角线
	墙板	5	
翘曲	板、墙板	$L/1500$	调平尺在两端量测
设计起拱	薄腹梁、桁架、梁	±3	拉线、钢尺量跨中

注:L 为构件长度。

(二)模板的拆除

混凝土结构浇筑后,达到一定强度方可拆模。模板拆卸时间应按照结构特点和混凝土所应达到的强度来确定。拆模要掌握好时机,应保证混凝土达到必要的强度,同时又要及时,以便于模板周转和加快施工进度。

(1)侧模拆除时,混凝土强度应能保证其表面及棱角不因拆模而受损坏,预埋件或外露钢筋插铁不因拆模碰挠而松动。冬期施工时,应视其施工方法和混凝土强度增长情况及测温情况决定拆模时间。

(2)底模及其支架拆除时,结构混凝土强度应符合设计要求。当设计无要求时,同条件养护试件的混凝土强度应符合表 3-5 的规定。

表 3-5　拆模时混凝土强度要求

构件类型	构件跨度/m	达到设计的混凝土立方体抗压强度标准值的百分率/%
板	≤2	≥50
	>2,≤8	≥75
	>8	≥100
梁、拱、壳	≤8	≥75
	>8	≥100
悬臂构件	——	≥100

（3）采用快拆支架体系时,且立柱间距不大于 2m 时,板底模板可在混凝土强度达到设计强度等级值的 50% 时,保留支架体系并拆除模板板块,梁底模板应在混凝土强度达到设计强度等级值的 75% 时,保留支架体系并拆除模板板块。

（4）大体积混凝土的拆模时间除应满足混凝土强度要求外,还应使混凝土内外温差降低到 25℃ 以下时方可拆模。否则应采取有效措施防止产生温度裂缝。

（三）拆模顺序

（1）模板拆除的顺序和方法,应按照配板设计的规定进行,遵循先支后拆,后支先拆,先非承重部位,后承重部位以及自上而下的原则。拆模时,严禁用大锤和撬棍硬砸硬撬。

（2）组合大模板宜大块整体拆除。

（3）支承件和连接件应逐件拆卸,模板应逐块拆卸传递,拆除时不得损伤模板和混凝土。

（4）拆下的模板和配件不得抛扔,均应分类堆放整齐,附件应放在工具箱内。

三、任务实施

（一）填写验收记录

施工单位在自检合格的基础上,由专业监理工程组织质量员、施工员、班组长等对支设的模板进行检查,并如实填写模板质量验收记录。

（二）模板拆除

（1）柱模拆除可分别采用分散拆和分片拆两种方法。

分散拆除的顺序为:拆除拉杆或斜撑→自上而下拆除柱箍或横楞→拆除竖楞→自上而下拆除配件及模板→运走分类堆放→清理→拔钉→钢模维修→刷防锈油或脱模剂→入库备用。

分片拆除的顺序为:拆除全部支撑系统→自上而下拆除柱箍及横楞→拆除柱角 U 形卡→分片拆除模板→原地清理→刷防锈油或脱模剂→分片运至新支模地点备用。

（2）拆除墙模应符合下列要求:

①墙模分散拆除顺序为:拆除斜撑或斜拉杆→自上而下拆除外楞及对拉螺栓→分层自上而下拆除木楞或钢楞及零配件和模板→运走分类堆放→拔钉清理或清理检修后刷防

锈油或脱模剂→入库备用。

②预组拼大块墙模拆除顺序为:拆除全部支撑系统→拆卸大块墙模接缝处的连接型钢及零配件→拧去固定埋设件的螺栓及大部分对拉螺栓→挂上吊装绳扣并略拉紧吊绳后拧下剩余对拉螺栓→用方木均匀敲击大块墙模立楞及钢模板,使其脱离墙体→用撬棍轻轻外撬大块墙模板使全部脱离→起吊、运走、清理→刷防锈油或脱模剂备用。

③拆除每一大块墙模的最后一个对拉螺栓后,作业人员应撤离大模板下侧,以后的操作均应在上部进行。个别大块模板拆除后产生局部变形者应及时整修好。

④大块模板起吊时,速度要慢,应保持垂直,严禁模板碰撞墙体。

(3)拆除梁、板模板应符合下列要求:

①梁、板模板应先拆梁侧模,再拆板底模,最后拆除梁底模,并应分段分片进行,严禁成片撬落或成片拉拆。

②拆除模板时,严禁用铁棍或铁锤乱砸,已拆下的模板应妥善传递或用绳钩放至地面。

③待分片、分段的模板全部拆除后,将模板、支架、零配件等按指定地点运出堆放,并进行拔钉、清理、整修、刷防锈油或脱模剂,入库备用。

四、拓展阅读

(一)模板拆除安全技术措施及注意事项

模板及支架拆除工作的安全,包括吊落地面和转运、存放的安全。要注意防止顶模板掉落、支架倾倒、落物和碰撞等伤害事故的发生。模板拆除应有可靠的技术方案和安全保证措施,并应经过技术主管部门或负责人批准。

(1)拆模前应检查所使用的工具是否有效和可靠,扳手等工具必须装入工具袋或系挂在身上,并应检查拆模场所范围内的安全措施。

(2)模板的拆除工作应设专人指挥。作业区应设围栏,其内不得有其他工种作业,并应设专人负责监护。

(3)多人同时操作时,应明确分工、统一信号或行动,应具有足够的操作面,人员应站在安全处。

(4)高处拆除模板时,应符合有关高处作业的规定,应搭脚手架,并设防护栏杆,防止上下在同一垂直面操作。搭设临时脚手架必须牢固,不得用拆下的模板作脚手板。

(5)操作层上临时拆下的模板不得集中堆放,要及时清运。高处拆下的模板及支撑应用垂直升降设备运至地面,不得乱抛乱扔。

(6)在提前拆除互相搭连并涉及其他后拆模板的支撑时,应补设临时支撑。拆模时,应逐块拆卸,不得成片撬落或拉倒。

(7)拆模必须拆除干净、彻底,如遇特殊情况需中途停歇,应将已拆松动、悬空、浮吊的模板或支架进行临时支撑加固或相互连接稳固。对活动部件必须一次拆除。

(8)已拆除了模板的结构,应在混凝土强度达到设计强度值后方可承受全部设计荷载。若在未达到设计强度以前,需在结构上加置施工荷载时,应另行核算,强度不足时,应加设临时支撑。

(9)遇6级或6级以上大风时,应暂停室外的高处作业。雨、雪、霜后应先清扫施工现场,方可进行工作。

(10)拆除有洞口的模板时,应采取防止操作人员坠落的措施。洞口模板拆除后,应及时进行防护。

(11)拆除平台、楼板下的立柱时,作业人员应站在安全处,严禁站在已拆或松动的模板上进行拆除作业,严禁站在悬臂结构边缘敲拆下面的底模。

(二)汕尾市陆河县"10·8"较大建筑施工事故案例

2020年10月8日10时50分,陆河县看守所迁建工程业务楼的天面构架模板发生坍塌事故,造成8人死亡,1人受伤,事故直接经济损失共约1163万元。事故直接的原因如下:

(1)违规直接利用外脚手架作为模板支撑体系,且该支撑体系未增设加固立杆,也没有与已经完成施工的建筑结构形成有效的拉结,经技术分析,属于超过一定规模的危大工程。

(2)天面构架混凝土施工工序不当,未按要求先浇筑结构柱,待其强度达到75%及以上后再浇筑屋面构架及挂板混凝土,且未设置防止天面构架模板支撑侧翻的可靠拉撑,下部模板支撑体系坍塌时带动结构柱与屋面架构模板支撑体系整体倾覆。

(3)斜向挂板混凝土虽然提前浇筑,根据图纸设计参数及现场实际施工情况,在没有采取有效加固措施时,斜向挂板无法承受上部荷载。当屋面构架及挂板进行混凝土浇筑时,上部荷载逐渐加大至立杆允许受力临界值时,立杆开始弯曲变形,导致支撑体系整体失稳,并引发斜向挂板端部断裂造成整个构架及挂板整体坍塌。

 **实训任务**

检查实训基地工法楼模板的安装质量,并完成检验记录填写。

练习与思考

一、单选题

1.滑升模板组成包括( )

A.模板系统、操作系统、液压系统和精度控制系统

B.操作平台、内外吊架和外挑架

C.爬杆、液压千斤顶和操纵装置、模板系统

D.操纵装置、模板系统

2.以下不是混凝土结构的模板及支架安装完成后的检查验收内容的是( )

A.模板的定位   B.支架杆件的规格、尺寸、数量

C.模板的厚度   D.支架杆件底部支撑情况

3.在清理后,安装前应按要求在模板表面刷( ),以方便模板的拆除。

A. 养护剂　　　　　B. 脱模剂　　　　　C. 黏结胶　　　　　D. 冷底子油

4. 现浇结构模板安装的表面平整度允许偏差为(　　)mm。

A. 5　　　　　　　B. 10　　　　　　　C. ±5　　　　　　　D. ±1

5. 关于模板的拆除,以下说法不正确的是(　　)。

A. 拆模顺序:一般应先支的先拆,后支的后拆

B. 先拆除非承重部分,后拆除承重部分

C. 重大、复杂的模板拆除应有拆除方案

D. 不承重的侧模板的拆除,应在保证砼表面及棱角不因拆模而损坏时方可拆模

二、多选题

1. 模板的拆除顺序是(　　)。

A. 先支后拆　　B. 先支先拆　　C. 后支后拆　　D. 后支先拆　　E. 先板模后柱模

2. 楼板模板及其支架应能可靠地承受(　　)。

A. 混凝土垂直荷载　　　　　B. 混凝土侧压力　　　　　C. 施工荷载

D. 侧向稳定性　　　　　E. 解决垂直度

3. 现浇混凝土结构的模板及支架安装完成后,对模板的定位主要检查(　　)。

A. 模板的标高　　　　　B. 模板的轴线位置　　　　　C. 模板表面平整度

D. 模板垂直度　　　　　E. 模板的尺寸与规格

三、简答题

1. 建筑施工对模板系统的要求是什么?

2. 拆除模板的顺序及要求是什么?

模板安装检验批质量验收记录

单位(子单位)工程名称						
分部(子分部)工程名称	主体结构分部——混凝土结构子分部		分项工程名称		模板分项	
施工单位		项目负责人		检验批容量		
分包单位		分包单位项目负责人		检验批部位		
施工依据	混凝土结构工程施工规范(GB 50666—2011)		验收依据		《混凝土结构工程施工质量验收规范》(GB 50204—2022)	

		验收项目	设计要求及规范规定	样本总数	最小/实际抽样数量	检查记录	检查结果
主控项目	1	模板及支架材料质量	第4.2.1条				
	2	现浇混凝土模板及支架安装质量	第4.2.2条				
	3	后浇带处的模板及支架应独立设置	第4.2.3条				
	4	支架竖杆和竖向模板安装要求	第4.2.4条				
一般项目	1	模板安装的一般要求	第4.2.5条				
	2	隔离剂的品种和涂刷方法、质量	第4.2.6条				
	3	模板起拱高度	第4.2.7条				
	4	现浇混凝土结构多层连续支模、支架竖杆及垫板	第4.2.8条				
	5	固定在模板上的预埋件和预留孔洞	第4.2.9条				

续　表

		验收项目		设计要求及规范规定	样本总数	最小/实际抽样数量	检查记录	检查结果
一般项目	6	预埋件和预留孔洞的安装允许偏差	预埋板中心线位置	3				
			预埋管、预留孔中心线位置	3				
			插筋 中心线位置	5				
			插筋 外露长度	+10,0				
			预埋螺栓 中心线位置	2				
			预埋螺栓 外露长度	+10,0				
			预留洞 中心线位置	10				
			预留洞 外露长度	+10,0				
	7	现浇结构模板安装的允许偏差	轴线位置	5				
			底模上表面标高	±5				
			模板内部尺寸 基础	±10				
			模板内部尺寸 柱、墙、梁	±5				
			模板内部尺寸 楼梯相邻踏步高差	5				
			柱、墙垂直度 层高≤6m	8				
			柱、墙垂直度 层高>6m	10				
			相邻模板表面高差	2				
			表面平整度	5				

施工单位检查结果	施工员：	
	项目专业质量检查员：	年　　月　　日
监理（建设）单位验收结论	专业监理工程师：	
	（建设单位项目专业技术负责人）	年　　月　　日

模块四 混凝土工程施工

混凝土工程是混凝土结构工程的一个重要组成部分,其质量好坏直接关系到结构的承载能力和使用寿命。混凝土工程包括混凝土的制备、搅拌、运输、浇筑振捣和养护等过程。过程中各工序紧密联系又相互影响,并最终影响混凝土工程的质量。要保证混凝土工程的质量,关键是保证各施工工艺过程的质量。

学习目标

1.了解预拌混凝土交付程序,并能正确验收。

2.熟悉混凝土工程工艺,能在老师指导下完成混凝土施工技术交底。

3.掌握施工缝与后浇带概念及留设原因,并能对施工缝与后浇带进行后期处置。

4.熟悉常见混凝土弊病及成因,能够在老师指导下根据《混凝土结构工程施工质量验收规范》(GB 50204—2022)对混凝土工程进行验收。

5.了解行业发展,树立质量意识,激发创新精神。

任务 1 检查预制混凝土质量

一、任务布置

根据"装备库及辅助用房"结构说明要求,购置了商品混凝土,请对到场混凝土进行质量检查。

二、相关知识

(一)预拌混凝土

混凝土具有原料丰富、价格低廉、生产工艺简单,以及抗压强度高、耐久性好、强度等级范围宽等特点。因此,在今后很长一段时间内,混凝土仍将是应用最广、用量最大的建筑材料。

随着混凝土使用范围的不断扩大,以及混凝土技术的不断提高,产生了可以专业化生产与管理的预拌混凝土（ready-mixed concrete）。预拌混凝土是指在搅拌站（楼）生产的、通过运输设备运送至使用地点，交货时为拌和物的混凝土。

预拌混凝土是现代混凝土技术发展史上的重大进步，它的使用程度也反映了一个国家混凝土工业和建筑施工水平的高低，是建筑施工走向现代化的重要标志。

（二）预拌混凝土交货检验

预拌混凝土质量检验分为出厂检验和交货检验。出厂检验的取样和试验工作应由供方承担；交货检验的取样和试验工作应由需方承担，当需方不具备试验和人员的技术资质时，供需双方可协商确定并委托有检验资质的单位承担，并应在合同中予以明确。

交货检验应在交货地点进行，现场应检验混凝土强度、拌和物坍落度和设计要求的耐久性能等，掺有引气型外加剂的混凝土还应检验拌和物的含气量。有特殊要求的，还应按相关标准和合同规定检验其他项目。

混凝土试件制作取样应随机从同一运输车卸料量的 1/4 至 3/4 之间抽取。取样宜为所需量的 1.5 倍，且不少于 20L。因为取样太少，无法保证混凝土的均质性，试块强度离散大，容易出现作废数据。交货检验取样及坍落度试验应在混凝土运到交货地点时开始算起 20min 内完成，试件制作应在混凝土运到交货地点时开始算起 40min 内完成。时间过长，混凝土的性能会发生变化，不能真实反映实体的强度情况。

供货量应以体积计算，计算单位为 m³。一辆运输车实际装载量可由用于该车混凝土中全部原材料的质量之和求得，或由运输车卸料前后的重量差求得。如需要以工程实际量（不扣除混凝土结构中的钢筋所占体积）进行复核时，其误差应不超过 ±2%。

（三）混凝土交付时质量问题及处理方式

预拌混凝土交付时常见的质量问题涉及和易性、温度、含气量等指标，应根据具体情况进行处理。

1. 坍落度偏大

混凝土坍落度偏大，但和易性等指标良好时，可让罐车等待一段时间，待损失到合格的范围后再进行浇筑。但是坍落度过大，出现离析、泌水时，则应进行退货处理。

2. 坍落度偏小

因运输距离太远，或交通堵塞、现场等待太久等原因造成坍落度损失较大，可在混凝土拌合物中掺入适量的减水剂，并快速旋转搅拌罐，确保混凝土搅拌均匀，达到要求的工作性能后再浇筑。减水剂加入量、搅拌时间等应事先由试验确定，要有事先批准的处理预案，并如实记录。当坍落度过小，已经超出调整方案时，要进行退货处理。

现场添加外加剂调整混凝土坍落度是常用的有效处理办法，也是科学的调整手段，但不允许加水调整混凝土的坍落度，那将严重影响混凝土的性能。

三、任务实施

施工现场交货验收是确保预拌混凝土质量的重要环节，必须由专业人员进行严格检查和测试。

（1）混凝土浇筑前一天与预拌混凝土厂家再次确认供货规格、供货时间、供货方量等具体事项。

（2）交货验收时检查混凝土运输小票，确认混凝土强度等级、配合比、运输时间、方量等信息。供方应随每一辆运输车向需方提供该车混凝土的发货单，发货单应至少包括以下内容：合同编号；发货单编号；需方与供方；工程名称；浇筑部位；混凝土标记；本车的供货量（m³）；运输车号；交货地点；交货日期；发车时间和到达时间；供需（含施工方）双方交接人员签字。

（3）随机从同一运输车取样，检查坍落度。

（4）由施工单位和监理人员等各方共同取样制作同条件养护试件。

四、拓展阅读

（一）国内预拌混凝土的发展

我国预拌混凝土兴起始于 20 世纪 50 年代，当时预拌混凝土是针对某一工程专门设立搅拌站集中搅拌混凝土，而不是向社会供应。

真正的预拌混凝土始于上海宝钢的建设，1979 年从日本进口两个搅拌楼，建设成了年产 40 万立方米的混凝土搅拌站。从这时起，预拌混凝土作为一个独立的新兴产业开始起步。

改革开放之初，成本是影响经济发展的主要因素，预拌混凝土的发展因此受到很多质疑。为推动预拌混凝土的发展，1987 年建设部印发《关于"七五"城市发展商品混凝土的几点意见》，首次从国家层面明确了预拌商品混凝土的发展方向和有关技术经济政策。

进入 20 世纪 90 年代以后，随着经济建设的快速发展，城市建设与基础设施建设逐年增多，混凝土需求量也随之增大，由此带动预拌混凝土行业快速发展。

自 2003 年 10 月商务部、建设部等四部委《关于限期禁止在城市城区现场搅拌混凝土的通知》发布和实施以来，国内预拌混凝土行业高速发展，年产量从 1 亿余立方米增长至 2021 年的 32 亿立方米以上，企业数量也达到 1.2 万家以上。

近年来，建筑行业进入由传统加工制造模式向智能产业化模式转变的过程，在经过前期爆发式增长之后，混凝土市场需求已逐渐步入稳定期。

在城镇化进程放缓的大背景下，国内预拌混凝土需求总量面临下滑预期，加之受到"双碳"目标约束，要求行业从追求量的扩张转向追求质的提升，绿色高质量发展成为行业共识。

（二）外加剂技术发展

混凝土外加剂是在拌制混凝土过程中掺入，用以提高混凝土性能的物质，除特殊情况外，一般掺量不大于水泥质量的 5%。混凝土外加剂促进了工业副产品在胶凝材料系统中更多的应用，有助于节约资源和环境保护，已逐步成为优质混凝土必不可少的材料，成为现代混凝土技术进步的标志之一。

多年来混凝土技术只有少数几次重要的突破。20 世纪 40 年代开发的引气剂是其中之一,它改变了北美混凝土技术的面貌;高效减水剂是另一次重大突破,它在今后许多年里都将对混凝土的生产与应用带来巨大的影响。

减水剂是混凝土外加剂中最重要的品种,按其减水率大小,可分为普通减水剂(以木质素磺酸盐类为代表)、高效减水剂(包括萘系、密胺系、氨基磺酸盐系、脂肪族系等)和高性能减水剂(以聚羧酸系高性能减水剂为代表)。其中,高性能减水剂被认为是目前最高效的新一代减水剂,它具有一定的引气性、较高的减水率和良好的坍落度保持性能。与其他减水剂相比,高性能减水剂在配制高强度混凝土和高耐久性混凝土时,具有明显的技术优势和较高的性价比。国外从 20 世纪 90 年代开始使用高性能减水剂,有数据显示,日本当前其使用量占减水剂总量的 $60\% \sim 70\%$,欧、美约占减水剂总量的 20%。

(三)自拌混凝土

1.搅拌机械

常用的混凝土搅拌机按搅拌原理主要分为强制式搅拌机和自落式搅拌机两类,如图 4-1 所示。

(a)自落式搅拌机 　　　　　　　　　　　　　　　(b)强制式搅拌机

图 4-1　混凝土搅拌机

强制式搅拌机的搅拌鼓筒内有若干组叶片,搅拌时叶片绕竖轴或卧轴旋转,将各种材料强行搅拌。这种搅拌机适用于搅拌干硬性混凝土、高流动性混凝土和轻骨料混凝土等,具有搅拌质量好、搅拌速度快、生产效率高、操作简便及安全可靠等优点。

自落式搅拌机的搅拌鼓筒是水平放置的。随着鼓筒的转动,混凝土拌合料在鼓筒内做自由落体式翻转搅拌,从而达到搅拌的目的。这种搅拌机适用于搅拌塑性混凝土和低流动性混凝土,搅拌质量、搅拌速度等与强制式搅拌机比相对要差一些。

2.搅拌制度

为了拌制出均匀优质的混凝土,除合理地选择搅拌机外,还必须正确地确定搅拌制度,包括进料容量、搅拌时间和投料顺序等。

(1)搅拌时间

搅拌时间是影响混凝土质量及搅拌机生产效率的重要因素之一。不同搅拌机类型及不同稠度的混凝土拌合物有不同搅拌时间。混凝土搅拌时间可按表4-1采用。

表 4-1 混凝土搅拌的最短时间

混凝土塌落度	搅拌机类型	搅拌机容量/L		
		<250	250~500	>500
≤40	强制式	60	90	120
>40,且<100	强制式	60	60	90
≥100	强制式	60		

注:1.混凝土搅拌的最短时间是指全部材料装入搅拌筒中起,到开始卸料止的时间;

2.当掺有外加剂与矿物掺合料时,搅拌时间应适当延长;

3.当采用其他形式的搅拌设备时,搅拌的最短时间应按设备说明书的规定或经试验确定;

4.采用自落式搅拌机时,搅拌时间宜延长 30s。

(2)投料顺序

施工中常用投料顺序有一次投料法、二次投料法和水泥裹砂石法。

①一次投料法:是在上料斗中装入石子、水泥和砂,然后一次投入到搅拌筒中进行搅拌。

②二次投料法:分为预拌净浆法和预拌砂浆法,是指先向搅拌机内投入水和水泥(和砂),待其搅拌 1min 后再投入石子和砂继续搅拌至规定时间。这种投料方法能改善混凝土性能,提高混凝土的强度。与一次投料法相比,二次投料法可使混凝土强度提高 10%~15%,节约水泥 15%~20%。

③水泥裹砂石法:使用水泥裹砂石法拌制的混凝土称为造壳混凝土(简称 SEC 混凝土)。它是先将全部砂、石子和部分水倒入搅拌机拌和,使集料湿润,搅拌时间以 45~75s 为宜,称之为造壳搅拌;再倒入全部水泥搅拌 20s,加入拌合水和外加剂进行第二次搅拌,60s 左右完成。

(3)进料容量

进料容量是将搅拌前各种材料的体积累积起来的容量,又称干料容量。进料容量为出料容量的 1.4~1.8 倍(通常取 1.5 倍),如任意超载(超载 10%),就会使材料在搅拌筒内没有充分的空间进行拌和,影响混凝土的和易性;反之,装料过少,又不能充分发挥搅拌机的效能。

混凝土运输

一、任务布置

按计划准备第二天浇筑二层楼板与梁的混凝土,请制定混凝土的运输方案。

二、相关知识

混凝土水平运输一般是指混凝土自搅拌机中卸出来后,运至浇筑地点的地面运输。这段距离义分为地面水平运输、垂直运输和楼面水平运输。

(一)混凝土运输的要求

混凝土运输中的全部时间不应超过混凝土的初凝时间;运输中应保持匀质性,不应产生分层离析现象,不应漏浆;运至浇筑地点应具有规定的坍落度,并保证混凝土在初凝前能有充分的时间进行浇筑;混凝土的运输应以最少的运转次数、最短的时间从搅拌地点运至浇筑地点,并保证混凝土浇筑的连续进行。

(二)运输方式

1. 地面水平运输

混凝土如果采用预拌混凝土且运输距离较远时,混凝土地面运输多用搅拌运输车,如图 4-2 所示;如来自工地搅拌站,则常用载重 1 吨的小型机动翻斗车,如图 4-3 所示;近距离也用双轮手推车,有时还可用皮带运输机和窄轨翻斗车。

图 4-2　混凝土搅拌运输车　　　　　图 4-3　混凝土翻斗车

混凝土搅拌运输车上装有圆筒型搅拌筒用以运载混合后的混凝土,在运输过程中会始终保持搅拌筒转动,以保证所运载的混凝土不会凝固。运送完混凝土后,应用水冲洗搅拌筒内部,防止残余混凝土硬化。

2. 现场运输要求

现场水平运输若采用机动翻斗车运送混凝土,道路应经事先勘察确认通畅,路面应修筑平坦；若在坡道或临时支架上运送混凝土，坡道或临时支架应搭设牢固，脚手板接头应铺设平顺，防止因颠簸、振荡造成混凝土离析或洒落。

吊车配备斗容器或升降设备配备小车都是现场常用的混凝土运输方式。

3.泵送运输

泵送运输是在混凝土泵的压力推动下沿输送管道进行运输并在管道出口处直接浇筑。混凝土的泵送施工已经成为高层建筑和大体积混凝土施工过程中的重要方法。泵送施工不仅可以较好地保持混凝土施工性能、提高混凝土质量，而且可以改善劳动条件、降低工程成本。随着商品混凝土应用的普及，各种性能要求不同的混凝土均可泵送，如高性能混凝土、补偿收缩混凝土等。

混凝土泵能一次连续地完成水平运输和垂直运输，效率高、劳动力省、费用低，尤其对于一些工地狭窄和有障碍物的施工现场，用其他运输工具难以直接靠近施工工程，混凝土泵则能有效地发挥作用。混凝土泵运输距离长，单位时间内的输送量大，三四百米高的高层建筑可一泵到顶，上万立方米的大型基础亦能在短时间内浇筑完毕，非其他运输工具所能比拟，优越性非常显著，因而在建筑行业已推广应用多年，尤其是预拌混凝土生产与泵送施工相结合，彻底改变了施工现场混凝土工程的面貌。

（1）混凝土泵的类型

常用的混凝土输送泵有汽车泵、拖泵（固定泵）、车载泵三种类型。按驱动方式，混凝土泵分为两大类，即活塞（亦称柱塞式）泵和挤压式泵。目前我国主要应用活塞式混凝土泵，它结构紧凑、传动平稳，又易于安装在汽车底盘上组成混凝土泵车。

根据移动方式的不同，混凝土泵车分为固定式拖式（见图4-4）和汽车式。汽车式泵移动方便，灵活机动，到新的工作地点不需进行准备作业即可进行浇筑，因而是目前大力发展的机种。汽车式泵又分为带布料杆和不带布料杆的两种，大多数是带布料杆的，如图4-5所示。

图4-4 混凝土拖式固定泵

布料杆伸展状体

混凝土料斗

混凝土喷嘴

非工作状态，布料杆收缩

图4-5 带布料杆的混凝土泵车

将液压活塞式混凝土泵固定安装在汽车底盘上,使用时开至需要施工的地点,进行混凝土泵送作业,称为混凝土汽车泵或移动泵车。这种泵车使用方便,适用范围广,它既可以利用在工地配置装接的管道输送到较远、较高的混凝土浇筑部位,也可以发挥随车附带的布料杆作用,把混凝土直接输送到需要浇筑的地点。混凝土泵车的输送能力一般为 $80m^3/h$。目前工程中使用较大的泵车悬臂垂直高度可达 67.3 米,悬臂可以 $\pm360°$ 旋转,特别适合基础工程和多层建筑的混凝土浇筑工作。

(2)混凝土输送泵布置数量

混凝土输送泵的配备数量,应根据混凝土一次浇筑量和每台泵的输送能力以及现场施工条件经计算确定。混凝土泵配备数量可根据现行行业标准《混凝土泵送施工技术规程》(JGJ/T 10)的相关规定进行计算。对于一次浇筑量较大、浇筑时间较长的工程,为避免输送泵可能遇到的故障而影响混凝土浇筑,应考虑设置备用泵。

(3)混凝土泵送机械的布置

混凝土泵或泵车在现场的布置,要根据工程的轮廓形状、工程量分布、地形和交通条件等而定,应考虑下列情况:

①输送泵设置的位置应满足施工要求,场地应平整、坚实,道路畅通。

②输送泵设置位置的合理与否直接关系到输送泵管距离的长短、输送泵管弯管的数量,进而影响混凝土输送能力。因此,应合理设置输送泵的位置。

③输送泵采用汽车泵时,其布料杆作业范围内不得有障碍物、高压线等;采用汽车泵、拖泵或车载泵进行泵送施工时,应离开建筑物一定距离,防止高空坠物。在建筑下方固定位置设置拖泵进行混凝土泵送施工时,应在拖泵上方设置安全防护设施。

④为保证混凝土泵连续工作,每台泵的料斗周围最好能同时停留两辆混凝土搅拌运输车,或者能使其快速交替。

⑤为便于混凝土泵的清洗,其位置最好接近供水和排水设施,同时,还要考虑供电方便。

⑥高层建筑采用接力泵泵送混凝土时,接力泵的位置应使上、下泵的输送能力匹配。设置接力泵的楼面要验算其结构的承载能力,必要时应采取加固措施。

(4)混凝土泵送配管布置要求

混凝土输送管应根据工程特点、施工现场情况和制定的混凝土浇筑方案进行配管。配管设计的原则是满足工程要求,便于混凝土浇筑和管段装拆,尽量缩短管线长度,少用弯管和软管。

应选用没有裂纹、弯折和凹陷等缺陷且有出厂证明的输送管。在同一条管线中,应采用相同管径的混凝土输送管。同时采用新、旧管段时,应将新管段布置在近混凝土出口泵送压力较大处;管线尽可能布置成横平竖直。

(5)混凝土输送泵管支架的设置

混凝土输送泵管应根据输送泵的型号、拌和物性能、总输出量、单位输出量、输送距离以及粗骨料粒径等进行选择;混凝土粗骨料最大粒径不大于 25mm 时,可采用内径不小于 125mm 的输送泵管;混凝土粗骨料最大粒径不大于 40mm 时,可采用内径不小于 150mm

的输送泵管；输送泵管安装连接应严密，输送泵管道转向宜平缓；输送泵管应采用支架固定，支架应与结构牢固连接，输送泵管转向处支架应加密；支架应通过计算确定，设置位置的结构应进行验算，必要时应采取加固措施；向上输送混凝土时，地面水平泵送管的直管和弯管总的折算长度不宜小于竖向输送高度的 20%，且不宜小于 15m；输送泵管倾斜或垂直向下输送混凝土，且高差大于 20m 时，应在倾斜或竖向管下端设置直管或弯管，直管或弯管总的折算长度不宜小于高差的 1.5 倍；输送高度大于 100m 时，混凝土输送泵出料口处的输送泵管位置应设置截止阀；混凝土输送泵管及其支架应经常进行检查和维护。

（6）布料装置

目前我国布料杆的类型主要有楼面式布料杆、井式布料杆、壁挂式布料杆及塔式布料杆。布料杆主要由臂架、转台和回转机构、爬升装置、立柱、液压系统及电控系统组成。布料杆多数采用油缸顶升式及油缸自升式两种方式提升布料杆。

楼面式布杆是放置在楼面或模板上使用，其臂架和末端输送管都能作 360°回转，如图 4-6 所示。因此，可将混凝土直接输送到其工作幅度范围内的任何浇筑点。其位置的转移是靠塔式起重机吊运。塔式布料杆是将布料杆装在支柱或格构式塔架上，如图 4-7 所示。目前市场中塔式布料杆最大布料半径为 41m，臂架回转均为 360°，采用三至四节卷折全液压式臂架。输送管径为 DN125mm。布料臂架上末端泵管的管端还装有 3m 长的橡胶软管，有利于布料。

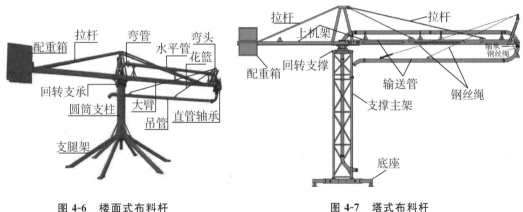

图 4-6　楼面式布料杆　　　　　图 4-7　塔式布料杆

（三）运输时间

混凝土应以最少的运转次数和最短的时间，从搅拌地点运至浇筑地点，并在初凝前浇筑完毕。混凝土从搅拌机中卸出到浇筑完毕的延续时间不宜超过表 4-3 的规定。

表 4-3　混凝土运输到输送入模的延续时间限制

条件	气温	
	<25℃	≥25℃
不掺外加剂/min	90	60
掺外加剂/min	150	120

三、任务实施

根据工程现场条件与××市对混凝土使用的要求,项目部根据施工组织设计的安排,浇筑前一天与××商品混凝土公司沟通,确定混凝土供应方案:使用混凝土搅拌运输车将混凝土运抵现场,现场则采用汽车泵进行混凝土输送。

四、拓展阅读

混凝土泵送施工技术

1. 混凝土泵送主要规定

(1)应先进行泵水检查,并湿润输送泵的料斗、活塞等直接与混凝土接触的部位;泵水检查后,应清除输送泵内积水。

(2)输送混凝土前,应先输送水泥砂浆对输送泵和输送管进行润滑,然后开始输送混凝土。

(3)输送混凝土速度应先慢后快、逐步加速,应在系统运转顺利后再按正常速度输送。

(4)输送混凝土过程中,应设置输送泵集料斗网罩,并应保证集料斗有足够的混凝土余量。

2. 超高泵送混凝土的施工工艺

在混凝土泵启动后,按照水→水泥砂浆→混凝土的顺序泵送,其中,润滑用水、水泥砂浆的数量根据每次具体泵送高度进行适当调整,控制好泵送节奏。

泵水的时候,要仔细检查泵管接缝处,防止漏水过猛,较大的漏水在正式泵送时会造成漏浆而引起堵管。根据施工超高层的经验,可以在泵送砂浆前加泵纯水泥浆。纯水泥浆在投入泵车进料口前,先添加少量的水搅拌均匀。

在泵管顶部出口处设置组装式集水箱来收集泵管在润管时产生的污水和水泥砂浆等废料。

开始泵送时,要注意观察泵的压力和各部分工作的情况。开始时混凝土泵应处于慢速、匀速并随时可反泵的状态,待各方面情况正常后再转入正常泵送。正常泵送时,应尽量不停顿地连续进行,遇到运转不正常的情况时,可放慢泵送速度。当混凝土供应不及时时,宁可降低泵送速度,也要保持连续泵送,但慢速泵送的时间不能超过混凝土浇筑允许的延续时间。不得已停泵时,料斗中应保留足够的混凝土,作为间隔推动管路内混凝土之用。

在临近泵送结束时,可按混凝土→水泥砂浆→水的顺序泵送收尾。

3. 泵送施工技术的发展

国内最早应用泵送施工技术的是上海宝钢,当时主要是用于基础泵送。20世纪90年代泵车设备仍较为落后,需要混凝土具备较好的泵送性能,在提高混凝土泵送性的关键材料技术措施上,高度100m以下主要靠掺加优质粉煤灰来解决,高度100m以上主要靠优质粉煤灰加优质引气剂来解决。后来由于泵车技术的改善,泵送施工技术逐渐趋于成熟。

在全国预拌混凝土行业，泵送混凝土的使用量已达到80%以上。在泵送高度上也有很大提高，上海金茂大厦一次泵送高度达到382.5m；广州电视塔C100混凝土一次泵送高度达到了400多米；2015年9月8日，天津117大厦混凝土实际泵送高度621m，一举超越了哈利法塔601m和上海中心大厦606m的混凝土泵送高度，缔造了世界混凝土泵送第一高度。

泵送混凝土强度等级也有了提高。20世纪80年代以前，我国混凝土平均强度等级长期徘徊在20MPa。进入90年代后，混凝土强度等级发展为以C30、C40为主，C50、C60混凝土也逐渐应用于实际工程，C80、C100以及更高等级的混凝土已研制成功，并开始在部分工程中得到应用。目前，我国的高性能混凝土的制作和施工技术已达到国际先进水平。

任务3 混凝土浇筑

一、任务布置

混凝土按计划运抵现场，请确认三楼梁、板、柱的浇筑方案，组织工人施工。

二、相关知识

(一)混凝土浇筑的基本要求

(1)混凝土浇筑应保证混凝土的均匀性和密实性。混凝土宜一次连续浇筑，当不能一次连续浇筑时，可留设施工缝或后浇带分块浇筑。

(2)混凝土浇筑过程应分层进行，分层浇筑应符合表4-6规定的分层振捣厚度要求，上层混凝土应在下层混凝土初凝之前浇筑完毕。

(3)混凝土运输、输送入模的过程宜连续进行，从搅拌完成到浇筑完毕的延续时间不宜超过表4-3的规定，且不应超过表4-4的限值规定。掺早强型减水外加剂、早强剂的混凝土以及有特殊要求的混凝土，应根据设计及施工要求，通过试验确定允许时间。

(4)混凝土浇筑的布料点宜接近浇筑位置，应采取减少混凝土下料冲击的措施，并应符合下列规定：

①宜先浇筑竖向结构构件，后浇筑水平结构构件；

②浇筑区域结构平面有高差时，宜先浇筑低区部分再浇筑高区部分。

(5)柱、墙模板内的混凝土浇筑倾落高度应满足表4-5的规定，当不能满足规定时，应加设串筒、溜管、溜槽等装置。

(6)混凝土浇筑后，在混凝土初凝前和终凝前宜分别对混凝土裸露表面进行抹面处理。

（7）结构面标高差异较大处，应采取防止混凝土反涌的措施，并且宜按"先低后高"的顺序浇筑混凝土。

（8）浇筑混凝土时应分段分层连续进行，浇筑层高度应根据混凝土供应能力、一次浇筑方量、混凝土初凝时间、结构特点、钢筋疏密综合考虑决定，一般为插入式振捣器作用部分长度的1.25倍。

（9）浇筑混凝土应连续进行，如必须间歇，其间歇时间应尽量缩短，并应在前层混凝土初凝之前，将次层混凝土浇筑完毕。间歇的最长时间应按所用水泥品种、气温及混凝土凝结条件确定，一般超过2h应按施工缝处理。

（10）在施工作业面上浇筑混凝土时应布料均衡。应对模板和支架进行观察和维护，发生异常情况应及时进行处理。混凝土浇筑应采取措施避免造成模板内钢筋、预埋件及其定位件移位。

（11）在地基上浇筑混凝土前，对地基应事先按设计标高和轴线进行校正，并应清除淤泥和杂物。同时，注意排除开挖出来的水和开挖地点的流动水，以防冲刷新浇筑的混凝土。

（12）多层框架按分层分段施工，水平方向以结构平面的伸缩缝分段，垂直方向按结构层次分层。在每层中先浇筑柱，再浇筑梁、板。洞口浇筑混凝土时，应使洞口两侧混凝土高度大体一致。振捣时，振捣棒应距洞边30cm以上，从两侧同时振捣，以防止洞口变形，大洞口下部模板应开口并补充振捣。构造柱混凝土应分层浇筑，内外墙交接处的构造柱和墙同时浇筑，振捣要密实。采用插入式振捣器捣实普通混凝土的移动间距不宜大于作用半径的1.5倍，振捣器距离模板不应大于振捣器作用半径的1/2，不得碰撞各种预埋件。

表4-4 混凝土运输、输送、浇筑及间歇的全部时间限制

条件	气温	
	<25℃	≥25℃
不掺外加剂/min	180	150
掺外加剂/min	240	210

注：有特殊要求的混凝土，应根据设计及施工要求，通过试验确定允许时间。

表4-5 柱、墙板内混凝土浇筑倾落高度限制

条件	混凝土倾落高度	条件	混凝土倾落高度
骨料粒径>25mm	≤3m	骨料粒径≤25mm	≤6m

注：当有可靠措施能保证混凝土不产生离析时，混凝土倾落高度可不受上表限制。

（二）构件混凝土浇筑

（1）柱、墙混凝土设计强度比梁、板混凝土设计强度高一个等级时，柱、墙位置梁、板高度范围内的混凝土经设计单位同意，可采用与梁、板混凝土设计强度等级相同的混凝土进

行浇筑。

（2）柱、墙混凝土设计强度比梁、板混凝土设计强度高两个等级及以上时，应在交界区域采取分隔措施。分隔位置应在低强度等级的构件中，且距高强度等级构件边缘不应小于 500mm，柱梁板结构分隔位置可参考图 4-8 设置；墙梁板结构分隔位置可参考图 4-9设置。

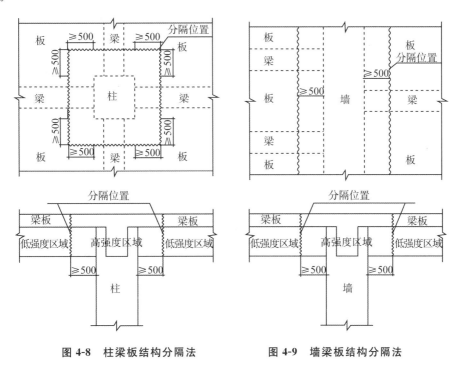

图 4-8　柱梁板结构分隔法　　　　图 4-9　墙梁板结构分隔法

（3）宜先浇筑高强度等级混凝土，后浇筑低强度等级混凝土。

（4）柱、剪力墙混凝土浇筑应符合下列规定：

①浇筑墙体混凝土应连续进行，间隔时间不应超过混凝土初凝时间。

②墙体混凝土浇筑高度应高出板底 20～30mm。柱混凝土墙体浇筑完毕之后，将上口甩出的钢筋加以整理，用木抹子按标高线将墙上表面混凝土找平。

③柱墙浇筑前底部应先填 5～10cm 厚与混凝土配合比相同的减石子砂浆，混凝土应分层浇筑振捣，使用插入式振捣器时每层厚度不大于 50cm，振捣棒不得触动钢筋和预埋件。

④柱墙混凝土应一次浇筑完毕，如需留施工缝时应留在主梁下面。无梁楼板应留在柱帽下面。在墙柱与梁板整体浇筑时，应在柱浇筑完毕后停歇 2h，使其初步沉实，再继续浇筑。

⑤浇筑一排柱的顺序应从两端同时开始，向中间推进，以免因浇筑混凝土后由于模板吸水膨胀、断面增大而产生横向推力，最后使柱发生弯曲变形。

⑥剪力墙浇筑应采取长条流水作业，分段浇筑，均匀上升。墙体混凝土的施工缝一般宜设在门窗洞口上，接槎处混凝土应加强振捣，保证接槎严密。

（5）梁、板同时浇筑，浇筑方法应由一端开始用"赶浆法"，即先浇筑梁，根据梁高分层浇筑成阶梯形，当达到板底位置时再与板的混凝土一起浇筑，随着阶梯形不断延伸，梁板混凝土浇筑连续向前进行。

（6）和板连成整体高度大于1m的梁允许单独浇筑，其施工缝应留在板底以下2～3mm处。浇捣时，浇筑与振捣必须紧密配合，第一层下料慢些，梁底充分振实后再下第二层料，用"赶浆法"保持水泥浆沿梁底包裹石子向前推进，每层均应振实后再下料，梁底及梁侧部位要注意振实，振捣时不得触动钢筋及预埋件。

（7）浇筑板混凝土的虚铺厚度应略大于板面，用平板振捣器垂直浇筑方向来回振捣，厚板可用插入式振捣器顺浇筑方向拖拉振捣，并用铁插尺检查混凝土厚度，振捣完毕后用长木抹子抹平。施工缝处或有预埋件及插筋处用木抹子找平。浇筑板混凝土时不允许用振捣棒铺摊混凝土。

（8）肋形楼板的梁板应同时浇筑，浇筑方法应先将梁根据高度分层浇捣成阶梯形，当达到板底位置时即与板底混凝土一起浇捣，随着阶梯形的不断延长，则可连续向前推进。倾倒混凝土的方向应与浇筑方向相反。

（9）浇筑无梁楼盖时，在离柱帽下5cm处暂停，然后分层浇筑柱帽，下料必须倒在柱帽中心，待混凝土接近楼板底面时，即可连同楼板一起浇筑。

（10）当浇筑柱梁及主次梁交叉处的混凝土时，一般钢筋较密集，特别是上部负钢筋又粗又多，因此，既要防止混凝土下料困难，又要注意砂浆挡住石子不下去。必要时，这一部分可改用细石混凝土进行浇筑。与此同时，振捣棒头可改用片式并辅以人工捣固配合。

（三）施工缝

施工缝是指在混凝土浇筑过程中，因设计要求或施工需要分段浇筑，而在先、后浇筑的混凝土之间所形成的接缝。施工缝并不是一种真实存在的"缝"，它只是因先浇筑混凝土超过初凝时间，而与后浇筑的混凝土之间存在一个结合面，该结合面就称之为施工缝。施工缝是结构受力薄弱部位，一旦设置和处理不当就会影响整个结构的性能与安全。因此，施工缝不能随意设置，必须严格按照规定预先选定合适的部位设置施工缝。

1.施工缝留设的位置

施工缝的位置应设置在结构受剪力较小和便于施工的部位。具体来说：

（1）柱、墙施工缝可留设在基础、楼层结构顶面，柱施工缝宜距结构上表面0～100mm，墙施工缝宜距结构上表面0～300mm。基础、楼层结构顶面的水平施工缝留设如图4-10所示。

（2）柱、墙施工缝也可留设在楼层结构底面，施工缝宜距结构下表面0～50mm。当板下有梁托时，可留设在梁托下0～20mm。

（3）有主次梁的楼板施工缝应留设在次梁跨度中间的1/3范围内，有主次梁的楼板施工缝留设位置如图4-11所示。

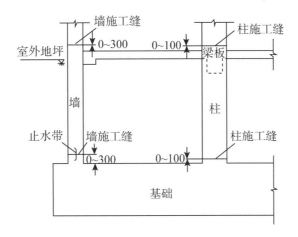

图 4-10 柱墙基础楼层施工缝示意(单位:mm)

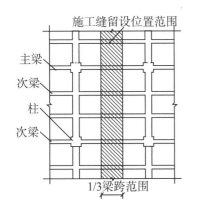

图 4-11 有主次梁施工缝示意图

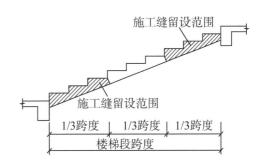

图 4-12 楼梯施工缝示意图

(4)单向板施工缝应留设在平行于板短边的任何位置。

(5)楼梯梯段施工缝宜设置在梯段板跨度端部的 1/3 范围内,楼梯梯段施工缝留设位置见图 4-12 所示。

(6)墙的施工缝宜设置在门洞口过梁跨中 1/3 范围内,也可留设在纵横交接处。

(7)特殊结构部位留设施工缝应征得设计单位同意。

2.施工缝的处理

在施工缝处继续浇筑混凝土时,混凝土抗压强度不应小于 1.2N/mm²,这样可保证混凝土在受到振动棒振动时而不影响混凝土强度继续增长的最低限度,同时必须对施工缝进行必要的处理:

(1)应仔细清除施工缝处的垃圾、水泥薄膜、松动的石子以及软弱的混凝土层。对于达到强度、表面光洁的混凝土面层还应加以凿毛,用水冲洗干净并充分湿润,且不得积水。

(2)要注意调整好施工缝位置附近的钢筋。要确保钢筋周围的混凝土不受松动和损坏,应采取钢筋防锈或阻锈等技术措施进行保护。

(3)在浇筑前,为了保证新旧混凝土的结合,施工缝处应先铺一层厚度为 1~1.5cm

的水泥砂浆,其配合比与混凝土内的砂浆成分相同。

(4)从施工缝处开始继续浇筑时,要注意避免直接向施工缝边投料。机械振捣时,宜向施工缝处渐渐靠近,并距80～100mm处停止振捣。但应保证对施工缝的捣实工作,使其结合紧密。

(5)当施工缝混凝土浇筑后,新浇混凝土在12h以内就应根据气温等条件加盖草帘浇水养护。如果在低温或负温下则应该加强保温,还要覆盖塑料布防止混凝土水分的散失。

(四)后浇带

后浇带是为适应环境温度变化、混凝土收缩、结构不均匀沉降等因素影响,在梁、板(包括基础底板)、墙等结构中预留的具有一定宽度且经过一定时间后再浇筑的混凝土带。

后浇带有三种类型,分别为:为解决高层建筑主楼与裙房的沉降差而设置的沉降后浇带;为防止混凝土因温度变化拉裂而设置的温度后浇带;为防止因建筑面积过大,结构因温度变化,混凝土收缩开裂而设置的伸缩后浇带。

1. 后浇带的设置要求

现行规范《高层建筑混凝土结构技术规程》(JGJ 3—2010)、《地下工程防水技术规范》(GB 50108—2008)及不同版本的建筑结构构造图集中,对后浇带的构造要求都有详细的规定。

(1)后浇带的宽度应考虑便于施工及避免集中应力,并按结构构造要求而定,一般宽度以700～1000mm为宜。现常见的有800mm、1000mm、1200mm三种。

(2)后浇带处的钢筋一般要求贯通设置,不许断开。如果跨度不大,可一次配足钢筋;如果跨度较大,可按规定断开,在浇筑混凝土前按要求焊接断开钢筋。

(3)后浇带在未浇筑混凝土前不能将部分模板、支柱拆除,否则会导致梁板形成悬臂造成变形,如图4-13所示。

图4-13　后浇带支模架单独成体系

（4）为使后浇带处的混凝土浇筑后连接牢固，一般应避免留直缝。对于板，可留斜缝；对于梁及基础，可留企口缝，而企口缝又有多种形式，可根据结构断面情况确定。后浇带的常见构造如图 4-14 所示。

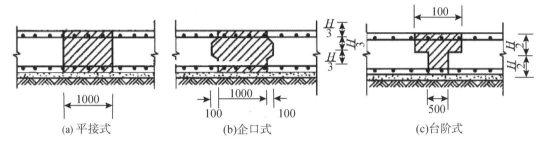

图 4-14　后浇带的常见构造（单位：mm）

2. 后浇带的处理

（1）在后浇带四周应做临时保护措施，防止施工用水流进后浇带内，以免施工过程中污染钢筋，堆积垃圾。

（2）不同类型后浇带混凝土的浇筑时间是不同的，应按设计要求进行浇筑。伸缩后浇带应根据先浇部分混凝土的收缩完成情况而定，一般为施工后 60d；沉降后浇带宜在建筑物基本完成沉降后进行。

（3）在浇筑混凝土前，将整个混凝土表面按照施工缝的要求进行处理（见图 4-15）。后浇带混凝土必须采用减少收缩的技术措施，混凝土的强度应比原结构强度提高一个等级，其配合比通过试验确定，宜掺入早强减水剂，精心振捣，浇筑后并保持至少 15d 的湿润养护。

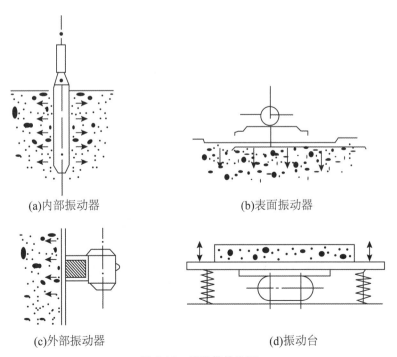

图 4-15　后浇带的处理

（五）混凝土的振捣

混凝土振捣应能使模板内各个部位混凝土密实、均匀，不应漏振、欠振、过振。

混凝土振捣可采用插入式振动棒、平板振动器或附着振动器，必要时可采用人工辅助振捣。

1. 振动棒振捣

振动棒振捣混凝土应符合下列规定：

（1）应按分层浇筑厚度分别进行振捣，振动棒的前端应插入前一层混凝土中，插入深度不应小于 50mm。

（2）振动棒应垂直于混凝土表面并快插慢拔均匀振捣；当混凝土表面无明显塌陷、有水泥浆出现、不再冒气泡时，可结束该部位振捣。

（3）混凝土振动棒移动的间距应符合下列规定：

振动棒与模板的距离不应大于振动棒作用半径的 0.5％；

采用方格形排列振捣方式时，振捣间距应满足 1.4 倍振动棒的作用半径要求；采用三角形排列振捣方式时，振捣间距应满足 1.7 倍振动棒的作用半径要求。综合两种情况，对振捣间距做出 1.4 倍振动棒的作用半径要求，如图 4-16 所示。

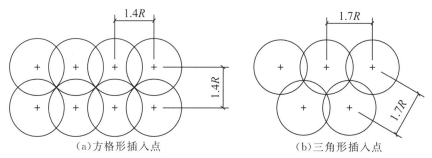

（a）方格形插入点　　　　　（b）三角形插入点

图 4-16　振动棒插入方式

（4）振动棒振捣混凝土应避免碰撞模板、钢筋、钢构、预埋件等。

2. 表面振动器振捣

表面振动器振捣混凝土应符合下列规定：

（1）表面振动器振捣应覆盖振捣平面边角；

（2）表面振动器移动间距应覆盖已振实部分混凝土边缘；

（3）倾斜表面振捣时，应由低处向高处进行振捣。

3. 附着振动器振捣

附着振动器振捣混凝土应符合下列规定：

（1）附着振动器应与模板紧密连接，设置间距应通过试验确定；

（2）附着振动器应根据混凝土浇筑高度和浇筑速度，依次从下往上振捣；

（3）模板上同时使用多台附着振动器时应使各振动器的频率一致，并应交错设置在相对面的模板上。

(六)混凝土分层厚度

混凝土最大分层厚度要求如表 4-6 要求。

表 4-6　混凝土浇筑最大分层厚度要求

振捣方法	混凝土分层振捣厚度
振动棒	振动棒作用部分长度的 1.25 倍
表面振捣器	200mm
附着式振动器	根据设置方式,通过试验确定

三、任务实施

(一)制定施工方案

现浇混凝土结构的施工方案应包括下列内容:

(1)混凝土输送、浇筑、振捣、养护的方式和机具设备的选择;

(2)混凝土浇筑、振捣技术措施;

(3)施工缝、后浇带的留设;

(4)混凝土养护技术措施。

(二)检查现场浇筑的施工实施条件

1.机具准备及检查

搅拌机、运输车、料斗、串筒、振动器等机具设备按需要准备充足,并考虑发生故障时的修理时间。现场采用泵送混凝土,除满足工程需要外,另准备设备用泵一台。所用的机具均在浇筑前进行检查和试运转,同时配有专职技工随时检修。浇筑前,核实一次浇筑完毕或浇筑至某施工缝前的工程材料,以免停工待料。

2.保证水电及原材料的供应

在混凝土浇筑期间,保证水、电、照明不中断。为了防备临时停水停电,事先在浇筑地点储备一定数量的原材料(如砂、石、水泥、水等)和人工拌合捣固用的工具,以防出现意外的施工停歇缝。

3.掌握天气季节变化情况

加强气象预测预报的联系工作。在混凝土施工阶段掌握天气的变化情况,特别在雷雨台风等季节,更应注意,以保证混凝土连续浇筑顺利进行,确保混凝土质量。

根据工程需要和季节施工特点,准备好在浇筑过程中所必需的抽水设备和防雨、防暑、防寒等物资。

4.隐蔽工程验收,技术复核与交底

模板和隐蔽工程项目应分别进行预检和隐蔽验收,符合要求后,方可进行浇筑。检查时应注意以下几点:

(1)模板的标高、位置与构件的截面尺寸是否与设计符合,构件的预留拱度是否正确;

(2)所安装的支架是否稳定,支柱的支撑和模板的固定是否可靠;

(3)模板的紧密程度;

(4)钢筋与预埋件的规格、数量、安装位置及构件接点连接焊缝,是否与设计符合。在浇筑混凝土前,模板内的垃圾、木片、刨花、锯屑、泥土和钢筋上的油污、鳞落的铁皮等杂物,应清除干净。

木模板应浇水加以润湿,但不允许留有积水。湿润后,木模板中尚未密实的缝隙应贴严,以防漏浆。

金属模板中的缝隙和孔洞也应予以封闭,现场环境温度高于 35℃时宜对金属模板进行洒水降温。

5.其他

输送浇筑前应检查混凝土送料单,核对配合比,检查坍落度,必要时还应测定混凝土扩展度,在确认无误后方可进行混凝土浇筑。

(三)混凝土浇筑与振捣

根据现场实际情况,由于柱梁板混凝土强度等级一致,且浇筑高度不高,因此采用一次性浇筑。

梁柱选用振动棒作为振捣器具,楼板采用表面振捣器振捣。

四、拓展阅读

(一)型钢混凝土浇筑

混凝土的浇筑质量是型钢混凝土结构质量好坏的关键。尤其是梁柱节点、主次梁交接处、梁内型钢凹角处等,由于型钢、钢筋和箍筋相互交错,会给混凝土的浇筑和振捣带来一定的困难,因此,施工时应特别注意确保混凝土的密实性。型钢混凝土结构浇筑应符合下列规定:

(1)混凝土强度等级为 C30 以上,宜用商品混凝土泵送浇捣,先浇捣柱后浇捣梁。混凝土粗骨料最大粒径不应大于型钢外侧混凝土保护层厚度的 1/3,且不宜大于 25mm。

(2)混凝土浇筑应有充分的下料位置,浇筑应能使混凝土充盈整个构件各部位。

(3)在柱混凝土浇筑过程中,型钢周边混凝土浇筑宜同步上升,混凝土浇筑高差不应大于 500mm,每个柱采用 4 个振捣棒振捣至顶。

(4)在梁柱接头处和梁的型钢翼缘下部,由于浇筑混凝土时有部分空气不易排出,或因梁的型钢混凝土翼缘过宽影响混凝土浇筑,需在型钢翼缘的一些部位预留排气孔和混凝土浇筑孔。

(5)梁混凝土浇筑时,在工字钢梁下翼缘板以下从钢梁一侧下料,用振捣器在工字钢梁一侧振捣,将混凝土从钢梁底挤向另一侧,待混凝土高度超过钢梁下翼缘板 100mm 时,改为两侧两人同时对称下料,对称振捣,待浇至上翼缘板 100mm 时再从梁跨中开始下料浇筑,从梁的中部开始振捣,逐渐向两端延伸,至上翼缘下的全部气泡从钢梁梁端及梁柱节点位置穿钢筋的孔中排出为止。

(二)钢管混凝土结构浇筑

钢管混凝土的浇筑常规方法有从管顶向下浇筑及混凝土从管底顶升浇筑。不论采取何种方法,对底层管柱,在浇筑混凝土前,应先灌入约 100mm 厚的同强度等级水泥砂浆,以便和基础混凝土更好地连接,也避免了浇筑混凝土时发生粗骨料的弹跳现象。采用分段浇筑管内混凝土且间隔时间超过混凝土终凝时间时,每段浇筑混凝土前,都应采取灌水泥砂浆的措施。

通过试验,管内混凝土的强度可按混凝土标准试块自然养护 28d 的抗压强度采用,也可按标准试块标准养护 28d 强度的 90% 采用。

钢管混凝土结构浇筑应符合下列规定:

(1)宜采用自密实混凝土浇筑。

(2)混凝土应采取减少收缩的措施,减少管壁与混凝土间的间隙。

(3)在钢管适当位置应留有足够的排气孔,排气孔孔径应不小于 20mm;浇筑混凝土应加强排气孔观察,确认浆体流出和浇筑密实后方可封堵排气孔。

(4)当采用的粗骨料粒径不大于 25mm 的高流态混凝土或粗骨料粒径不大于 20mm 的自密实混凝土时,混凝土最大倾落高度不宜大于 9m;倾落高度大于 9m 时应采用串筒、溜槽、溜管等辅助装置进行浇筑。

(5)混凝土从管顶向下浇筑时应符合下列规定:

①浇筑应有充分的下料位置,浇筑应能使混凝土充盈整个钢管;

②输送管端内径或斗容器下料口内径应比钢管内径小,且每边应留有不小于 100mm 的间隙;

③应控制浇筑速度和单次下料量,并分层浇筑至设计标高;

④混凝土浇筑完毕后应对管口进行临时封闭。

(6)混凝土从管底顶升浇筑时应符合下列规定:

①应在钢管底部设置进料输送管,进料输送管应设止流阀门,止流阀门可在顶升浇筑的混凝土达到终凝后拆除;

②合理选择混凝土顶升浇筑设备,配备上下通信联络工具,有效控制混凝土的顶升或停止过程;

③应控制混凝土顶升速度,并均衡浇筑至设计标高。

(三)大体积混凝土浇筑

现代房屋建筑中基础较多出现大体积混凝土结构,其在浇筑中应符合下列规定:

(1)用多台输送泵接输送泵管浇筑时,输送泵管布料点间距不宜大于 10m,并宜由远而近浇筑。

(2)用汽车布料杆输送浇筑时,应根据布料杆工作半径确定布料点数量,各布料点浇筑速度应保持均衡。

(3)宜先浇筑深坑部分再浇筑大面积基础部分。

(4)基础大体积混凝土浇筑最常采用的方法为斜面分层;如果对混凝土流淌距离有特殊要求的工程,混凝土可采用全面分层或分块分层的浇筑方法。浇筑方法如图 4-17 所示。在保证各层混凝土连续浇筑的条件下,层与层之间的间歇时间应尽可能缩短,以满足整个混凝土浇筑过程连续。

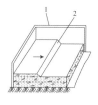 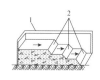

（a）全面分层　　　（b）分段分层　　　（c）斜面分层

1—模板　2—新浇混凝土

图 4-17　大体积混凝土浇筑方案

（5）混凝土分层浇筑应采用自然流淌形成斜坡，并应沿高度均匀上升，分层厚度不宜大于 500mm。混凝土每层的厚度应符合规定，以保证混凝土能够振捣密实。

（6）混凝土浇筑后，在混凝土初凝前和终凝前宜分别对混凝土裸露表面进行抹面处理，抹面次数宜适当增加。

（7）大体积混凝土施工由于采用流动性大的混凝土进行分层浇筑，上下层施工的间隔时间较长，经过振捣后上涌的泌水和浮浆易顺着混凝土坡面流到坑底，所以基础大体积混凝土结构浇筑应有排除积水或混凝土泌水的有效技术措施。可以在混凝土垫层施工时预先在横向做出 2cm 的坡度，在结构四周侧模的底部开设排水孔，使泌水及时从孔中自然流出。当混凝土大坡面的坡脚接近顶端时，应改变混凝土的浇筑方向，即从顶端往回浇筑，与原斜坡相交成一个集水坑。另外，有意识地加强两侧模板外的混凝土浇筑强度，这样集水坑逐步在中间缩小成小水潭，然后用泵及时将泌水排除。这种方法适用于排除最后阶段的所有泌水。

大体积混凝土由于体积大，水泥水化热聚集在内部不易散发，内部温度显著升高，外表散热快，形成较大内外温差，内部产生压应力，外表面产生拉应力，如内外温差过大（25℃以上），则混凝土表面将产生裂缝。当混凝土内部逐渐散热冷却，产生收缩，由于受到基底或已硬化混凝土的约束，不能自由收缩，而产生拉应力。温差越大，约束程度越高，结构长度越大，则拉应力越大。当拉应力超过混凝土的抗拉强度时即产生裂缝，裂缝从基底向上发展，甚至贯穿整个结构。

在施工中为避免大体积混凝土由于温度应力作用而产生裂缝，可采取以下技术措施：

（1）优先选用低水化热水泥拌制混凝土，并适当使用缓凝剂、减水剂。

（2）在保证混凝土设计强度等级前提下，掺加粉煤灰，或浇筑时投入适量毛石，适当降低水灰比，减少水泥用量。

（3）降低混凝土的入模温度，控制混凝土内外的温差（当设计无要求时，控制在 25℃以内）。采取的措施如降低拌和水温度，骨料用冰水冲洗降温，避免暴晒等。

（4）放慢浇筑速度，减少浇筑厚度，以控制内外温差。

（5）经设计单位同意，可分块浇筑，块和块之间留 1m 宽后浇带，待分块混凝土干缩后，再浇筑后浇带。分块长度可根据有关手册计算，当结构厚度在 1m 以内时，分块长度一般为 20～30m。

（6）及时对混凝土覆盖保温、保湿材料。

(7)可预埋冷却水管,通过循环将混凝土内部热量带出,进行人工导热。

大体积混凝土浇筑体里表温差、降温速率及环境温度的测试,如图 4-18 所示。在混凝土浇筑后,每昼夜不应少于 4 次,入模温度的测量,每台班不应少于 2 次。混凝土内监测点的布置,应真实地反映出浇筑体内最高升温、里表温差、降温速率及环境温度,布置方式应符合《大体积混凝土施工标准》(GB 50496—2018)的规定。

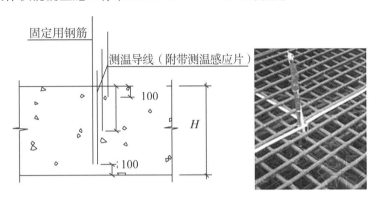

固定用钢筋

测温导线（附带测温感应片）

100

H

100

图 4-18　大体积混凝土测试温度

任务 4　混凝土养护

一、任务布置

三层结构混凝土浇筑完毕后,应及时进行养护,请根据现场条件采用合理的养护措施。

二、相关知识

混凝上的凝结与硬化是水泥水化反应的结果。而水泥水化作用只有在适当的温度和湿度条件下才能顺利进行。混凝土的养护,就是创造一个具有适宜温度和湿度的环境,使混凝土凝结硬化,逐渐达到设计要求的强度。混凝土的养护方法很多,最常用的是对混凝土试块在标准条件下的养护,对预制构件的蒸汽养护,以及对一般现浇钢筋混凝土结构的自然养护等。

自然养护是指利用平均气温高于 5℃ 的自然条件,如用塑料薄膜覆盖,或用草帘、麻袋、棉毡等保水性能好的材料等对混凝土加以覆盖后适当浇水,使混凝土在一定的时间内保持湿润状态。对于自然养护要求如下:

当最高气温低于 25℃ 时,混凝土浇筑完后应在 12h 以内加以覆盖和浇水;最高气温高于 25℃ 时,应在 6h 以内开始养护。

浇水养护时间的长短视水泥品种定。

浇水次数应使混凝土保持足够的湿润状态。养护初期,水泥的水化反应较快,需水也较多,所以要特别注意在浇筑以后头几天的养护工作。此外,在气温高、湿度低时,也应增加洒水的次数。

(一)养护方式

选择养护方式应考虑现场条件、环境温湿度、构件特点、技术要求、施工操作等因素。工程中常用的养护方式有洒水养护、覆盖养护和喷涂养护液。

1.混凝土洒水养护

洒水养护应符合下列规定:

洒水养护宜在混凝土裸露表面覆盖麻袋或草帘后进行,也可采用直接洒水、蓄水等养护方式;洒水养护应保证混凝土处于湿润状态。

洒水养护用水应符合《混凝土用水标准》(JGJ 63)的规定。

当日最低温度低于5℃时,不应采用洒水养护。

应在混凝土浇筑完毕后的12h内进行覆盖浇水养护。

2.混凝土覆盖养护

覆盖养护应符合下列规定:

覆盖养护应在混凝土终凝后及时进行。

覆盖应严密,覆盖物相互搭接不宜小于100mm,确保混凝土处于保温保湿状态。

覆盖养护宜在混凝土裸露表面覆盖塑料薄膜、塑料薄膜加麻袋、塑料薄膜加草帘。

塑料薄膜应紧贴混凝土裸露表面,塑料薄膜内应保持有凝结水,保证混凝土处于湿润状态。

覆盖物应严密,覆盖物的层数应按施工方案确定。

3.混凝土喷涂养护

墙、柱等竖向混凝土结构在混凝土的表面不便浇水或使用塑料薄膜养护时,可采用涂刷或喷洒养生液进行养护,以防止混凝土内部水分的蒸发。养生液养护是将可成膜的溶液喷洒在混凝土表面上,溶液挥发后在混凝土表面凝结成一层薄膜,使混凝土表面与空气隔绝,封闭混凝土中的水分不再被蒸发,而完成水化作用。喷涂养护剂养护应符合下列规定:

应在混凝土裸露表面喷涂覆盖致密的养护剂进行养护。

养护剂应均匀喷涂在结构构件表面,不得漏喷。养护剂应具有可靠的保湿效果,保湿效果可通过试验检验。

养护剂使用方法应符合产品说明书的有关要求。

涂刷(喷洒)养护液的时间,应掌握混凝土水分蒸发情况,在不见浮水、混凝土表面以手指轻按无指印时进行涂刷或喷洒。过早会影响薄膜与混凝土表面结合,容易过早脱落,过迟会影响混凝土强度。

养护液涂刷(喷洒)后很快就形成薄膜,为达到养护目的,必须加强保护薄膜完整性,要求不得有损坏破裂,发现有损坏时及时补刷(补喷)养护液。

（二）养护质量控制

（1）混凝土的养护时间应符合下列规定：

①采用硅酸盐水泥、普通硅酸盐水泥或矿渣硅酸盐水泥配制的混凝土不应少于 7d；采用其他品种水泥时，养护时间应根据水泥性能确定；

②采用缓凝型外加剂、大掺量矿物掺合料配制的混凝土不应少于 14d；

③抗渗混凝土、强度等级 C60 及以上的混凝土不应少于 14d；

④后浇带混凝土的养护时间不应少于 14d；

⑤地下室底层墙、柱和上部结构首层墙、柱宜适当增加养护时间；

⑥基础大体积混凝土养护时间应根据施工方案确定。

（2）基础大体积混凝土裸露表面应采用覆盖养护方式。当混凝土表面以内 40～80mm 位置的温度与环境温度的差值小于 25℃时，可结束覆盖养护。覆盖养护结束但尚未到达养护时间要求时，可采用洒水养护方式直至养护结束。

（3）柱、墙混凝土养护方法应符合下列规定：

①地下室底层和上部结构首层柱、墙混凝土带模养护时间不宜少于 3d；带模养护结束后可采用洒水养护方式继续养护，必要时也可采用覆盖养护或喷涂养护剂养护的。

②其他部位柱、墙混凝土可采用洒水养护；必要时，也可采用覆盖养护或喷涂养护剂养护。

（4）混凝土强度达到 $1.2N/mm^2$ 前，不得在其上踩踏、堆放荷载、安装模板及支架。

（5）同条件养护试件的养护条件应与实体结构部位养护条件相同，并应采取措施妥善保管。

（6）施工现场应具备混凝土标准试块制作条件，并应设置标准试块养护室或养护箱，标准试块养护应符合国家现行有关标准的规定。

三、任务实施

根据现场条件及公司施工经验，楼板混凝土浇筑完成 12h 内采用塑料薄膜覆盖洒水养护，养护时间不少于 7 天；柱子在拆模后立即采用薄膜覆盖养护。

四、拓展阅读

（一）混凝土的其他养护方式

混凝土除自然养护外，还可以进行人工养护，人工养护较多采用的是加热养护方式。

1. 蒸汽养护

蒸汽养护是由轻便锅炉供应蒸汽，给混凝土提供一个高温高湿的硬化条件，加快混凝土的硬化速度，提高混凝土早期强度的一种方法。用蒸汽养护混凝土，可以提前拆模（通常 2d 即可拆模），缩短工期，大大节约模板。

为了防止混凝土收缩而影响质量，并能使强度继续增长，经过蒸汽养护后的混凝土还要放在潮湿环境中继续养护，一般洒水 7～21d，使混凝土处于相对湿度在 80%～90%的潮湿环境中。为了防止水分蒸发过快,混凝土制品上面可遮盖草帘或其他覆盖物。

2.太阳能养护

太阳能养护是直接利用太阳能加热养护棚(罩)内的空气,使内部混凝土能够在足够的温度和湿度下进行养护。在混凝土成型、表面找平收面后,在其上覆盖一层黑色塑料薄膜(厚0.12~0.14mm),再盖一层气垫薄膜(气泡朝下)。塑料薄膜应采用耐老化的,接缝应采用热黏合。覆盖时应紧贴四周,用沙袋或其他重物压紧盖严,防止被风吹开而影响养护效果。塑料薄膜若采用搭接时,其搭接长度不小于30cm。

(二)宁波博物馆的竹纹清水混凝土墙

宁波博物馆是首位中国籍"普利兹克建筑奖"得主王澍"新乡土主义"风格的代表作。

王澍在国内率先提出"重建当代中国本土建筑学"主张,正是出于对建筑领域现代与传统的全新认知,他秉持以自然之道、人文地理、景观诗学为出发点,强调建筑与自然融为一体的设计理念。宁波博物馆的设计就是这种主张的探索和实践。

其中,颇具特色的就是"瓦爿墙"和竹纹清水混凝土墙。这种竹纹清水混凝土墙采用的特殊模板,是毛竹做成的,它利用了毛竹板随意开裂后产生的肌理效果。这个过程先后经过多次试验,也尝试过木板等其他材料,最后选用了江南随处可见的毛竹。因为毛竹在中国承载了很多的人文色彩。竹是江南很有特色的植物,它使原本僵硬的混凝土发生了艺术质变。它们将记忆收存和资源节约合二为一。图4-20为博

图4-20 "瓦爿墙"和竹纹混凝土墙

物馆实景,旧建筑拆下的砖瓦砌筑的瓦爿墙与竹纹混凝土墙相印成趣。

任务5 混凝土工程质量检查与缺陷修补

一、任务布置

三楼混凝土浇筑施工完成后,专业监理工程师应组织质量员、班组长检查验收混凝土的施工质量。

验收时发现三楼结构在拆模后,部分柱脚出现烂根现象,楼板表面出现裂缝,请分析原因,并采取修整措施。

二、相关知识

(一)混凝土的质量检查与验收

混凝土结构质量控制可按现行国家标准《混凝土结构工程施工质量验收规范》(GB 50204—2022)执行。

混凝土工程的施工质量检验应按主控项目、一般项目按规定的检验方法进行检验。检验批合格质量应符合下列规定:

(1)主控项目的质量经抽样检验合格;

(2)一般项目的质量经抽样检验合格;

(3)当采用技术检验时,除有专门要求外,一般项目的合格点率应达到80%,且不得有严重缺陷;

(4)具有完整的施工操作依据和质量验收记录。

1. 主控项目

(1)水泥进场时应对其品种、级别、包装或散装仓号、出厂日期等进行检查,并应对其强度、安定性及其他必要的性能指标进行复验,其质量必须符合现行国家标准的要求。当在使用中对水泥质量有怀疑或水泥出厂超过三个月(快硬硅酸盐水泥超过一个月)时,应进行复验,并按复验结果使用。

钢筋混凝土结构、预应力混凝土结构中,严禁使用含氯化物的水泥。

检查数量:按同一生产厂家、同一等级,同一品种、同一批号且连续进场的水泥,袋装不超过200t为一批,散装不超过500t为一批,每批抽样不少于一次。

检验方法:检查产品合格证、出厂检验报告和进场复验报告。

(2)混凝土中掺用外加剂的质量及应用技术应符合现行国家标准和有关环境保护的规定。预应力混凝土结构中,严禁使用含氯化物的外加剂。钢筋混凝土结构中,当使用含氯化物的外加剂时,混凝土中氯化物的总含量应符合现行国家标准的规定。

检查数量:按进场的批次和产品的抽样检验方案确定。

检验方法:检查产品合格证、出厂检验报告和进场复验报告。

(3)混凝土强度等级、耐久性和工作性等应按《普通混凝土配合比设计规程》(JGJ 55)的有关规定进行配合比设计。对有特殊要求的混凝土,其配合比设计尚应符合国家现行有关标准的专门规定。

检验方法:检查配合比设计资料。

(4)结构混凝土的强度等级必须符合设计要求。用于检查结构构件混凝土强度的试件,应在混凝土的浇筑地点随机抽取。取样与试件留置应符合下列规定:

每拌制100盘且不超过$10m^3$的同配合比的混凝土,取样不得少于一次;

每工作班拌制的同一配合比的混凝土不足100盘时,取样不得少于一次,当一次连续浇筑超过$100m^3$时,同一配合比的混凝土每$200m^3$取样不得少于一次;

每一楼层、同一配合比的混凝土,取样不得少于一次;

每次取样应至少留置一组标准养护试件,同条件养护试件的留置组数应根据实际需要确定。

检验方法:检查施工记录及试件强度试验报告。

(5)对有抗渗要求的混凝土结构,其混凝土试件应在浇筑地点随机取样。同一工程、同一配合比的混凝土,取样不应少于一次,留置组数可根据实际需要确定。

检验方法:检查试件抗渗试验报告。

(6)混凝土原材料每盘称量的偏差应符合规定。水泥、掺合料2%;粗、细骨料3%;水、外加剂2%。

检查数量:每工作班抽查不应少于一次。当遇雨天或含水率有显著变化时,应增加含水率检测次数,并及时调整水和骨料的用量。

检验方法:复称。

(7)混凝土运输、浇筑及间歇的全部时间不应超过混凝土的初凝时间。同一施工段的混凝土应连续浇筑,并应在底层混凝土初凝之前将上一层混凝土浇筑完毕。

当底层混凝土初凝后浇筑上一层混凝土时,应按施工技术方案中对施工缝的要求进行处理。

检查数量:全数检查。

检验方法:观察,检查施工记录。

(8)现浇结构的外观质量不应有严重缺陷。对已经出现的严重缺陷,应由施工单位提出技术处理方案,并经监理(建设)单位认可后进行处理。对经处理的部位,应重新检查验收。

检查数量:全数检查。

检查方法:观察,检查技术处理方案。

(9)现浇结构不应有影响结构性能和使用功能的尺寸偏差。对超过尺寸允许偏差且影响结构性能以及安装、使用功能的部位,应由施工单位提出技术处理方案,并经监理(建设)单位认可后进行处理。对经处理的部位,应重新检查验收。

检查数量:全数检查。

检验方法:量测,检查技术处理方案。

2.一般项目

(1)混凝土中掺用矿物掺合料,粗、细骨料及拌制混凝土用水的质量应符合现行国家标准的规定。

检查数量:按进场的批次和产品的抽样检验方案确定。

检验方法:检查出厂合格证和进场复验报告,粗、细骨料检查进场复验报告,拌制混凝土用水检查水质试验报告。

(2)首次使用的混凝土配合比应进行开盘鉴定,其工作性应满足设计配合比的要求。开始生产时应至少留置一组标准养护试件,作为验证配合比的依据。

检验方法:检查开盘鉴定资料和试件强度试验报告。

(3)混凝土拌制前,应测定砂、石含水率并根据测试结果调整材料用量,提出施工配合比。

检查数量:每工作班检查一次。

检验方法:检查含水率测试结果和施工配合比通知单。

(4)施工缝、后浇带的位置应在混凝土浇筑前按设计要求和施工技术方案确定。施缝处理、后浇带混凝土的浇筑应按施工技术方案执行。

检查数量:全数检查。

检验方法:观察,检查施工记录。

(5)现浇结构和混凝土设备基础拆模后的尺寸偏差应符合表4-7和表4-8的规定。

表 4-7　现浇结构位置和尺寸允许偏差及检验方法

项目			允许偏差/mm	检验方法
轴线位置	整体基础		15	经纬仪及尺量
	独立基础		10	
	柱、墙、梁		8	尺量
垂直度	层高	≤6m	10	经纬仪或吊线、尺量
		>6m	12	
	全高≤300m		$H/30000+20$	经纬仪、尺量
	全高>300m		$H/10000$ 且 ≤80	
标高	层高		±10	水准仪或拉线、尺量
	全高		±30	
截面尺寸	基础		+15,−10	尺量
	柱、梁、板、墙		+10,−5	
	楼梯相邻踏步高差		±6	
电梯井	中心位置		10	尺量
	长、宽尺寸		±25,0	
表面平整度			8	2m靠尺和塞尺量测
预埋件中心位置	预埋板		10	尺量
	预埋螺栓		5	
	预埋管		5	
	其他		10	
预留洞、孔中心线位置			15	尺量

注:1.检查柱轴线、中心线位置时,沿纵、横两个方向测量,并取其中偏差较大的值;

2.H 为全高,单位为 mm

表 4-8 混凝土设备基础位置和尺寸允许偏差及检验方法

项目		允许偏差/mm	检验方法
坐标位置		20	经纬仪及尺量
不同平面标高		0，−20	水准仪或拉线、尺量
平面外形尺寸		±20	尺量
凸台上平面外形尺寸		0，−20	
凹槽尺寸		+20,0	
平面水平度	每米	5	水平尺、塞尺量测
	全长	10	水准仪或拉线、尺量
垂直度	每米	5	经纬仪或拉线、尺量
	全高	10	
预埋地脚螺栓	中心位置	2	尺量
	顶标高	+20,0	水准仪或拉线、尺量
	中心距	±2	尺量
	垂直度	5	吊线、尺量
预埋地脚螺栓孔	中心线位置	10	尺量
	截面尺寸	+20,0	
	深度	+20,0	
	垂直度	$h/100$ 且 $\leqslant 10$	吊线、尺量
坐标位置		20	经纬仪及尺量
预埋活动地脚螺栓锚板	中心线位置	5	尺量
	标高	+20,0	水准仪或拉线、尺量
	带槽锚板平整度	5	直尺、塞尺量测
	带螺纹孔锚板平整度	2	

注：1. 检查柱轴线、中心线位置时，沿纵、横两个方向测量，并取其中偏差较大的值；
    2. h 为预埋地脚螺栓孔孔深，单位为 mm。

检查数量：按楼层、结构缝或施工段划分检验批，在检验批内，对梁、柱、独立基础，应抽查构件数量的 10%，且不少于 3 件；对墙和板，应按有代表性的自然间抽查 10%，且不少于 3 间；对大空间结构，墙可按相邻轴线间高度 5m 左右划分检查面；板可按纵、横轴线划分检查面，抽在 10%，且均不少于 3 面；对电梯井，应全数检查；对设备基础，应全数检查。

(二)试件制作和强度检测

(1)混凝土试样应在混凝土浇筑地点随机抽取，取样频率应符合下列规定：

①每 100 盘，但不超过 $100m^3$ 的同配合比的混凝土，取样次数不得少于一次；

②每一工作班拌制的同配合比的混凝土不足 100 盘时，取样次数不得少于一次。

（2）每组三个试件应在同一盘混凝土中取样制作。其强度代表值的确定,应符合下列规定:

①取三个试件强度的算术平均值作为每组试件的强度代表值;

②当一组试件中强度的最大值或最小值与中间值之差超过中间值的15％时,取中间值作为该组试件的强度代表值;

③当一组试件中强度的最大值和最小值与中间值之差均超过中间值的15％时,该组试件的强度不应作为评定的依据。

（3）当采用非标准尺寸试件时,应将其抗压强度折算为标准试件抗压强度。折算系数按下列规定采用:

①对边长为100mm的立方体试件取0.95;

②对边长为200mm的立方体试件取1.05。

（三）混凝土缺陷种类

混凝土结构缺陷可分为尺寸偏差缺陷和外观缺陷。尺寸偏差缺陷和外观缺陷可分为一般缺陷和严重缺陷。混凝土结构尺寸偏差超出规范规定,但尺寸偏差对结构性能和使用功能未构成影响时,属于一般缺陷;而尺寸偏差对结构性能和使用功能构成影响时,属于严重缺陷。外观质量缺陷分类应符合表4-9的规定。

表 4-9　混凝土结构外观质量缺陷分类

名称	现象	严重缺陷	一般缺陷
露筋	构件内钢筋未被混凝土包裹而外露	纵向受力钢筋有露筋	其他钢筋有少量露筋
蜂窝	混凝土表面缺少水泥砂浆而形成石子外露	构件主要受力部位有蜂窝	其他部位有少量蜂窝
孔洞	混凝土中孔穴深度和长度均超过保护层厚度	构件主要受力部位有孔洞	其他部位有少量孔洞
夹渣	混凝土中夹有杂物且深度超过保护层厚度	构件主要受力部位有夹渣	其他部位有少量夹渣
疏松	混凝土中局部不密实	构件主要受力部位有疏松	其他部位有少量疏松
裂缝	缝隙从混凝土表面延伸至混凝土内部	构件主要受力部位有影响结构性能或使用功能的裂缝	其他部位有少量不影响结构性能或使用功能的裂缝
连接部位缺陷	构件连接处混凝土有缺陷及连接钢筋、连接件松动	连接部位有影响结构传力性能的缺陷	连接部位有基本不影响结构传力性能的缺陷
外形缺陷	缺棱掉角、棱角不直、翘曲不平、飞边凸肋等	清水混凝土构件有影响使用功能或装饰效果的外形缺陷	其他混凝土构件有不影响使用功能的外形缺陷
外表缺陷	构件表面麻面、掉皮、起砂、玷污等	具有重要装饰效果的清水混凝土构件有外表缺陷	其他混凝土构件有不影响使用功能的外表缺陷

施工过程中发现混凝土结构缺陷时,应认真分析缺陷产生的原因。对于严重缺陷,施工单位应制定专项修整方案,方案经论证审批后方可实施,不得擅自处理。

(四)混凝土缺陷修整

1.混凝土结构外观缺陷的修整

(1)混凝土结构外观一般缺陷修整应符合下列规定:

对于露筋、蜂窝、孔洞、夹渣、疏松、外表缺陷,应凿除胶结不牢固部分的混凝土,清理表面,洒水湿润后用 1∶2~1∶2.5 水泥砂浆抹平;

应封闭裂缝;

连接部位缺陷、外形缺陷可与面层装饰施工一并处理。

(2)混凝土结构外观严重缺陷修整应符合下列规定:

对于露筋、蜂窝、孔洞、夹渣、疏松、外表缺陷,应凿除胶结不牢固部分的混凝土至密实部位,清理表面,支设模板,洒水湿润后涂抹混凝土界面剂,采用比原混凝土强度等级高一级的细石混凝土浇筑密实,养护时间不应少于 7d。

开裂缺陷修整应符合下列规定:

对于民用建筑的地下室、卫生间、屋面等接触水介质的构件,均应注浆封闭处理,注浆材料可采用环氧、聚氨酯、氰凝、丙凝等。对于民用建筑不接触水介质的构件,可采用注浆封闭、聚合物砂浆粉刷或其他表面封闭材料进行封闭。

对于无腐蚀介质工业建筑的地下室、屋面、卫生间等接触水介质的构件以及有腐蚀介质的所有构件,均应注浆封闭处理,注浆材料可采用环氧、聚氨酯、氰凝、丙凝等。对于无腐蚀介质且不接触水介质的构件,可采用注浆封闭、聚合物砂浆粉刷或其他表面封闭材料进行封闭。

(3)清水混凝土的外形和外表严重缺陷,宜在水泥砂浆或细石混凝土修补后用磨光机械磨平。

2.混凝土结构尺寸偏差缺陷的修整

(1)混凝土结构尺寸偏差一般缺陷,可采用装饰修整方法修整。

(2)混凝土结构尺寸偏差严重缺陷,应会同设计单位共同制定专项修整方案,结构修整后应重新检查验收。

3.裂缝缺陷的修整

裂缝的出现不但会影响结构的整体性和刚度,还会引起钢筋的锈蚀,加速混凝土的碳化,降低混凝土的耐久性和抗疲劳、抗渗能力。因此,要根据裂缝的性质和具体情况区别对待,及时处理,以保证建筑物的安全使用。

目前混凝土裂缝的修补措施主要有:表面修补法,灌浆、嵌缝封堵法,结构加固法,混凝土置换法,电化学防护法以及仿生自愈合法。

(1)表面修补法

表面修补法是一种简单、常见的修补方法,主要适用于稳定和对结构承载能力没有影响的表面裂缝以及深进裂缝的处理。通常的处理措施是在裂缝的表面涂抹水泥浆、环氧胶泥或在混凝土表面涂刷油漆、沥青等防腐材料,在防护的同时为了防止混凝土受各种作用的影响继续开裂,通常可以采用在裂缝的表面粘贴玻璃纤维布等措施。

（2）灌浆、嵌缝封堵法

灌浆法主要适用于对结构整体性有影响或有防渗要求的混凝土裂缝的修补,它是利用压力设备将胶结材料压入混凝土的裂缝中,胶结材料硬化后与混凝土形成一个整体,从而起到封堵加固的目的。常用的胶结材料有水泥浆、环氧树脂、甲基丙烯酸酯、聚氨酯等化学材料。

嵌缝法是裂缝封堵中最常用的一种方法,它通常是沿裂缝凿槽,在槽中嵌填塑性或刚性止水材料,以达到封闭裂缝的目的。常用的塑性材料有聚氯乙烯胶泥、塑料油膏、丁基橡胶等;常用的刚性止水材料为聚合物水泥砂浆。

（3）混凝土置换法

混凝土置换法是处理严重损坏混凝土的一种有效方法,此方法是先将损坏的混凝土剔除,然后再置换入新的混凝土或其他材料。常用的置换材料有:普通混凝土或水泥砂浆、聚合物或改性聚合物混凝土或砂浆。

（4）仿生自愈合法

仿生自愈合法是一种新的裂缝处理方法,它模仿生物组织对受创伤部位自动分泌某种物质,而使创伤部位得到愈合的机能,在混凝土的传统组分中加入某些特殊组分(如含胶黏剂的液芯纤维或胶囊),在混凝土内部形成智能型仿生自愈合神经网络系统,当混凝土出现裂缝时分泌出部分液芯纤维可使裂缝重新愈合。

三、任务实施

（一）混凝土施工质量验收

专业监理工程师(建设单位工程师)组织施工单位项目技术负责人、质量负责人按现行国家标准《混凝土结构工程施工质量验收规范》(GB 50204—2022)的要求对混凝土施工质量进行验收,并如实填写质量验收记录。

（二）混凝土修补

（1）施工过程中发现混凝土结构缺陷时,应认真分析缺陷产生的原因。对于严重缺陷,施工单位应制定专项修整方案,方案经论证审批后方可实施,不得擅自处理。

（2）对于所要凿除的混凝土范围必须严格按照方案进行凿除,并清洗干净。

（3）在完成修补后,应加强修补范围内混凝土养护。

（4）当要对结构进行加固时,需严格按照方案进行加固。

（5）如采取增大截面面积进行加固并修补时,应考虑日后的装饰效果,需与用户沟通。

（6）要派专人进行验收,并签写验收单。

四、拓展阅读

案例1　广东惠州市某学校教学楼工程为六层框架结构,建筑面积9080m²,抗震等级三级。基础采用静压预应力管桩,基础及主体均采用强度等级为C30商品混凝土,由本地一家商品混凝土厂提供,运距约为 5 千米。外墙采用 MU10 多孔砖,内墙采用 MU2.5 空心砖,合同约定基础以上总工期为 140 天。

结构封顶之后,施工单位对第四层竖向构件混凝土强度等级用回弹法检测,发现回弹值不符合设计要求。根据混凝土试块抗压强度检测报告,该层柱 28d 龄期的立方体抗压强度代表值为 $24\sim27N/mm^2$,不满足混凝土强度验收要求。经计算,截面为 $500mm\times500mm$ 的中柱存在一定安全隐患,部分边柱承载力也不够。

事故原因调查分析

(1)出现质量问题的混凝土于 7 月某日浇铸,当日气温 $24\sim30℃$,排除气候因素的影响。

(2)混凝土运输过程与施工操作规范,无异常情况。

(3)事故混凝土颜色与正常混凝土无差别,可排除粉煤灰完全替代水泥的可能性;据现场检测和厂家对该批混凝土配合比记录,该批混凝土配合比满足要求。

(4)据施工人员回忆,该批混凝土的流动性特强,混凝土凝结缓慢,混凝土强度发展慢,养护过程中出现异常颜色的液体。

(5)厂家反映其采用了缓凝减水外加剂,具有缓凝和减水两种效应。

根据各方专家勘察和讨论,认定由于第四层柱混凝土外加剂超量引起了强度严重降低,柱承载能力无法满足设计要求,属于施工质量事故,需要进行加固处理。

加固处理原则:本工程采用的外加剂为缓凝型减水剂,在混凝土中只是暂时阻碍了水泥水化反应的进行,延长了混凝土拌合物的凝结时间,并未从本质上改变水泥水化反应及其产物,对混凝土构件强度的损害并不严重,无须拆毁重建。且四层结构柱的外观完好,混凝土具有一定承载力,宜进行加固处理。由于本工程工期限制较严,故在制定处理方案时充分考虑工期因素,并按照结构安全、施工可行、费用经济的原则,决定对事故混凝土采用外包加强的处理方案。

案例 2 青岛市××区××××健康科技小镇 85 地块因施工方监管失误,所有楼座皆存在工程质量问题,其中 3 栋刚出正负零的楼座将返工重建,其余 16 栋已完工楼座需要进行加固。由山东省建筑工程质量检验检测中心出具的检测报告显示,被重建的 3 栋楼主体结构混凝土强度推定值达到设计强度 85% 的检测批占比分别为 25%、11.1%、15%,其余楼座为 47%~80% 不等。调查发现工程采购了劣质混凝土,导致项目混凝土强度整体低下,该地块 19 栋楼已于 2021 年 4 月 14 日清晨 6:15 全部炸毁重建。

任务 6　混凝土季节性施工

一、任务布置

装备库及辅助用房项目主体结构施工过程中,恰处于当地 7～8 月。根据当地历史气象记录,这段时间 35℃以上天气达 35～40d。请根据气候条件,采取合理措施,以保证混凝土施工质量。

二、相关知识

统计当地多年气象资料,当室外日平均气温连续 5 日稳定低于 5℃时,应采取冬期施工措施。当混凝土未达到受冻临界强度而气温骤降至 0℃以下时,应按冬期施工的要求采取应急防护措施。

当日平均气温达到 30℃及以上时,应按高温施工要求采取措施。

雨季和降雨期间,应按雨期施工要求采取措施。

(一)冬期混凝土施工

(1)冬期施工配制混凝土宜选用硅酸盐水泥或普通硅酸盐水泥。采用蒸汽养护时,宜选用矿渣硅酸盐水泥。

(2)粗、细骨料中不得含有冰、雪冻块及其他易冻裂物质。

(3)混凝土搅拌前,原材料的预热应符合下列规定:

①宜加热拌合水。当仅加热拌合水不能满足热工计算要求时,可加热骨料。

②水泥、外加剂、矿物掺合料不得直接加热,应事先储于暖棚内预热。

(4)混凝土搅拌应符合下列规定:

①混凝土搅拌前应对搅拌机械进行保温或采用蒸汽进行加温,搅拌时间应比常温搅拌时间延长 30～60s。

②混凝土搅拌时应先投入骨料与拌合水,预拌后再投入胶凝材料与外加剂。胶凝材料、引气剂或含引气组分外加剂不得与 60℃以上热水直接接触。

(5)混凝土拌合物的出机温度不宜低于 10℃,入模温度不应低于 5℃。对预拌混凝土或需远距离输送的混凝土,混凝土拌合物的出机温度可根据运输和输送距离经热工计算确定,但不宜低于 15℃。大体积混凝土的入模温度可根据实际情况适当降低。

(6)混凝土浇筑前,应清除地基、模板和钢筋上的冰雪和污垢,并应进行覆盖保温。

(7)采用加热方法养护现浇混凝土时,应考虑加热产生的温度应力对结构的影响,并应合理安排混凝土浇筑顺序与施工缝留置位置。

(8)冬期浇筑的混凝土,其受冻临界强度应符合下列规定:

①当采用蓄热法、暖棚法、加热法施工时,采用硅酸盐水泥、普通硅酸盐水泥配制的混凝土,不应低于设计混凝土强度等级值的30%;采用矿渣硅酸盐水泥、粉煤灰硅酸盐水泥、火山灰质硅酸盐水泥、复合硅酸盐水泥配制的混凝土时,不应低于设计混凝土强度等级值的40%。

②当室外最低气温不低于-15℃时,采用综合蓄热法、负温养护法施工的混凝土受冻临界强度不应低于4.0MPa。

③强度等级等于或高于C50的混凝土,不宜低于设计混凝土强度等级值的30%。

④对有抗冻耐久性要求的混凝土,不宜低于设计混凝土强度等级值的70%。

(二)高温天气混凝土施工

(1)对露天堆放的粗、细骨料应采取遮阳防晒等措施。必要时,可对粗骨料进行喷雾降温。

(2)高温施工混凝土配合比设计除应满足一般要求外,尚应符合下列规定:

①应考虑原材料温度、环境温度、混凝土运输方式与时间对混凝土初凝时间、坍落度损失等性能指标的影响,根据环境温度、湿度、风力和采取温控措施的实际情况,对混凝土配合比进行调整。

②宜采用低水泥用量的原则,并可采用粉煤灰取代部分水泥,宜选用水化热较低的水泥。

③混凝土坍落度不宜小于70mm。

(3)混凝土的搅拌应符合下列规定:

①对原材料进行直接降温时,宜采用对水、粗骨料进行降温的方法。当对水直接降温时,可采用冷却装置冷却拌合用水,并对水管及水箱加设遮阳和隔热设施,也可在水中加碎冰作为拌和用水的一部分。

②混凝土拌合物出机温度不宜大于30℃。必要时,可采取掺加干冰等附加控温措施。

(4)宜采用白色涂装的混凝土搅拌运输车运输混凝土;对混凝土输送管应进行遮阳覆盖,并应洒水降温。

(5)混凝土浇筑入模温度不应高于35℃。

(6)混凝土浇筑宜在早间或晚间进行,且宜连续浇筑。

(7)混凝土浇筑前,施工作业面宜采取遮阳措施,并应对模板、钢筋和施工机具采用洒水等降温措施,但浇筑时模板内不得有积水。

(8)混凝土浇筑完成后,应及时进行保湿养护。侧模拆除前宜采用带模湿润养护。

(三)雨期混凝土施工

(1)雨期施工期间,对水泥和掺合料应采取防水和防潮措施,并应对粗、细骨料含水率实时监测,及时调整混凝土配合比。

(2)应选用具有防雨水冲刷性能的模板脱模剂。

(3)雨期施工期间,对混凝土搅拌、运输设备和浇筑作业面应采取防雨措施,并应加强施工机械检查维修及接地接零检测工作。

（4）除采用防护措施外，小雨、中雨天气不宜进行混凝土露天浇筑，且不应开始大面积作业面的混凝土露天浇筑；大雨、暴雨天气不应进行混凝土露天浇筑。

（5）雨后应检查地基面的沉降，并应对模板及支架进行检查。

（6）应采取措施防止基槽或模板内积水。基槽或模板内以及混凝土浇筑分层面出现积水时，排水后方可浇筑混凝土。

（7）混凝土浇筑过程中，对因雨水冲刷致使水泥浆流失严重的部位，应采取补救措施后方可继续施工。

（8）在雨天进行钢筋焊接时，应采取挡雨等安全措施。

（9）混凝土浇筑完毕后，应及时采取覆盖塑料薄膜等防雨措施。

（10）台风来临前，应对尚未浇筑混凝土的模板及支架采取临时加固措施；台风结束后，应检查模板及支架，已验收合格的模板及支架应重新办理验收手续。

三、任务实施

针对当地施工环境，项目部采取了以下措施：

（1）对工地零星自拌混凝土的原材料搭建凉棚，避免暴晒；

（2）泵送混凝土加大抽查次数，严格控制坍落度，卸车坍落度≥80mm；

（3）混凝土浇筑前，对模板进行洒水养护；

（4）合理安排施工时间，确保在混凝土初凝前免遭阳光暴晒；

（5）及时对混凝土覆盖，浇水养护。

四、拓展阅读

"空中造楼机"

"空中造楼机"由中建三局自主研发，全称为"超高层建筑智能化施工装备集成平台"。它犹如一个设在空中的建筑工厂可达到3天一个结构层的施工速度，缩短20%的施工工期，极大提升了建筑施工标准化、集成化和智能化水平。

"空中造楼机"在全球首次将大型塔机和安全防护、临时消防、临时堆场等施工设备与设施直接集成于施工平台上，共用支点，同步顶升，可覆盖4层半高度，承载力达数千吨，能抵抗14级飓风。随着"造楼机"的爬升，各项工艺逐层进行，从下到上形成工厂流水线，逐层完成钢筋绑扎、模板支设、混凝土浇筑、混凝土养护等工作，让百米高空的建筑施工作业如履平地。

该装备已成功应用于天津117大厦（597米）、北京中国尊（528米）、武汉绿地中心（475米）、成都绿地中心（468米）等多个超高层工程，不断刷新中国城市天际线。

过去10年来，依托于这些工程的应用，中建三局对"空中造楼机"4次提档升级，使其成为代表中国建造最高科技水平的"大国重器"，先后获得近20项国家专利、7项省部级

以上科学奖。

◇ 实训任务

请完成装备库及辅助用房项目三层梁板混凝土浇筑申请表的填写；浇筑完成后准确填写混凝土浇筑施工记录。

◇ 练习与思考

一、单选题

1. 混凝土搅拌时间是指（　　　）

A. 原材料全部投入到全部卸出　　　　　　B. 开始投料到开始卸料

C. 原材料全部投入到开始卸出　　　　　　D. 开始投料到全部卸出

2. 拌制混凝土时，取等体积的砂子，若要达到同样的和易性，一般来说需要胶凝材料多的是（　　　）。

A. 粗砂　　　　　B. 中砂　　　　　C. 细砂　　　　　D. 一样多

3. 施工缝原则上宜留在结构（　　　）较小的且便于施工的地方。

A. 弯矩　　　　　B. 拉力　　　　　C. 剪力　　　　　D. 变形

4. 单向板施工缝宜留置在（　　　）。

A. 平行于短边　　　B. 平行于长边　　　C. 任何位置　　　D. 长边短边均可

5. 在梁板柱等结构接缝和施工缝处，产生"烂根"的原因之一是（　　　）。

A. 混凝土强度偏低　　　　　　　　　B. 养护时间不够

C. 配筋不足　　　　　　　　　　　　D. 接缝不严，漏浆

6. 冬期施工时，优先加热的材料是（　　　）。

A. 水　　　　　B. 粗骨料　　　　　C. 细骨料　　　　　D. 水泥

二、多选题

1. 混凝土拌和物的和易性是一项综合的技术性质，它包括（　　　）等几方面的含义。

A. 流动性　　　B. 耐久性　　　C. 黏聚性　　　D. 饱和度　　　E. 保水性

2. 目前常用的二次投料法有（　　　）。

A. 预拌砂石法　　　　　B. 预拌水泥净浆法　　　　　C. 预拌水泥砂浆法

D. 二次加水法　　　　　E. 水泥裹砂法

3. 混凝土捣实后是（　　　）。

A. 表面泛浆　　　　　B. 表面冒出气泡　　　　　C. 混凝土下沉

D. 边角无空隙　　　　　E. 模板拼缝处外部可见水迹

4. 后浇带浇筑混凝土时宜（　　　）

A. 在浇筑完上层混凝土后浇筑

B. 混凝土比原强度等级提高一级

C. 在原混凝土强度抗压等级不小于 1.2MPa 后浇筑

D. 至少养护 28d

E. 宜用微膨胀混凝土浇筑

5. 最可能造成混凝土蜂窝现象的是(　　)。

A. 混凝土内混有杂物　　　　　　　　B. 模板接缝不严密

C. 混凝土搅拌不均匀　　　　　　　　D. 混凝土振捣不足

E. 模板变形

三、简答题

1. 混凝土施工缝后期如何处理?

2. 当混凝土柱墙混凝土与梁板混凝土设计强度不同时,该如何浇筑?

3. 防止大体积混凝土产生裂缝的措施有哪些?

4. 混凝土养护方法有哪些?

5. 混凝土出现孔洞现象该如何修补?

混凝土浇灌申请书

工程名称：　　　　　　　　　　　　　　　　　　　　　　　　　　　编号：

施工单位		申请浇灌日期		年　月　日	
申请浇灌部位		申请方量（m³）			
技术要求	坍落度 初凝时间	强度等级			
搅拌方式 （搅拌站名称）		申请人			

依据：施工图纸（施工图纸号）_____

设计变更（编号）_____和有关规范、规程。

施工准备检查内容	检查结果	专业工长	质检员	备注
1.隐检情况				
2.预检情况				
3.水电预埋情况				
4.施工组织情况				
5.机械设备准备情况				
6.保温养护及有关准备情况				

项目技术负责人：

年　　月　　日

项目监理机构审查意见：

专业监理工程师：

年　　月　　日

混凝土施工记录

工程名称：

施工日期		天气	上午		气温	最高
施工单位			下午			最低
施工活动情况记载	轴　层梁板自　年　月　日　开始至　浇捣完毕,普工　名,钢筋工　名,木工　名,施工员　名,施工有序,一切正常					
质量、安全、设备及技术措施情况						
浇捣混凝土部位				浇筑数量/m³		
混凝土设计强度等级		水泥品种及强度等级		水泥批号		水泥出厂日期
混凝土配合比	设计配合比			输送方法		
	施工配合比			振捣方法		
混凝土坍落度	设计坍落度/mm			实测坍落度/mm		
试块情况及养护类型	试块组数		试 块 标 识 内 容			
标准养护		C　　轴　　层梁板　　年　月　日				
同条件养护						
拆　　模						
其他(掺附加剂高低温措施、养护等)	混凝土浇筑表面及时二次抹压,24h后浇水养护					

施工员：

质检员：

专业监理工程师：

年　月　日

年　月　日

年　月　日

模块五　脚手架工程施工

建筑施工中,无论是结构施工、室内外装饰施工还是设备安装施工都离不开脚手架,它是为施工现场工人操作、解决垂直和水平运输而搭设的各种支架。脚手架的选择选型、搭设质量的好坏与施工人员的人身安全、工程进度、工程质量都有着直接的关系。因此,必须重视脚手架的搭设与拆除质量以及使用中的安全管理。

学习目标

1.掌握脚手架的作用及构造要求,能列举工程中常用脚手架类型及其构造特点;

2.掌握扣件式钢管脚手架搭设、拆除的技术要点,能够根据《建筑施工扣件式钢管脚手架安全技术规范》(JGJ 130)要求完成扣件式钢管脚手架构配件质量检查;

3.增强工程安全防范意识,培养谨慎细致的工作作风。

任务1　脚手架选型

一、任务布置

请根据"装备库及辅助用房"工程特点选取合适的外脚手架及内架。

二、相关知识

(一)脚手架基础认识

1.脚手架的作用

脚手架的作用主要有以下三点:

(1)堆放一定数量的建筑材料。

(2)保证施工人员在高处作业时的安全。

(3)满足短距离的水平运输要求。

2.脚手架的基本要求

(1)满足使用要求:脚手架的宽度应满足工人操作、材料堆放及运输的要求,一般为

2m 左右,最小不得小于 1.5m。

(2)有足够的强度、刚度及稳定性。在施工期间,在各种荷载作用下,脚手架不变形,不摇晃,不倾斜。

(3)方便搭拆、搬运,能多次周转使用。

(4)因地制宜,就地取材,尽量节约用料。

3. 脚手架的分类

脚手架的分类方式有很多种,比如按材料、结构形式、使用用途、搭设位置等。

(1)如果按脚手架的设置形式划分,有:

单排脚手架:只有一排立杆,横向平杆的一端搁置在墙体上的脚手架。

双排脚手架:由内外两排立杆和水平杆构成的脚手架。

满堂脚手架:按施工作业范围满设的,纵、横两个方向各有三排以上立杆的脚手架。

封圈型脚手架:沿建筑物或作业范围周边设置并相互交圈连接的脚手架。

开口型脚手架:沿建筑物周边非交圈设置的脚手架,其中呈直线型的脚手架为一字型脚手架。

(2)如果按脚手架的支固方式划分,有:

落地式脚手架:搭设(支座)在地面、楼面、墙面或其他平台结构之上的脚手架。

悬挑脚手架:采用悬挑方式支固的脚手架。

附墙悬挂脚手架:在上部或(和)中部挂设于墙体挂件上的定型脚手架。

悬吊脚手架:悬吊于悬挑梁或工程结构之下的脚手架。当采用篮式作业架时,称为"吊篮"。

附着式升降脚手架:搭设一定高度附着于工程结构上,依靠自身的升降设备和装置,可随工程结构逐层爬升或下降,具有防倾覆、防坠落装置的悬空外脚手架。

整体式附着升降脚手架:有三个以上提升装置的连跨升降的附着式升降脚手架。

水平移动脚手架:带行走装置的脚手架或操作平台架。

(二)脚手架类型

1. 扣件式钢管脚手架

扣件式钢管脚手架由钢管杆件用扣件连接而成的临时结构架,具有工作可靠、装拆方便和适应性强等优点,是目前我国使用最为普遍的脚手架品种之一,如图 5-1 所示。

扣件式钢管脚手架主要由钢管、扣件、底座和脚手板组成。

(1)钢管

脚手架钢管宜采用 ϕ 48×3.6mm 钢管。作为脚手架使用的钢管上严禁打孔,同时必须进行防锈处理。按钢管在脚手架上所处的部位和所起的作用,可分为:立杆、纵向水平杆(大横杆)、横向水平杆(小横杆)、栏杆(扶手)、剪刀撑、斜撑、抛撑等。

图 5-1　扣件式钢管脚手架

（2）扣件

①直角扣件（十字扣）：用于两根呈垂直交叉钢管的连接，如图 5-2(a)所示；

②旋转扣件（回转扣）：用于两根呈任意角度交叉钢管的连接，如图 5-2(b)所示；

③对接扣件（筒扣、一字扣）：用于两根钢管对接连接，如图 5-2(c)所示。

（a）直角扣件　　　　　　（b）旋转扣件　　　　　　（c）对接扣件

图 5-2　扣件形式

（3）底座

扣件式钢管脚手架的底座用于承受脚手架立杆传递下来的荷载，用可锻铸铁制造的标准底座的构造，如图 5-3 所示。底座亦可用厚 8mm、边长 150mm 的钢板作底板，外径 60mm、壁厚 3.5mm、长 150mm 的钢管作套筒焊接而成，如图 5-4 所示。

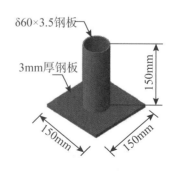

图 5-3　标准底座　　　　　　图 5-4　焊接底座

（4）脚手板

脚手板一般采用定型钢脚手板、木脚手板和竹脚手板。冲压钢脚手板的材质应符合现行国家标准《碳素结构钢》(GB/T 700—2016)中 Q235—A 级钢的规定,并应有防滑措施,如图 5-5 所示。新、旧脚手板均应涂防锈漆。木脚手板应采用杉木或松木制作,宽度不宜小于 200mm,脚手板厚度不应小于 50mm,两端应各设直径为 4mm 的镀锌钢丝箍两道,腐朽的脚手板不得使用。市面上使用较多的竹脚手板多采用由毛竹或楠竹制作的竹串片板、竹笆板,如图 5-6 所示。

图 5-5　定型钢脚手板

图 5-6　竹脚手板

①扣件式钢管脚手架的优点：

承载力较大。当脚手架的几何尺寸及构造符合规范的有关要求时,一般情况下,脚手架的单管立柱的承载力可达 15～35kN。

装拆方便,搭设灵活。由于钢管长度易于调整,扣件连接简便,因而可适应各种平面、立面的建筑物与构筑物用脚手架。

比较经济,加工简单,一次投资费用较低。

②扣件式钢管脚手架的缺点：

扣件容易丢失。

螺栓拧紧扭力矩不应小于 40N·m,且不应大于 65N·m。

节点处的杆件为偏心连接,靠抗滑力传递荷载和内力,因而降低了其承载能力。

扣件节点的连接质量受扣件本身质量和工人操作的影响显著。

2.碗扣式钢管脚手架

碗扣式钢管脚手架是一种杆件轴心相交(接)的承插锁固式钢管脚手架,采用带连接件的定型杆件,组装简便,具有比扣件式钢管脚手架更强的稳定承载能力,不仅可以组装各式脚手架,而且更适合构造各种支撑架,特别是重载支撑架。

碗扣式钢管脚手架采用每隔 0.6m 设 1 套碗扣接头的定型立杆和两端焊有接头的定型横杆,并实现杆件的系列标准化。

碗扣接头是该脚手架系统的核心部件,它由上、下碗扣,横杆接头和上碗扣的限位销等组成,如图 5-7 所示。

上、下碗扣和限位销按 60cm 间距设置在钢管立杆之上,其中下碗扣和限位销则直接焊在立杆上。将上碗扣的缺口对准限位销后,即可将上碗扣向上抬起(沿立杆向上滑动),把横杆接头插入下碗扣圆槽内,随后将上碗扣沿限位销滑下并顺时针旋转以扣紧横杆接头(可使用锤子敲击几下即可达到扣紧要求)。碗扣式接头的拼接完全避免了螺栓作业。

碗扣接头可同时连接 4 根横杆,可以相互垂直或偏转一定角度。

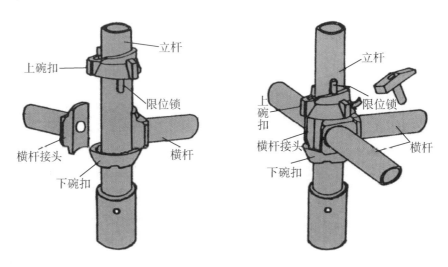

图 5-7 碗扣架

①碗扣式钢管脚手架的优点:

多功能:除了满足各类脚手架要求外,还能组装物料提升架、爬升脚手架、悬挑架等。特别适合于搭设曲面脚手架和重载支撑架。

高功效:拼拆快速省力,工人用一把铁锤即可完成全部作业,避免了螺栓操作带来的诸多不便。

通用性强:主构件均采用普通的扣件式钢管脚手架之钢管,可用扣件同普通钢管连接,通用性强。

承载力大:立杆连接是同轴心承插,横杆同立杆靠碗扣接头连接,接头具有可靠的抗弯、抗剪和抗扭等力学性能。而且各杆件轴心线交于一点,节点在框架平面内,因此,结构稳固可靠,承载力大。

安全可靠、易于加工:制造工艺简单,成本适中,可直接对现有扣件式脚手架进行加工改造,不需要复杂的加工设备。

不易丢失:无零散易丢失扣件。

②碗扣式钢管脚手架的缺点:

横杆为几种尺寸的定型杆,立杆上碗扣节点按 0.6m 间距设置,使构架尺寸受到限制。

价格相对较贵。

3.盘扣式脚手架

承插型盘扣式钢管支架由立杆、水平杆、斜杆、可调底座及可调托座等构配件构成。立杆采用套管插销连接,水平杆采用盘扣、插销方式快速连接(简称速接),并安装斜杆,形成结构几何不变体系的钢管支架,如图 5-8 所示。

盘扣节点构成:由焊接于立杆上的八角盘、水平杆杆端扣接头和斜杆杆端扣接头组成,如图 5-9 所示。水平杆和斜杆的杆端扣接头的插销必须与八角盘均具有防滑脱构造措施。立杆盘扣节点一般按 0.5m 模数设置。每节段立杆上端应设有接长用立杆连接套管及连接销孔。

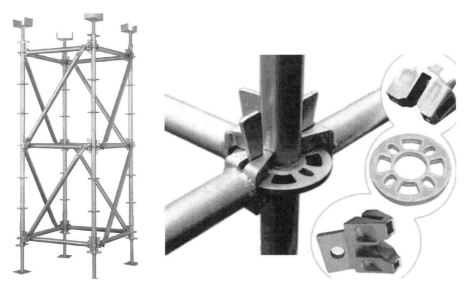

图 5-8　盘扣式脚手架　　　　图 5-9　盘扣式脚手架节点大样

承插型盘扣式钢管支架的特点:

轻松快捷:搭建轻松快速,并具有很强的机动性,可满足大范围的作业要求。

灵活安全可靠:可根据不同的实际需要,搭建多种规格、多排移动的脚手架,以及各种完善的安全配件,在作业中提供牢固、安全的支持。

储运方便:拆卸储存占地小,并可推动方便转移,部件能通过各种窄小通道。

4.门(框组)式脚手架

以门形、梯形以及其他变化形式钢管框架为基本构件,与连接杆(构)件、辅件和各种功能配件组合而成的脚手架,统称为"框组式钢管脚手架"。采用门形架(简称"门架")者称为"门式钢管脚手架";采用梯形架(简称"梯架")者称为"梯式钢管脚手架";可用来搭设各种用途的施工作业架子,如外脚手架、里脚手架、满堂脚手架、模板和其他承重支撑架、工作台等。

门式钢管脚手架由门式框架,(门架)、交叉支撑(十字拉杆)和水平架(平行架、平架)或脚手板构成基本单元,如图 5-10 所示。将基本单元相互联结起来并增加梯子、栏杆等部件构成整片脚手架,如图 5-11 所示。

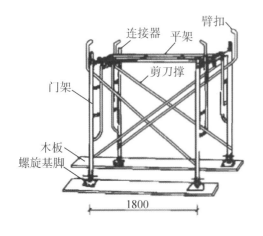

图 5-10　门式脚手架基本单元

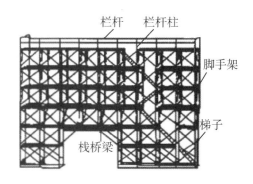

图 5-11　门式脚手架外架

5.其他非落地式脚手架

非落地式脚手架包括悬挑式脚手架、附着式升降脚手架、吊篮等脚手架,这些类型的脚手架由于主要采用悬挑、附着、吊挂方式设置,避免了落地式脚手架用材多、搭设工作量大的缺点,因而特别适合高层建筑的结构与外装饰施工使用,以及不便或不必搭设落地式脚手架的情况。

(1)悬挑式脚手架

悬挑式脚手架是利用建筑结构外边缘向外伸出的悬挑构架作施工上部结构,或作外装修用的外脚手架。脚手架的荷载全部或大部分传递给已施工完的下部建筑物承受。它是由钢管挑架或型钢支承架、扣件式钢管脚手架及连墙件等组合而成。这种脚手架要求必须有足够的强度、刚度和稳定性,并能将脚手架的荷载有效传给建筑结构,如图 5-12所示。

图 5-12　悬挑式脚手架

（2）附着式升降脚手架

在高层、超高层建筑的施工中，凡采用附着于工程结构、依靠自身提升设备实现升降的悬空脚手架，统称为附着式升降脚手架。附着式升降脚手架也是工具式脚手架，其主要架体构件为工厂制作的专用的钢结构产品，在现场按特定的程序组装后，将其固定（附着）在建筑物上，脚手架本身带有升降机构和升降动力设备，随着工程的进展，脚手架沿建筑物整体或分段升降，满足结构和外装修施工的需要；外脚手架的材料用量与建筑物的高度无关，仅与建筑物的周长有关。其材料用量少，工时用量省，造价较低，技术经济效果良好，当建筑物高度在 80m 以上时，其经济性则更为显著，如图 5-13 所示。

图 5-13 附着式升降脚手架

（3）吊篮

高处作业吊篮应用于高层建筑外墙装修、装饰、维护、检修、清洗、粉饰等工程施工，如图 5-14 所示。

图 5-14　吊篮

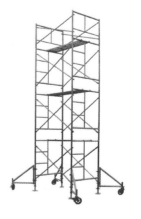

图 5-15　移动式脚手架

（4）移动式脚手架

移动式脚手架是工业与民用建筑装修施工或管道安装用的移动式平台架，也是施工现场为工人操作并解决垂直和水平运输而搭设的各种支架。移动脚手架多用在外墙、内部装修或层高较高无法直接施工的地方。主要为了施工人员上下干活或外围安全网维护及高空安装构件等。移动脚手架制作材料通常有：竹、木、钢管、铝合金或合成材料等。此外在广告业以及市政、交通路桥、矿山等部门也被广泛使用，如图 5-15 所示。

三、任务实施

（1）根据工程条件与企业施工经验，外脚手架及满堂脚手架均选用扣件式钢管脚手架。设备安装、室内装修工程采用移动式脚手架。

（2）钢管进场后，需要进行验收。材料员在验收时需要注意以下事项：

①钢管表面应平直光滑，不应有裂缝、结疤、分层、错位、硬弯、毛刺、压痕和深的划道，不得有严重锈蚀。

②扣件的商标、生产年号、字迹、图案应清晰完整。

③扣件活动部位应能灵活转动，旋转扣件的两旋转面间隙应小于 1mm。

④当扣件夹紧钢管时，开口处的最小距离应不小于 5mm。

⑤扣件表面应进行防锈处理。

⑥扣件应经过 60N·m 扭力矩试压，扣件各部位不应有裂纹，在螺栓拧紧扭力矩达 65N·m 时，不得发生破坏。

⑦腐朽的脚手板不得使用。

四、拓展阅读

（一）卸料平台

在施工过程中，为保证建筑结构施工材料的进出，常在建筑物外立面设置平台作为施工材料、器具、设备的周转平台，将无法用电梯、井架提运的大件材料、器具、设备用塔式起重机先吊运至卸料平台上，再转运至使用或安装地点。

目前常用的卸料平台分为采用钢管落地搭设的卸料平台和采用悬挑方式搭设的卸料平台，如图 5-14 所示。

悬挑方式搭设的卸料平台一般采用钢平台，钢平台的材料全部为 Q235，

图 5-14　悬挑方式搭设的卸料平台

平台骨架一般由型钢和钢板焊接而成，平面板宜采用花纹钢板，拉索、保险钢丝绳的直径不小于 20mm。

（二）脚手架的绿色施工

脚手架总的趋势是向着轻质高强结构、标准化、装配化和多功能方向发展。材料由木、竹发展为金属制品；搭设工艺将逐步采用组装方法，尽量减少或不用扣件、螺栓等零件；脚手架的主要杆件，不宜采用木、竹材料。其材质宜采用强度高、重量轻的薄壁型钢和铝合金制品等。

随着我国大量现代化大型建筑体系的出现，应大力开发和推广应用新型脚手架。在高层建筑施工中推广整体爬架和悬挑式脚手架。

脚手架工程的绿色施工应以扩大使用功能及其应用的灵活程度为方向。各种先进的脚手架系列已不仅是局限于满足搭设几种常用的脚手架，而是作为一种常备的多功能的施工工具设备，力求适应现代施工各个领域中不同项目的要求和需要。

当前，国家努力提升脚手架的环保要求，鼓励成立制作、安装、拆除一体化与专业化的脚手架承包公司等。

（三）脚手架坍塌案例

2019年3月，扬州市一海底电缆项目施工工地发生一起附着式升降脚手架坍塌事故，事故造成7人死亡。

1.事故直接原因

违规采用钢丝绳替代爬架提升支座，人为拆除爬架所有防坠器防倾覆装置，并拔掉同步控制装置信号线。在架体邻近吊点荷载增大，引起局部损坏时，架体失去超载保护和停机功能，产生连锁反应，造成架体整体坠落，是事故发生的直接原因。作业人员违规在下降的架体上作业和在落地架上交叉作业是导致事故后果扩大的直接原因。

2.事故间接原因

（1）项目管理混乱。一是中航宝胜海洋工程电缆有限公司未认真履行统一协调、管理职责，现场安全管理混乱；二是中建二局该项目安全员兼施工员吕××删除爬架下降作业前检查验收表中监理单位签字栏；三是备案项目经理欧××长期不在岗，南京特辰公司安全员刘××充当现场实际负责人，冒充项目经理签字，相关方未采取有效措施予以制止；四是项目部安全管理人员与劳务人员作业时间不一致，作业过程缺乏有效监督。

（2）违章指挥。一是南京特辰公司安全部门负责人肖××通过微信形式，指挥爬架施工人员拆除爬架部分防坠防倾覆装置（实际已全部拆除），致使爬架失去防坠控制；二是中建二局项目部工程部经理杨×、安全员吕××违章指挥爬架分包单位与劳务分包单位人员在爬架和落地架上同时作业；三是在落地架未经验收合格的情况下，杨×违章指挥劳务分包单位人员上架从事外墙抹灰作业；四是在爬架下降过程中，杨×违章指挥劳务分包单位人员在爬架架体上从事墙洞修补作业。

（3）工程项目存在挂靠、违法分包和架子工持假证等问题。一是南京特辰公司采用挂靠前海特辰资质方式承揽爬架工程项目；二是前海特辰违法将劳务作业发包给不具备资质的李×个人承揽；三是爬架作业人员（李×、廖××、龚×等4人）持有的架子工资格证书存在伪造情况。

（4）工程监理不到位。一是苏维公司发现爬架在下降作业存在隐患的情况下，未采取有效措施予以制止；二是苏维公司未按住建部有关危大工程检查的相关要求检查爬架项目；三是苏维公司明知分包单位项目经理长期不在岗和相关人员冒充项目经理签字的情况下，未跟踪督促落实到位。

（5）监管责任落实不力。市住建局建筑施工安全管理方面存在工作基础不牢固，隐患排查整治不彻底，安全风险化解不到位，危大工程管控不力，监管责任履行不深入、不细致，没有从严从实从细抓好建设工程安全监管各项工作。

鉴于上述原因分析，调查组认定，该起事故因违章指挥、违章作业、管理混乱引起、交叉作业导致事故后果扩大。事故等级为"较大事故"，事故性质为"生产安全责任事故"。

任务 2　脚手架搭设与拆除

一、任务布置

请根据项目现场条件和搭设方案，完成"装备库及辅助用房"外脚手架的搭设与拆除任务。

二、相关知识

（一）扣件式钢管脚手架的构造要求

扣件式钢管脚手架可用于搭设单排脚手架、双排脚手架、满堂脚手架、支撑架以及其他用途的架子。

落地扣件式钢管脚手架的构造如图 5-15 所示。

1. 主要构件及其作用

立杆，与地面垂直，是脚手架的主要受力杆件，将脚手架上的所有荷载通过底座传至基础。

大横杆，也称纵向水平杆，与墙面平行，同立杆连成整体，将脚手板上的荷载传至立杆上。

小横杆，也称横向水平杆，与墙面垂直，同立杆、大横杆连成一体，直接承受脚手板上的荷载，并将其传至大横杆上。

斜撑，紧贴脚手架外排立杆与立杆斜交并与地面成 45°～60° 夹角，上下连接设置，成"之"字型，主要设在脚手架拐角处，防止脚手架沿纵长方向斜倾。

剪刀撑，与地面成 45°～60° 夹角，将脚手架等连成整体，增加脚手架的整体稳定性。

抛撑，是设在脚手架周围的支撑架子的斜杆，一般与地面成 60° 夹角，防止脚手架向外倾斜或倾倒。

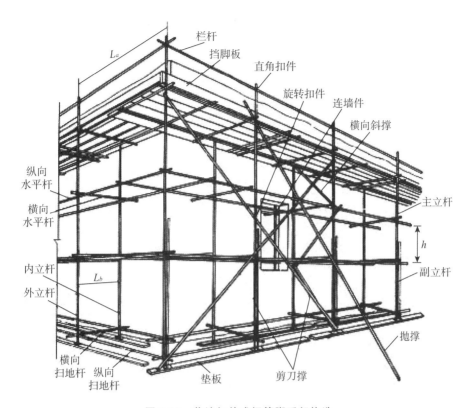

图 5-15　落地扣件式钢管脚手架构造

连墙杆,承受架体拉和压的结构,是与主体相连接的水平杆件,主要承受脚手架的风荷载和施工荷载作用下产生的水平力以及立杆不均匀下沉时产生的荷载。

2.架体主要尺寸的说明

脚手架的高度 H:指立杆底座下皮至架顶栏杆上皮之间的垂直距离。

脚手架的长度 L:指脚手架纵向两端立杆外皮间的水平距离。

脚手架的宽度 B:双排架是指横向内外两立杆外皮之间的水平距离,单排架是指立杆外皮至墙面的距离。

立杆步距 h:指上、下两相邻水平杆轴线间的距离。

立杆纵距 L_a:指脚手架中两纵向相邻立杆轴线间的距离。

立杆横距 L_b:双排架是指横向内外两立杆的轴线距离;单排架是指主立杆至墙面的距离。

3.构造要求

(1)立杆。双排脚手架的搭设限高为 50m,当需要搭设 50m 以上的脚手架时,应采取调整立杆间距或分段卸载等措施,并通过计算复核,24m 以下为双立杆。

每根立杆底部宜设置底座或垫板。脚手架必须设置纵、横向扫地杆。纵向扫地杆应采用直角扣件固定在距钢管底端≤200mm 处的立杆上。横向扫地杆应采用直角扣件固定在紧靠纵向扫地杆下方的立杆上。

脚手架立杆基础不在同一高度上时,必须将高处的纵向扫地杆向低处延长两跨与立杆固定,高低差不应大于1m。靠边坡上方的立杆轴线到边坡的距离应≥500mm,以确保立杆基底稳定,如图5-16所示。无可靠基地部位可采用洞口构造、悬空一二根立柱的做法。

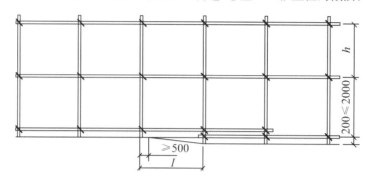

图5-16 纵横向扫地杆构造(单位:mm)

单、双排脚手架底层步距均不应大于2m。单排、双排与满堂脚手架立杆接长除顶层顶步外,其余各层各步接头必须采用对接扣件连接。脚手架立杆顶端栏杆宜高出女儿墙上端1m,宜高出檐口上端1.5m。

脚手架立杆的对接、搭接应符合下列规定:

当立杆采用对接结长时,相邻立杆的接头位置应错开布置在不同的步距内,与相近大横杆的距离不宜大于步距的三分之一,接头位置应错开不小于500mm,如图5-17所示。

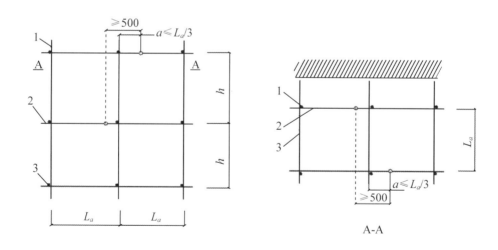

(a)接头不在同步内(立面)　　　　　(b)接头不在同跨内(平面)

1—立杆;2—纵向水平杆;3—横向水平杆

图5-17 立杆接头与纵向水平杆接头布置

当立杆采用搭接接长时,搭接长度不应小于1m,并采用不少于2个旋转扣件固定。端部扣件盖板的边缘至杆端距离不应小于100mm。

立杆与大横杆必须用直角扣件扣紧,不得隔步设置或遗漏。当采用双立杆时,必须都用扣件与同一根大横杆扣紧,不得只扣紧 1 根。立杆采用上单下双的高层脚手架,单双立杆的连接构造方式有两种,如图 5-18 所示。

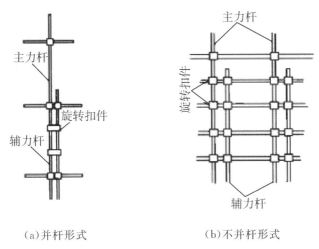

（a）并杆形式　　　　　　（b）不并杆形式

图 5-18　单双立杆连接

（2）纵向水平杆

纵向水平杆应设置在立杆内侧,单根杆长度不应小于 3 跨;杆件接长应采用对接扣件连接或搭接,并应符合下列规定:

两根相邻纵向水平杆的接头不应设置在同步或同跨内;不同步或不同跨两个相邻接头在水平方向错开的距离不应小于 500mm;各接头中心至最近主节点的距离不应大于纵距的 1/3。

搭接长度不应小于 1m,应等间距设置 3 个旋转扣件固定;端部扣件盖板边缘至搭接纵向水平杆杆端的距离应≥100mm。

当使用冲压钢脚手板、木脚手板、竹串片脚手板时,纵向水平杆应作为横向水平杆的支座,用直角扣件固定在立杆上;当使用竹笆脚手板时,纵向水平杆应采用直角扣件固定在横向水平杆上,并应等间距设置,间距不应大于 400mm

（3）横向水平杆

主节点处必须设置一根横向水平杆,用直角扣件扣接且严禁拆除。

作业层上非主节点处的横向水平杆,宜根据支承脚手板的需要等间距设置,最大间距不应大于纵距的 1/2。

当使用冲压钢脚手板、木脚手板、竹串片脚手板时,双排脚手架的横向水平杆两端均应采用直角扣件固定在纵向水平杆上;单排脚手架的横向水平杆的一端,应用直角扣件固定在纵向水平杆上,另一端应插入墙内,插入长度不应小于 180mm。

当使用竹笆脚手板时,双排脚手架的横向水平杆的两端,应用直角扣件固定在立杆上;单排脚手架的横向水平杆的一端,应用直角扣件固定在立杆上,另一端插入墙内,插入长度不应小于 180mm。

（4）脚手板

作业层脚手板应铺满、铺稳、铺实。

冲压钢脚手板、木脚手板、竹串片脚手板等，应设置在三根横向水平杆上。当脚手板长度小于 2m 时，可采用两根横向水平杆支承，但应将脚手板两端与其可靠固定，严防倾翻。脚手板的铺设可采用对接平铺或搭接铺设。脚手板对接平铺时，接头处必须设两根横向水平杆，脚手板外伸长应取 130～150mm，两块脚手板外伸长度的和不应大于 300mm；脚手板搭接铺设时接头必须支在横向水平杆上，搭接长度应大于 200mm，其伸出横向水平杆的长度不应小于 100mm。如图 5-19 所示。

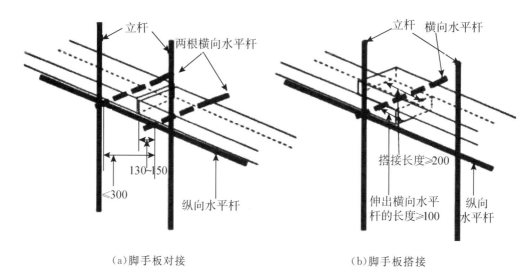

（a）脚手板对接　　　　　　　　　　　（b）脚手板搭接

图 5-19　脚手板连接（单位：mm）

竹笆脚手板应按其主竹筋垂直于纵向水平杆方向铺设，且采用对接平铺，四个角应用直径 1.2mm 的镀锌钢丝固定在纵向水平杆上。

作业层端部脚手板探头长度应取 150mm，其板的两端均应固定于支承杆件上。

（5）连墙件

脚手架连墙件的设置位置、数量应按专项施工方案确定，设置应满足《建筑施工扣件式钢管脚手架安全技术规范》（JGJ 130—2011）的计算要求外，还应满足表 5-1 的规定。

表 5-1　连墙件布置最大间距

搭设方法	高度/m	竖向间距 h/m	水平间距 l_a/m	每个连墙件覆盖面积/m²
双排落地	≤50	3	3	≤40
双排悬挑	>50	2	3	≤27
单排	≤24	3	3	≤40

注：h 为步距；l_a 为纵距。

连墙件的布置应尽量靠近主节点，最大偏离主节点的距离应≤300mm；并且应从底层第一步纵向水平杆处开始设置，当该处设置有困难时，应采用其他可靠措施固定；布置时应优先采用菱形布置,或方形、矩形布置。

开口型脚手架的两端必须设置连墙件,连墙件的垂直间距不应大于建筑物的层高,并且不应大于 4m。

连墙件中的连墙杆应呈水平设置,当不能水平设置时,应向脚手架一端下斜连接,如图 5-20 所示。

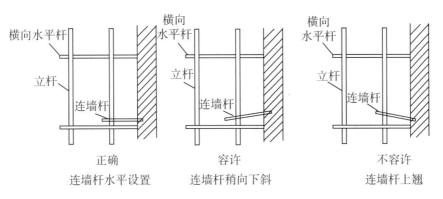

正确	容许	不容许
连墙杆水平设置	连墙杆稍向下斜	连墙杆上翘

图 5-20 连接件构造

连墙件必须采用可承受拉力和压力的构造。对高度 24m 以上的双排脚手架应采用刚性连墙件与建筑物连接,如图 5-21 所示。

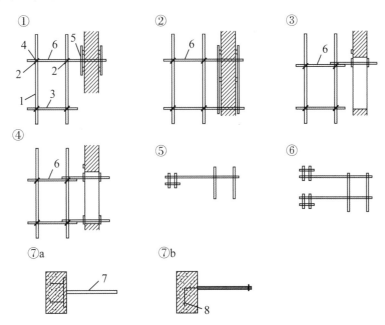

1—立杆 2—纵向水平杆 3—横向水平杆 4—直角扣件 5—短钢管
6—适长钢管(或用小横杆) 7—带短钢管预埋件 8—带长弯头的预埋件

图 5-21 刚性连墙件构造形式

当脚手架下部暂时不能设连墙件时应采取防倾覆措施。当搭设抛撑时,抛撑应采用通长杆件,并用旋转扣件固定在脚手架上,与地面的倾角应在 45°～60°;连接点中心至主节点的距离应≤300mm。抛撑应在连墙件搭设后方可拆除。

架高超过 40m 且有风涡流作用时,应采取抗上升翻流作用的连墙措施。

(6)剪刀撑与斜撑

双排脚手架应设剪刀撑与横向斜撑,单排脚手架应设剪刀撑。

单、双排脚手架的剪刀撑设置应符合下列规定:每道剪刀撑跨越立杆的根数应按表 5-2 的规定确定。每道剪刀撑宽度不应小于 4 跨,且不应小于 6m,斜杆与地面的倾角应在 45°～60°。

表 5-2　剪刀撑跨越立杆的最多根数

剪刀撑斜杆与地面的倾角 α	45°	50°	60°
剪刀撑跨越立杆的最多根数 n	7	6	5

剪刀撑斜杆的接长应采用搭接或对接,剪刀撑斜杆应用旋转扣件固定在与之相交的横向水平杆的伸出端或立杆上,旋转扣件中心线至主节点的距离不应大于 150mm。

高度在 24m 及以上的双排脚手架应在外侧全立面连续设置剪刀撑;高度在 24m 以下的单、双排脚手架,均必须在外侧两端、转角及中间间隔不超过 15m 的立面上,各设置一道剪刀撑,并应由底至顶连续设置,如图 5-22 所示。

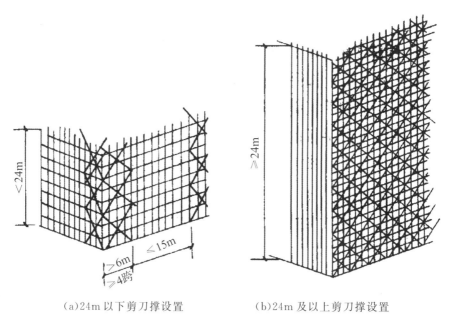

(a)24m 以下剪刀撑设置　　　(b)24m 及以上剪刀撑设置

图 5-22　剪刀撑设置

双排脚手架横向斜撑的设置应符合规定:横向斜撑应在同一节间,由底至顶层呈之字形连续布置;高度在 24m 以下的封闭型双排脚手架可不设横向斜撑,高度在 24m 以上的封闭型脚手架,除拐角应设置横向斜撑外,中间应每隔 6 跨距设置一道。开口形双排脚手架的两端均必须设置横向斜撑。

（7）斜道

斜道或称马道,是作为人员上下通行用的通道。各类人员上下脚手架必须在专门设置的人行通道(斜道)行走,不准攀爬脚手架,通道可附着在脚手架设置,也可靠近建筑物独立设置。

高度不大于6m的脚手架,宜采用一字形斜道;高度大于6m的脚手架,宜采用之字形斜道。

①斜道的构造应符合下列规定:

斜道应附着外脚手架或建筑物设置。

运料斜道宽度不应小于1.5m,坡度不应大于1:6;人行斜道宽度不应小于1m,坡度不应大于1:3。

拐弯处应设置平台,宽度不应小于斜道宽度。

斜道两侧及平台外围均应设置栏杆及挡脚板;栏杆高度应为1.2m,挡脚板高度不应小于180mm。

运料斜道两端、平台外围和端部均应按《建筑施工扣件式钢管脚手架安全技术规范》规定的要求设置连墙件;每两步应加设水平斜杆;按前述规范设置剪刀撑和横向斜撑。

②斜道脚手板构造应符合下列规定:

脚手板横铺时,应在横向水平杆下增设纵向支托杆,纵向支托杆间距不应大于500mm。

脚手板顺铺时,接头应采用搭接,下面的板头应压住上面的板头,板头的凸棱处应采用三角木填顺。

人行斜道和运料斜道的脚手板上应每隔250～300mm设置一根防滑木条,木条厚度应为20～30mm。

现场搭设实样如图5-23所示。

图5-23　现场斜道实样

(8)门洞设置

单、双排脚手架门洞宜采用上升斜杆、平行弦杆桁架结构形式。斜杆与地面的倾角 α 应在 45°~60°。门洞桁架的形式宜按下列要求确定：

当步距(h)小于纵距(l_a)时，应采用 A 型；

当步距(h)大于纵距(l_a)时，应采用 B 型，并应符合下列规定：

$h=1.8m$ 时，纵距不应大于 1.5m；

$h=2.0m$ 时，纵距不应大于 1.2m。

单排脚手架门洞处，应在平面桁架的每一节间设置一根斜腹杆，如图 5-24 中 ABCD；双排脚手架门洞处的空间桁架，除下弦平面外，应在其余 5 个平面内的图示节间设置一根斜腹杆，如图 5-24 中 1-1、2-2、3-3 剖面。

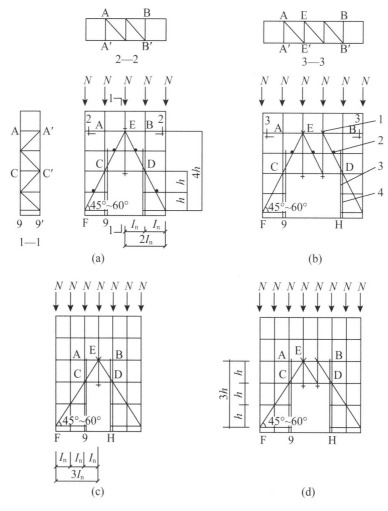

图 5-24　门洞口上升斜杆、平行弦杆桁架

(a)挑空一根立杆 A 型　(b)挑空两根立杆 A 型　(c)挑空一根立杆 B 型　(d)挑空两根立杆 B 型

1—防滑扣件　2—增设的横向水平杆　3—副立杆　4—主立杆

斜腹杆宜采用旋转扣件固定在与之相交的横向水平杆的伸出端上,旋转扣件中心线至主节点的距离不宜大于150mm。当斜腹杆在1跨内跨越2个步距时(见图5-24A型),宜在相交的纵向水平杆处,增设一根横向水平杆,将斜腹杆固定在其伸出端上。

斜腹杆宜采用通长杆件,当必须接长使用时,宜采用对接扣件连接,也可采用搭接。

单排脚手架过窗洞时应增设立杆或一根纵向水平杆,如图5-25所示。门洞桁架下的两侧立杆应为双管立杆,副立杆高度应高于门洞口1~2步。

门洞桁架中伸出上下弦杆的杆件端头,均应增设一个防滑扣件,如图5-24所示,该扣件宜紧靠主节点处的扣件。

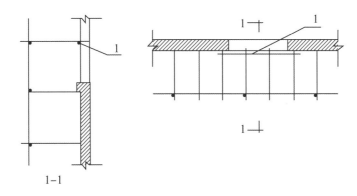

图5-25 单排脚手架过窗洞构造

(9)安全网

安全网用于各种建筑工地,特别是对于高层建筑,可实现全封闭施工。能有效地防止坠落伤害,防止电焊火花所引起的火灾,降低噪声灰尘污染,达到文明施工、保护环境、美化城市的效果。

对于高层建筑,如果是采用在外墙面满搭外脚手架施工,应当沿脚手架外立杆的外侧满挂密目式安全网,由下往上的第一步架应当满铺脚手板,每一作业层的脚手板下应沿水平方向平挂安全网,其余每隔4~6层加设一层水平安全网。如果是采用吊篮或悬挂脚手架施工,除顶面和靠墙面外,在其他各面应满挂密目安全网,在底层架设宽度至少为4m的安全网,其余每隔4~6层挑出一层安全网。如果是采用挑脚手架施工,当挑脚手架升高以后,不拆除悬挑支架加绑斜杆钩挂安全网。

在架设安全网时,安全网的伸出宽度若无要求,至少应不小于2m,而网的搭接应当牢固。在架设好脚手架安全网后,每块支好的安全网应至少能承受1.6kN的冲击荷载作用。施工过程中要经常对安全网进行检查和维护,禁止向网内抛掷杂物,以保障安全。

(二)满堂支撑架

满堂支撑架步距与立杆间距不宜超过《建筑施工扣件式钢管脚手架安全技术规范》附录C表的上限值,立杆伸出顶层水平杆中心线至支撑点的长度a不应超过0.5m。满堂支撑架搭设高度不宜超过30m。

在架体外侧周边及内部纵、横向每5~8m,应由底至顶设置连续竖向剪刀撑,剪刀撑宽度应为 5～8m,它的一般构造形式如图 5-26 所示。

调整立杆、横杆、剪刀撑间距,可以搭设成加强型满堂支架。

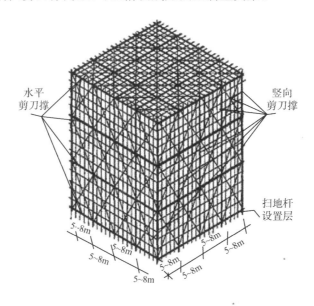

水平剪刀撑　　竖向剪刀撑

扫地杆设置层

5~8m　5~8m　5~8m　5~8m　5~8m　5~8m　5~8m

1—水平剪刀撑　2—竖向剪刀撑—3—扫地杆设置层

图 5-26　普通型满堂脚手架

三、任务实施

(一)施工准备

脚手架搭设前,按专项施工方案向施工人员进行交底。

(1)按相关规范的规定和脚手架专项施工方案要求对钢管、扣件、脚手板、可调托撑等进行检查验收,不合格产品不得使用。

(2)经检验合格的构配件应按品种、规格分类,堆放整齐、平稳,堆放场地不得有积水。

(3)应清除搭设场地杂物,平整搭设场地,并应使排水畅通。

(二)地基与基础

(1)脚手架地基与基础的施工,应根据脚手架所受荷载、搭设高度、搭设场地土质情况与现行国家标准《建筑地基基础工程施工质量验收标准》(GB 50202—2018)的有关规定进行。

(2)压实填土地基应符合现行国家标准《建筑地基基础设计规范》(GB 50007—2022)的相关规定;灰土地基应符合现行国家标准《建筑地基基础工程施工质量验收标准》(GB 50202—2018)的相关规定。

(3)立杆垫板或底座底面标高宜高于自然地坪 50～100mm。

(4)脚手架基础经验收合格后,应按施工组织设计或专项方案的要求放线定位。

(三)搭设施工

搭设步骤为:摆放纵向扫地杆→逐根树立杆,随机与纵向扫地杆扣紧→安放横向扫地杆,与立杆和纵向扫地杆扣紧→安装第一步纵向水平杆与横向水平杆,扣紧→安装第二步纵横向水平杆,扣紧→架设临时抛撑,上端与第二步纵向水平杆扣紧,在设置二道连墙杆件后方可拆除→安装第三、四步纵横向水平杆→设置连墙件→安装横向斜撑→接立杆→架设剪刀撑→铺脚手板→安装防护栏杆和挡脚板→挂安全网。

单、双排脚手架必须配合施工进度搭设,一次搭设高度不应超过相邻连墙件之上两步;如果超过相邻连墙件之上两步,无法设置连墙件时,应采取撑拉固定等措施与建筑结构拉结。

每搭完一步脚手架后,应按规范规定校正步距、纵距、横距及立杆的垂直度。

(四)拆除

(1)脚手架拆除应按专项方案施工,拆除前应做好下列准备工作:

应全面检查脚手架的扣件连接、连墙件、支撑体系等是否符合构造要求;

应根据检查结果补充完善脚手架专项方案中的拆除顺序和措施,经审批后方可实施;

拆除前应对施工人员进行交底;

应清除脚手架上杂物及地面障碍物。

(2)单、双排脚手架拆除作业必须由上而下逐层进行,严禁上下同时作业;连墙件必须随脚手架逐层拆除,严禁先将连墙件整层或数层拆除后再拆脚手架;分段拆除高差大于两步时,应增设连墙件加固。

(3)当脚手架拆至下部最后一根长立杆的高度(约 6.5m)时,应先在适当位置搭设临时抛撑加固后,再拆除连墙件。当单、双排脚手架采取分段、分立面拆除时,对不拆除的脚手架两端,应先按《建筑施工扣件式钢管脚手架安全技术规范[附条文说明]》(JGJ 130)的有关规定设置连墙件和横向斜撑加固。

(4)架体拆除作业应设专人指挥,当有多人同时操作时,应明确分工、统一行动,且应具有足够的操作面。

(5)卸料时各构配件严禁抛掷至地面。

(6)运至地面的构配件应按本规范的规定及时检查、整修与保养,并应按品种、规格分别存放。

四、拓展阅读

(一)脚手架对基础的要求

良好的脚手架底座和基础、地基,对于脚手架的安全极为重要,在搭设脚手架时,必须加设底座、垫木(板)或基础并作好对地基的处理。

1.一般要求

(1)脚手架地基应平整夯实。

(2)脚手架的钢立柱不能直接立于土地面上,应加设底座和垫板(或垫木),垫板(木)厚度不小于 50mm。

(3)遇有坑槽时,立杆应下到槽底或在槽上加设底梁(一般可用枕木或型钢梁)。

（4）脚手架地基应有可靠的排水措施，防止积水浸泡地基。

（5）脚手架旁有开挖的沟槽时，应控制外立杆距沟槽边的距离：当架高在 30m 以内时，不小于 1.5m；架高为 30～50m 时，不小于 2.0m；架高在 50m 以上时，不小于 2.5m。当不能满足上述距离时，应核算土坡承受脚手架的能力，不足时可加设挡土墙或其他可靠支护，避免槽壁坍塌危及脚手架安全。

（6）位于通道处的脚手架底部垫木（板）应低于其两侧地面，并在其上加设盖板；避免扰动。

2. 一般做法

（1）30m 以下的脚手架其内立杆大多处在基坑回填土之上。回填土必须严格分层夯实。垫木宜采用长 2.0～2.5m、宽不小于 200mm、厚 50～60mm 的木板，垂直于墙面放置（长 4.0m 左右，亦可平行于墙面放置），并应在脚手架外侧开挖排水沟排除积水。

（2）架高超过 30m 的高层脚手架的基础做法为：采用道木支垫或在地基上加铺 20cm 厚道渣后铺混凝土预制块或硅酸盐砌块，在其上沿纵向铺放 12～16 号槽钢，将脚手架立杆坐于槽钢上。

（3）若脚手架地基为回填土，应按规定分层夯实，达到密实度要求，并自地面以下 1m 深度采用三七灰土加固。

（二）单排脚手架的设置规定

单排扣件式脚手架的横向水平杆支搭在建筑物的外墙上，外墙需要具有一定的宽度和强度，因为单排架的整体刚度较差，承载能力较低，因而在下列条件下不应使用：

（1）单排脚手架不得用于以下砌体工程中：

①墙体厚度小于或等于 180mm。

②空斗砖墙、加气块墙等轻质墙体。

③砌筑砂浆强度等级小于或等于 M2.5 时的砖墙。

（2）在砌体结构墙体的以下部位不得留脚手眼：

①设计上不允许留脚手眼的部位。

②过梁上与过梁两端成 60°的三角形范围内及过梁净跨度 1/2 的高度范围内。

③宽度小于 1m 的窗间墙。

④梁或梁垫下及其两侧各 500mm 的范围内。

⑤砖砌体的门窗洞口两侧 200mm 和转角处 450mm 的范围内，其他砌体的门窗洞口两侧 300mm 和转角处 600mm 的范围内。

⑥墙体厚度小于或等于 180mm。

⑦独立或附墙砖柱，空斗砖墙、加气块墙等轻质墙体。

⑧砌筑砂浆强度等级小于或等于 M2.5 的砖墙。

（三）梁思成与林徽因的古建筑之旅

在梁思成以前，中国没有自己的建筑史，面对这样的现实，30 岁的梁思成雄心勃勃，决定要撰写一部中国人自己的建筑史，但那个时候的中国没有成体系的考古学，没有田野调查,也没有掌握专业摄影以及测绘技术的人员。这一决定,让他和妻子林徽因走上了一条辉煌却注定跌宕坎坷的道路。

他们的野外考察实际上是在与时间赛跑,除了自然和人类的损伤,战乱逼近,古建筑一旦被毁即成永恒。他们也知道,即使没有战乱,一炷香、一次雷电,或是人的一念之差,都可能让古建筑在一瞬间化成灰烬。他们要在尽可能短的时间内拾起洒落在祖国大地上的一颗颗明珠。而其中最让人激动的莫过于发现佛光寺。

图 5-27　林徽因在野外测量

19世纪初,日本学者曾断言:中国已经不存在唐代木构建筑,要看唐制木构建筑,只能到日本奈良去。日本学者的话深深刺痛了梁思成,但至少在当时,这就是事实。经历了唐武宗会昌灭佛,五代十国的后周世宗毁佛之后,唐代以前的木构建筑早已难寻踪迹。

而梁思成却坚信,在中国大地某个静谧的角落,一定会有唐代木建筑屹立不倒。1937年6月,梁思成一行人骑着骡子抵达五台山南台外人迹罕至的豆村镇,他们终于在那里,邂逅了大唐。

目前所存的佛光寺东大殿为唐大中十一年(857年)重建,是中国罕见的保存至今的唐代木构建筑,其殿宇规模较大、形制尊贵,斗拱的技巧运用纯熟,因此更能展现唐代雄奇的木结构精神。

庄子曰:"人生天地间,若白驹过隙。"从当时民族危亡关头到今日和平崛起振兴,沧桑巨变。而两位大师为了中华文化的传承与延续作出的巨大贡献,将永远为后人铭记。

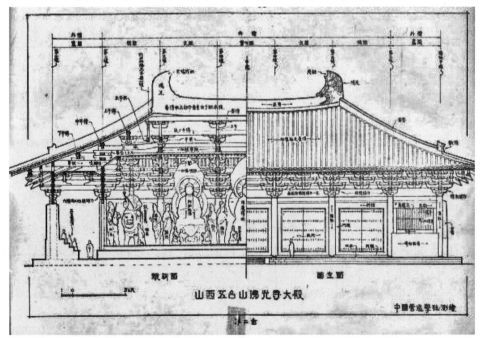

图 5-28　梁思成佛光寺手稿

任务3 脚手架施工质量安全检查验收

一、任务布置

项目经理安排实习生检查脚手架的搭设及日常使用质量,师傅要求每日注意观察,发现问题及时反馈。那么对脚手架该如何查验呢?

二、相关知识

(一)脚手架的检查与验收

(1)脚手架及其地基基础应在下列阶段进行检查与验收:

①基础完工后及脚手架搭设前;

②作业层上施加荷载前;

③每搭设完6~8m高度后;

④达到设计高度后;

⑤遇有六级及以上强风或大雨后,冻结地区解冻后;

⑥停用超过一个月。

(2)应根据下列技术文件进行脚手架检查、验收:

①《建筑施工扣件式钢管脚手架安全技术规范［附条文说明］》(JGJ 130)规定;

②专项施工方案及变更文件;

③技术交底文件;

④构配件质量检查表。

(3)脚手架使用中,应定期检查下列要求内容:

①杆件的设置和连接,连墙件、支撑、门洞桁架等的构造应符合本规范和专项施工方案的要求;

②地基应无积水,底座应无松动,立杆应无悬空;

③扣件螺栓应无松动;

④高度在24m以上的双排、满堂脚手架,其立杆的沉降与垂直度的偏差应符合本规范规定;高度在20m以上的满堂支撑架,其立杆的沉降与垂直度的偏差应符合规定的限值要求。

⑤安全防护措施应符合本规范要求。

⑥应无超载使用。

(4)安装后的扣件螺栓拧紧扭力矩应采用扭力扳手检查,抽样方法应按随机分布原则进行。抽样检查数目与质量判定标准,应按《建筑施工扣件式钢管脚手架安全技术规范

［附条文说明］》(JGJ 130)规定确定。不合格的应重新拧紧至合格。

(二)脚手架的安全管理

(1)扣件式钢管脚手架安装与拆除人员必须是经考核合格的专业架子工。架子工应持证上岗。搭拆脚手架人员必须戴安全帽、系安全带、穿防滑鞋。

(2)钢管上严禁打孔。

(3)作业层上的施工荷载应符合设计要求,不得超载,不得将模板支架、缆风绳、泵送混凝土和砂浆的输送管等固定在架体上;严禁悬挂起重设备,严禁拆除或移动架体上的安全防护设施。

(4)当有六级及以上强风、浓雾、雨或雪天气时应停止脚手架搭设与拆除作业。雨、雪后上架作业应有防滑措施,并应扫除积雪。

(5)脚手板应铺设牢靠、严实,并应用安全网双层兜底。施工层以下每隔10m应用安全网封闭。

(6)在脚手架使用期间,严禁拆除的杆件:主节点处的纵、横向水平杆,纵、横向扫地杆,连墙件。

(7)当在脚手架使用过程中开挖脚手架基础下的设备基础或管沟时,必须对脚手架采取加固措施。

(8)在脚手架上进行电、气焊作业时,应有防火措施和专人看守。

(9)工地临时用电线路的架设及脚手架接地、避雷措施等。

(10)搭拆脚手架时,地面应设围栏和警戒标志,并应派专人看守,严禁非操作人员入内。

三、任务实施

脚手架搭设过程中,随时注意搭设质量,整体搭设完毕,架设班组长首先按施工要求进行全面自检,合格后经过现场施工技术人员检查验收,检查验收人员对验收结论签字认可。

四、拓展阅读

(一)脚手架安全管理工作的基本内容

(1)制定对脚手架工程进行规范管理的文件(规范、标准、工法、规定等)。

(2)编制施工组织设计、技术措施以及其他指导施工的文件。

(3)建立有效的安全管理机制和办法。

(4)对脚手架搭、拆操作人员(上岗资格、安全装备、必要培训)进行管理。

(5)对脚手架各类构配件质量进行控制。

(6)对脚手架搭、拆和使用过程中对周边环境影响因素的控制。

(7)对影响脚手架使用安全因素的控制。

(8)搭设过程中的安全监管。

（9）检查验收的实施措施。

（10）及时处理和解决施工中所发生的问题。

（11）施工总结。

（二）防止发生脚手架安全事故的措施

脚手架设计必须确保脚手架的构架和防护设施达到承载可靠和使用安全的要求。在编制施工组织设计、技术措施和施工应用中，必须对以下方面做出明确的安排和规定：

（1）对脚手架杆配件的质量和允许缺陷的规定。

（2）脚手架的构架方案、尺寸以及对控制误差的要求。

（3）连墙点的设置方式、布点间距，对支承物的加固要求（需要时）以及某些部位不能设置时的弥补措施。

（4）在工程体型和施工要求变化部位的构架措施。

（5）作业层铺板和防护的设置要求。

（6）对脚手架中荷载大、跨度大、高空间部位的加固措施。

（7）对搭设人员安全的保障措施。

（8）对实际使用荷载（包括架上人员、材料机具以及多层同时作业）的限制。

（9）对施工过程中需要临时拆除杆部件和拉结件的限制，以及在恢复前的安全弥补措施。

（10）安全网及其他防（围）护措施的设置要求。

（11）脚手架地基或其他支承物的技术要求和处理措施。

（12）与其他施工设备、设施交接处的加固和封闭措施。

（13）避免受其他施工设备，尤其是大型施工机械影响的措施。

（14）临街搭设脚手架时，外侧应有防止坠物伤人的防护措施。

（15）在脚手架上进行电、气焊作业时，必须有防火措施。

（16）脚手架接地、避雷措施。

（三）科隆坡的莲花电视塔

自中国 2013 年提出"一带一路"倡议以来，"一带一路"从理念变为实践，从蓝图变为现实。

当前，"一带一路"已成为世界上范围最广、规模最大的国际合作平台，截至 2021 年已有 141 个国家和包括 19 个联合国机构在内的 30 多个国际组织签署了"一带一路"合作文件，不少项目已成为当地标志性工程，比如斯里兰卡科隆坡的莲花电视塔，如图 5-27 所示。它是中斯两国在"一带一路"建设中的重要合作项目，由中国进出口银行提供大部分贷款，中国电子进出口有限公司负责承建。

莲花电视塔塔高 350 米，是迄今南亚最高的电视塔（见图 5-29）。投入使用后，莲花塔不仅是一座发射信号、提供通信服务的电视塔，还具备餐饮、住宿、购物、观光等功能。

莲花宝塔的造型在世界高塔领域独树一帜，也是中国走出国门，用中国标准在海外建设的第一座混凝土电视塔。

　　在佛国斯里兰卡行走,凡遇寺庙,必有莲花。人们手捧莲花,虔诚祈祷的场景,为建筑师带来了设计灵感。斯里兰卡科隆坡莲花电视塔设计过程充分吸纳斯里兰卡的民族文化及宗教信仰,以斯里兰卡的国花——莲花作为整体设计立意的出发点。它的造型,寄托了当地民众对于净土的追求和向往,象征对和平与发展的美好愿景,完美结合了斯里兰卡宗教传统与当地民众的情感期待。被当地媒体盛赞为斯里兰卡新名片的莲花电视塔,刷新了国际社会对于"中国设计"的认知和评价。

图 5-29　科隆坡莲花电视塔

◇◇ **实训任务**

　　1.查阅相关资料,编写《装备库及辅助用房》落地式钢管扣件脚手架搭设技术交底资料。要求介绍工程概况、明确脚手架的布置方案及搭设要求,同时要求交代清楚脚手架的适用性质、使用要求以及搭设环境、架料准备、工期要求等情况。

　　2.以小组为单位检查实训中心工法楼脚手架搭设质量,并填写完成"平行检验监理记录(通用)单"。

　　3.以小组为单位,完成一次脚手架搭设及拆除任务。

◇◇ **练习与思考**

一、单选题

1.扣件式钢管脚手架螺栓拧紧扭力矩不应小于(　　)。

A.40N・m　　　　　　B.45N・m　　　　　　C.500N・m　　　　　　D.65N・m

2.立杆采用套管插销连接,水平杆采用插销方式快速连接(简称速接),并安装斜杆,形成结构几何不变体系的钢管支架,称之为(　　)脚手架。

A.扣件式钢管　　　　B.碗扣式　　　　　　C.盘扣式　　　　　　D.门式

3.多应用于高层建筑外墙装修、装饰、维护、检修、清洗、粉饰等工程施工的脚手架设备是（　　）。

A.爬架 　　　　　　　　　　　B.悬挑式脚手架

C.吊篮 　　　　　　　　　　　D.附着式升降脚手架

4.与地面成 45°～60°夹角,将脚手架等连成整体,增加脚手架整体稳定性的扣件式钢管脚手架构造是（　　）。

A.斜撑 　　　　B.抛撑 　　　　C.剪刀撑 　　　　D.连墙件

5.脚手架旁有开挖的沟槽时,应控制外立杆距沟槽边的距离。当架高在 50m 以上时,不小于（　　）m。

A.1.5 　　　　B.2.0 　　　　C.2.5 　　　　D.3.0

二、多选题

1.扣件式钢管脚手架扣件类型有（　　）。

A.直角扣件 　　　B.旋转扣件 　　　C.对接扣件

D.碗扣式扣件 　　E.轮扣式扣件

2.在脚手架使用期间,严禁拆除（　　）杆件。

A.主节点处的纵、横向水平杆 　　　B.纵、横向扫地杆 　　　C.连墙件

D.剪刀撑 　　　　E.大横杆

三、简答题

1.脚手架有什么基本要求?

2.脚手架及其地基基础应在哪些阶段进行检查与验收?

3.简述脚手架拆除过程及注意事项。

平行检验监理记录

工程名称							编号		
							高	℃	
年 月 日		星期		气温最高/℃		气温最低/℃		天气：	
平行检验监理的部位或工序									
平行检验监理开始时间		日 时 分			平行检验监理结束时间		日 时 分		

检验情况

检验结果

检验发现问题

处理意见

备 注

平行检验监理人员：

本表一式一份,项目监理机构留存。 年 月 日

模块六 砌体工程施工

砌体工程有着悠久的历史应用,虽然建筑材料和结构形式在变化,施工方法在不断进步,但仍被广泛应用。

砌体的抗压强度较高而抗拉强度很低,因此,砌体结构构件主要承受轴心或小偏心压力,而很少受拉或受弯,一般民用和工业建筑的墙、柱和基础都可采用砌体结构。在采用钢筋混凝土框架和其他结构的建筑中,常用砖墙作围护结构、框架结构的填充墙等次要结构。

学习目标

1. 熟悉砌块、砂浆的种类,能根据施工图纸要求选择材料,并做好施工准备;

2. 掌握构造柱和圈梁的设置要求,能在老师指导下编写砖砌体的施工方案,并能对填充墙工程进行技术交底;

3. 掌握砌体的施工工艺、砌筑方法、组砌形式等,能根据《砌体结构工程施工质量验收规范》(GB 50203—2021)完成砌体结构的施工验收;

4. 培养以规范为准则的工程师思维,树立严格谨慎的工作态度。

任务1 施工准备

一、任务布置

装备库和辅助用房基础及混凝土主体结构已根据结构图纸施工完毕,试根据结构、建筑施工图纸,结合相关规范说明,做好墙体施工准备。

二、相关知识

(一)砌体材料

砌体材料主要由块体和砂浆组成。其中,块体为主要承力构件,分为砖、石及砌块等几种;砂浆为主要胶接材料,包括水泥砂浆、混合砂浆和石灰砂浆等。

1.砖

砌筑工程中所用的砖主要有烧结普通砖、烧结多孔砖、烧结空心砖、蒸压灰砂空心砖等,相关技术参数详见表6-1。

表 6-1　常用砖技术参数

名称	主规格	强度等级
烧结普通砖	240mm×115mm×53mm	MU30、MU25、MU20、MU15、MU10
烧结多孔砖	P 型:240mm×115mm×90mm M 型:190mm×190mm×90mm	MU30、MU25、MU20、MU15、MU10
烧结空心砖	KM1 型:190mm×190mm×90mm KP1 型:240mm×115mm×90mm KP2 型:390mm×190mm×190mm	MU2.0、MU3.0、MU5.0
蒸压灰砂空心砖	NF 型:240mm×115mm×53mm 1.5NF 型:240mm×115mm×90mm 2NF 型:240mm×115mm×115mm 3NF 型:240mm×115mm×175mm	MU25、MU20、MU15、MU10、MU7.5

《砌体结构工程施工质量验收规范》(GB 50203—2021)规定:"砌体砌筑时,混凝土多孔砖、混凝土实心砖、蒸压灰砂砖、蒸压粉煤灰砖等块体的产品龄期不应小于28d。"

其中,烧结普通砖(即红砖)因环保原因在我国大部分地区已经明令禁止使用。

2.砌块

近年来,我国进行了墙体材料改革,利用工业废渣或天然材料制作成各种中小型砌块,替代黏土砖,用于建筑结构的墙体。砌块建筑具有适应性强,劳动生产率高,成本低,并可利用工业废料、城市废料等优点,适用于框架结构的填充墙。

砌块种类、规格较多,按砌块使用的材料不同,分为普通混凝土小型空心砌块、轻骨料混凝土小型空心砌块、粉煤灰硅酸盐砌块、页岩陶粒混凝土空心砌块、加气混凝土砌块等。中型砌块是指块高在380～940mm,质量在0.5t以内,能用小型轻便的吊装工具运输的砌块。而块高在190～380mm 的称为小型砌块。在工程中,小型砌块用得比较多。

轻骨料混凝土小型空心砌块以水泥、轻骨料、砂等预制而成。按其孔的排数有单排孔、双排孔、三排孔和四排孔四类。

加气混凝土砌块是以水泥、矿渣、砂、石灰等为原料,加入发气剂,通过搅拌成型、蒸压养护而成。

粉煤灰硅酸盐砌块以粉煤灰、石灰、石膏和轻骨料为原料,通过加水搅拌振动成形、蒸汽养护而成的密实砌块。

常用砌块相关技术参数详见表 6-2。

表 6-2　常用砌块技术参数

名称	主规格	强度等级
普通混凝土小型空心砌块	390mm×190mm×190mm	MU20、MU15、MU10、MU7.5、MU5.0
轻骨料混凝土小型空心砌块	390mm×190mm×190mm	MU10、MU7.5、MU5.0
加气混凝土砌块	A 系列:长度:600mm 宽度:75～275mm(以 25 递增) 高度:200mm、250mm、300mm B 系列:长度:600mm 宽度:60～24 mm(以 60 递增) 高度:240mm、300mm	MU7.5、MU5.0、MU3.5、MU2.5、MU1.0

施工采用的小砌块的产品龄期不应小于 28d。砌筑小砌块时,应清除表面污物,剔除外观质量不合格的小砌块。承重墙体使用的小砌块应完整、无缺损、无裂缝。砌筑小砌块砌体,宜选用专用小砌块砌筑砂浆。

砌筑普通混凝土小型空心砌块砌体时,不需要对小砌块浇水湿润,如遇天气干燥炎热,宜在砌筑前对其喷水湿润;对轻集料混凝土小砌块,应提前浇水湿润,块体的相对含水率宜为 40%～50%。雨天及小砌块表面有浮水时,不得施工。

3.砂浆

在砌筑工程施工过程中,砂浆主要是填充砖之间的空隙,并将其黏结成一整体,使上层块材的荷载能均匀地向下传递。

砂浆根据组成材料不同,可分为水泥砂浆、石灰砂浆、混合砂浆及其他加入外加剂的砂浆。水泥砂浆和混合砂浆宜用于砌筑潮湿环境以及强度要求较高的砌体,在湿土中砌筑一般采用水泥砂浆,水泥是水硬性胶凝材料,能在潮湿的环境中结硬,增长强度。石灰砂浆宜砌筑干燥环境砌体和干土中的基础以及强度要求不高的砌体,石灰是气硬性胶凝材料,在干燥的环境中能吸收空气中的二氧化碳结硬;反之,在潮湿的环境中,石灰膏不但难以结硬,还会出现溶解流散的现象。

砂浆强度等级主要分为 M20、M15、M10、M7.5、M5、M2.5 六个等级。在一般情况下,基础砌筑采用 M5 水泥砂浆;基础以上的墙采用 M2.5 或 M5 混合砂浆;砖拱、砖柱及钢筋砖过梁等采用 M5、M10 水泥砂浆;楼层较低或临时性建筑一般采用石灰砂浆。但具体要求由设计决定。

(二)原材料使用要求

砌体结构工程所用的材料应有产品的合格证书、产品性能形式检测报告,质量应符合国家现行有关标准的要求。块体、水泥、钢筋、外加剂应有材料主要性能的进场复验告,并应符合设计要求。严禁使用国家明令淘汰的材料。

1.水泥进场要求

砌体结构中所使用水泥与混凝土结构中相同,其质量也必须符合现行国家标准的有关规定。

2.砂浆拌制要求

砌筑砂浆应采用砂浆搅拌机进行拌制。砂浆搅拌机可选用活门卸料式、倾翻卸料式或立式,一般出料容量常为200L或350L砂浆。搅拌时间自投料完算起应符合下列规定:

(1)水泥砂浆和水泥混合砂浆不得少于120s;

(2)水泥粉煤灰砂浆和掺用外加剂的砂浆不得少于180s;

(3)掺增塑剂的砂浆,搅拌方式、搅拌时间应符合现行行业标准的有关规定;

(4)干混砂浆及加气混凝土砌块专用砂浆宜按掺用外加剂的砂浆确定搅拌时间或按产品说明书采用。

3.砂浆使用要求

砂浆拌成后和使用时,均应盛入贮灰器中。如砂浆出现泌水现象,应在砌筑前再次拌和。

砂浆应随拌随用,水泥砂浆与混合砂浆必须分别在拌成后的3h和4h内使用完毕,当施工期间最高气温超过30℃时,必须分别在拌成后2h和3h内使用完毕。预拌砂浆及蒸压加气混凝土砌块专用砌筑砂浆的使用时间,应按照厂方提供的说明书使用。

(三)施工器具准备

砌筑前,必须按施工组织设计要求组织垂直和水平运输机械、砂浆搅拌机进场、安装、调试等工作。同时,还应准备脚手架、砌筑工具、砌筑测量工具等。

砌筑手工主要工具(见图6-1至图6-6所示):瓦刀、大铲、托灰板(在勾缝时,用它承托砂浆)、砖夹、斗车(容量约0.12m³,用于运输砂浆和其他散装材料)、砖笼(采用塔吊施工时,用来吊运砖块的工具)。

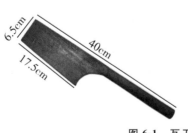 

图 6-1 瓦刀

图 6-2　大铲

图 6-3　托灰板　　　　　　　　图 6-4　砖夹

图 6-5　斗车　　　　　　　　图 6-6　砖笼

砌筑用测量工具(见图 6-7 至图 6-15):钢卷尺、靠尺、托线板和线锤、水平尺、百格网、塞尺、准线、皮数杆、龙门板及方尺等。

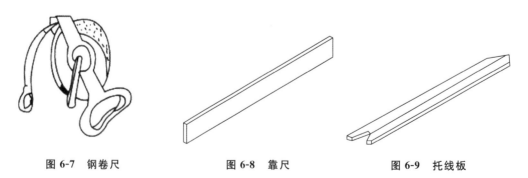

图 6-7　钢卷尺　　　　　　图 6-8　靠尺　　　　　　图 6-9　托线板

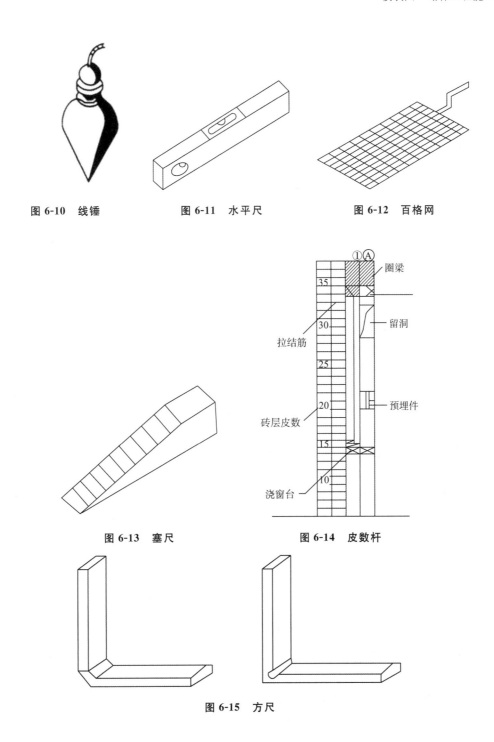

图 6-10　线锤　　　　图 6-11　水平尺　　　　图 6-12　百格网

图 6-13　塞尺　　　　图 6-14　皮数杆

图 6-15　方尺

(四)砂浆强度检验要求

砂浆应进行强度检验。强度检验的数量为:每一检验批且不超过 250m³ 砌体的各类、各强度等级的普通建筑砂浆,每台搅拌机应至少抽检一次。验收批的预拌砂浆、蒸压加气混凝土砌块专用砂浆,抽检可为 3 组。

砌筑砂浆的验收批,同类型、强度等级的砂浆试块应不少于 3 组;对于建筑结构的安全等级为一级或设计用年限为 50 年及以上的房屋,同一验收批砂浆试块的数量不得少于 3 组。

砌筑砂浆试块强度验收时,其强度合格标准必须符合下列规定:

(1)同一验收批砂浆试块抗压强度平均值必须大于或等于设计强度等级所对应的立方体抗压强度;

(2)同一验收批砂浆试块抗压强度的最小一组平均值必须大于或等于设计强度等级所对应的立方体抗压强度的 0.75 倍。

(五)技术准备

(1)熟悉、了解并审查图纸设计以及会审记录、工程变更等内容。掌握砌筑工程的长度、宽度、高度等几何尺寸,以及墙体的轴线、标高、构造形式等内容情况。

对建筑及结构图纸进行审查,如有问题应及时通过现场监理、甲方与设计方联系,并得到确认。

根据图纸设计、规范、标准图集以及工程情况等内容,及时对班组进行砌体工程施工质量、安全技术交底。

(2)项目主任工程师组织编制、报审施工方案。根据施工合同、施工图纸、设计交底、图纸会审记录以及施工组织设计、施工方案对现场施工管理人员进行技术交底,交底内容特别应强调墙体的组砌方式、拉结筋、墙顶斜砌等,以及临边作业、电梯井边的安全作业。委托实验室进行砂浆配合比设计。

(3)在结构上弹好+1000mm 标高水平线,并弹上门洞、窗台高度的控制线,墙、门洞位置线,在结构墙柱上弹好砌体的立边线。根据弹好的门窗洞口位置线,认真核对窗间墙长度尺寸是否符合排砖模数,并要注意外墙窗边线的上下一条线。

委托实验室进行砂浆配合比设计。

三、任务实施

在砌体结构施工前,需要做好以下准备:

(一)材料要求

(1)各种材料按材料需用计划及施工进度组织进场。进场的各种材料必须具有出厂合格证及检验报告,材料进场后会同监理按照规范要求现场取样,送试验室复检,复检合格后方可用于工程。

(2)主要材料需用计划如表 6-3 所示。

表 6-3 主要材料需用计划

材料名称	品种规格/mm	数量
蒸压加气混凝土砌块	$600 \times 250 \times 200$ 或 $600 \times 250 \times 100$	若干
灰砂砖	$240 \times 115 \times 53$	若干
水泥	32.5普通硅酸盐水泥	若干
预拌砂浆	M5水泥砂浆	若干
混凝土	C15	若干
钢筋	$\phi 14$、$\phi 12$、$\phi 6$	若干

(二)人员及机具准备

(1)计算本工程砌筑工程量总面积,并以此安排若干施工班组进行砌筑施工。砌筑施工人员如表 6-4 所示。

表 6-4 砌筑施工人员

人数 工种	瓦工	木工	钢筋工	混凝土工	普工	架子工	搅拌手	合计
施工一队								
施工二队								
……								
辅助1班组								
辅助2班组								

(2)项目部配备技术员、专职质检员和专职安全员若干进行协同管理,保证施工的质量、进度及安全。

(3)计量人员应熟知计量器具的检校周期、计量精度和使用方法,确保准确计量。搅拌机操作人员必须持证上岗,熟知操作规程和搅拌制度,能熟练操作。砌筑人员应熟知砌筑的有关要求,能熟练操作。

(三)主要机具

1.机械设备

砂浆搅拌机1台、筛砂机1台;施工电梯、井架若干,主要用于运输砌块、砂浆等建筑材料和施工人员。

2.主要工具

(1)测量、放线、检验:皮数杆、水准仪、经纬仪、2m靠尺、楔形塞尺、托线板、线坠、百格网、钢卷尺、水平尺、小线、砂浆试模、磅秤等;

(2)施工操作:加气混凝土砌块专用工具有铺灰铲、锯、钻、镂、平直架等。

另外,应配备手推车、冲击钻、吹风机若干,用于植筋打孔;瓦刀、木槌、灰桶若干。

(四)施工交底

施工员对班组进行施工质量和安全技术交底。

四、拓展阅读

（一）砌筑用脚手架相关规定

砌筑用脚手架是为砌筑现场安全防护、工人操作、材料堆置而搭设的支架。工人在砌筑时，适宜的砌筑高度为0.6m，这时劳动生产率最高。砌筑到一定高度时，若不搭设脚手架，砌筑工作就无法进行。考虑工作效率及施工组织等因素，每次搭设脚手架高度确定为1.2m左右，称"一步架"高度，又称砖墙的可砌高度。

脚手架搭设必须保证安全符合高空作业的要求。对脚手架的绑扎、护身栏杆、挡脚板、安全网等应按有关规定执行。具体种类和搭设方法可见脚手架一章相关内容。

（二）砌体结构在建筑史中的地位

在混凝土被大量应用前，各种砌体是人类建筑的主要构成材料，因此各种砌体结构建筑在建筑史中有着不可替代的地位。同时，砌体结构有极好的耐久性，因而大量具有文化历史意义的建筑得以保存，让我们一睹人类文明的瑰丽。如在我国有万里长城、西安大雁塔、赵州桥、哈尔滨索菲亚大教堂等著名建筑。

赵州桥由隋朝匠师李春建造，距今有1400多年的历史，是世界上现存年代最久远、跨度最大、保存最完整的单孔坦弧敞肩石拱桥，建造工艺独特，具有较高的科学研究价值，如图6-16所示。

它把以往桥梁建筑中采用的实肩拱改为敞肩拱，即在大拱两端各设两个小拱，靠近大拱脚的小拱净跨为3.8m，另一拱的净跨为2.8m。这种大拱加小拱的敞肩拱具有优异的技术性能。符合结构力学原理，不仅增加排水面积16％，而且节省石料。

同时，桥面雕琢刀法苍劲有力，艺术风格新颖豪放，显示了隋代浑厚、严整、俊逸的石雕风貌，桥体饰纹雕刻精细，具有较高的艺术价值。

图6-16　赵州桥

任务 2 砖砌体施工

一、任务布置

装备库及辅助用房结构在±0.000 标高以下部分外墙及隔墙需用砖砌体施工,墙厚均为 240mm。人材机等材料准备完成,请组织人员及时进行施工。

二、相关知识

(一)砖的组砌形式

砖砌体的组砌形式主要由墙体厚度决定。目前我国墙体厚度主要有:120mm 砖墙(半砖墙)、180mm 砖墙(3/4 砖墙)、240mm 砖墙(一砖墙)、370mm 砖墙(一砖半墙)、490mm 砖墙(两砖墙)等。墙体厚度也决定着砖的组砌形式,普通砖砌体的组砌形式如图6-17 所示。

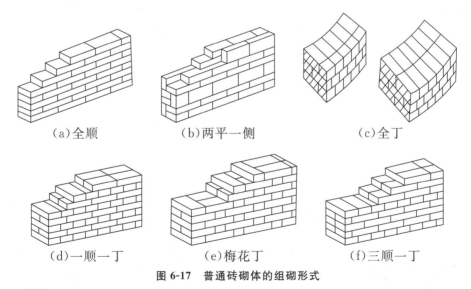

(a)全顺   (b)两平一侧   (c)全丁

(d)一顺一丁   (e)梅花丁   (f)三顺一丁

图 6-17 普通砖砌体的组砌形式

1. 全顺

全顺砌筑是指每皮砖全部用顺砖砌筑,两皮间竖缝搭接 1/2 砖长。这种组砌方法仅用于 120mm 砖墙(半砖墙),作为非承重的隔墙。

2. 两平一侧

两平一侧砌筑是在两皮砌筑的顺砖旁砌一块侧砖,将平砌砖和侧砌砖里外互换,即可组成两平一侧的砌体。这种组砌方法比较费工,但省料,墙体的抗震性能较差。这种砌筑方法仅用于 180mm 砖墙(3/4 砖墙),作为分隔房间的间壁内墙或加保温层的外墙。

3. 全丁

全丁砌筑是全部用丁砖砌筑,上、下皮竖缝相互错开 1/4 砖长。这种砌筑方法仅用于圆形砌体(圆形的建筑物构筑物),适合砌一砖厚(240mm)的墙,如水池、烟囱、水塔等墙身。

4. 一顺一丁(满丁满条)

一顺一丁砌筑是一皮顺砖与一皮丁砖间隔砌成,上、下皮竖缝都错开 1/4 砖长。这种组砌方法各皮间上、下错缝,内外搭砌,搭接牢靠,砖砌体整体性好;易于操作,容易控制墙面横平竖直。由于上、下皮都要错开 1/4 砖长,在墙的转角、丁字接头、门窗洞口等处都要换砖,竖缝不易对齐,易出现游丁走缝等问题。这种砌筑方法主要适用于 370mm 砖墙(一砖半墙)、490mm 砖墙(两砖墙)。

5. 梅花丁(俗称沙包丁、十字式)

梅花丁砌筑是在同一皮砖层内一块顺砖一块丁砖间隔砌筑(转角处不受此限),上、下两皮间竖缝错开 1/4 砖长,丁砖在四块顺砖中间形成梅花形,主要适合砌 240mm 砖墙(一砖墙)。这种组砌方法内、外竖缝每皮都能错开,故受压时整体性能好,竖缝都相互开 1/4 砖长,外形整齐美观,对清水墙尤为重要。特别是当砖的规格出现差异时,竖缝易控制。但在施工中由于丁、顺砖交替砌筑,操作时容易搞混,故砌筑费工,效率低。

6. 三顺一丁

三顺一丁砌筑是由三皮顺砖与一皮丁砖相互交替组砌而成,上、下皮顺砖搭接长度为 1/2 砖长,顺砖与丁砖的搭接长度为 1/4 砖长。同时,要求檐墙与山墙的丁砖层不要同一皮,以利于搭接。一般情况下,在砌第一皮砖时为丁砖,主要用于 240mm 砖墙(一砖墙)、承重的内横墙。这种组砌方法省工,同时在墙内的转角、丁字与十字接头、门窗洞口砍砖较少,可提高工作效率。但对工人技术要求高,由于在墙面上露出条面较多,丁面少,顺砖层不易砌平,而且容易向外挤出,所以影响了反面墙面(是指操作人员的外侧面)的平整度。

(二)基础施工要点

砖基础一般砌筑成阶梯形,称为大放脚。大放脚有等高式和间隔式两种,如图 6-18 所示。等高式砖基础是每二皮一收,每边各收 1/4 砖长,每阶都是 120mm 高,即基础的高度与基础挑出的宽度之比为 1.5~2.0。间隔式高砖基础的第一阶是二皮一收,第二阶是一皮一收,即第一阶是 120mm 高,第二阶是 60mm 高,这样间隔进行,每边也是各收 1/4 砖长,基础高度与基础挑出的宽度之比等于 1.5。如图 6-18 所示。

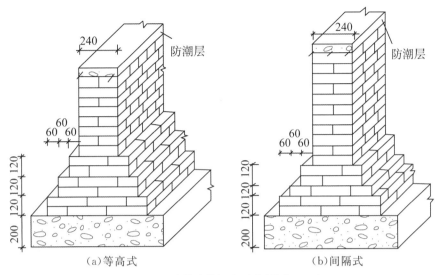

图 6-18　砖基础的组砌形式(单位:mm)

(三)施工工艺流程

砖砌体工程施工的工艺流程为:抄平、放线→摆砖样搁底(试摆)→立皮数杆→盘角(把大角)→挂线砌筑→楼层的标高控制及各楼层轴线引测→(勾缝)、清理。

1.抄平、放线

砌筑前应在墙基础上对建筑物标高进行抄平,以保证各层标高正确。再根据龙门板(或龙门桩)上的轴线弹出墙身线及门窗洞口的位置线,以放出墙的轴线,并根据墙的轴线放出砌墙的轮廓线,以作为砌筑时的依据。

2.摆砖样搁底(试摆)

按照基底尺寸线和确定的组砌方式,先不用砂浆,按门、窗洞口分段,在此长度范围内把砖整个摆一层。摆砖时应使每层砖的排列和垂直向灰缝宽度均匀;通过调整垂直向灰缝宽度的方法,避免砍砖以提高组砌效率。摆砖后,用砂浆把干摆的砖组砌起来,称为搁底。

3.立皮数杆

皮数杆是指在其上画有每皮砖厚度、门窗洞口、过梁楼板、楼层高度等位置的木质标杆,主要用来控制墙体各部构件的标高,并保证水平灰缝均匀、平整。

皮数杆常用截面为 50mm×70mm 的木方做成,一般立在墙的转角处、内纵横墙交接处、楼梯间及洞口多的地方,并每隔 10~15m 立一根,防止拉线过长产生挠度。立皮数杆时,要用水准仪定出室内地坪标高±0.000 的位置,使每层皮数杆上的±0.000 与房屋室内地坪的±0.000 位置相吻合。

4.盘角(把大角)

墙角是控制两面墙平直度的关键部位,从开始砌筑时就必须认真对待,需要由有一定经验的工人进行砌筑。其做法是在摆砖后先盘砌 5 皮大角,并要求找平、吊直、对齐皮数杆灰缝。砌大角要用平直、方整的块砖,有需要时用七分头搭接错缝进行砌筑,使墙角处

173

竖缝错开。为了使大角砌得垂直,开始砌筑的几皮砖一定要用线锤与托线板校直,以此作为以后砌筑时的依据。标高与皮数控制要与皮数杆标注相符。

5. 挂线砌筑

在砖砌体的砌筑中,为了保证墙面的水平灰缝平直,必须挂线砌筑。盘角处的5皮砖完成后(每次砌筑高度不超过5皮砖),就要进行挂线,以便砌筑砌体的中间部分墙体。在皮数杆之间拉线时,对于240mm(一砖墙)墙体,应单面挂线;对于370mm(一砖半墙)及以上砖墙,应双面挂线,挂线时两端必须将线拉紧。线挂好后,在墙角处用别棍(小木棍)别住,防止线陷入灰缝中。在砌筑过程中,需要经常检查有无砖顶线或线中部存在塌腰地方。为防止顶线和塌腰,需在中间设腰线砖。

6. 楼层的标高控制及各楼层轴线引测

各层墙体的轴线应重合,轴线位移必须在允许范围内。为满足这一要求,在底层施工时,根据龙门板上标注的轴线将墙体轴线引测到房屋的外墙基面上。为防止轴线桩丢失给工作带来不便,所以要做引桩。二层以上的轴线用测量仪器由引桩向上引。

各楼层的标高除用皮数杆控制外,还可以用在室内弹出水平线的方法控制。在底层砌到一定高度后,在各墙的墙角引测出标高的控制点,相邻两墙角的控制点间用墨线弹出水平线,控制点高度一般为300mm或500mm(称为30线或50线)。弹线要避开水平灰缝,用来控制底层过梁圈梁及楼板的标高。

第二层墙体砌到一定高度后,先从底层水平线用钢尺往上量取第二层水平线的第一个标高点,以该标志为准,用水准仪定出各墙面的标高点,将各标高点弹线连接,即第二层的水平线,以此控制第二层的各标高。

7. 勾缝、清理

勾缝是清水墙施工的最后一道工序,勾缝要求深浅一致、颜色均匀、黏结牢固、压实抹光、清晰美观。勾缝根据所用材料不同可分为原浆勾缝和加浆勾缝两种。原浆勾缝直接用砌筑砂浆勾缝;加浆勾缝用1∶1～1∶1.5的水泥砂浆勾缝,砂采用细砂,水泥采用32.5级的普通水泥,稠度为40～50mm,因砂浆用量不多,故一般采用人工拌制。

勾缝形式有平缝、斜缝、凹缝和凸缝等,如图6-19所示。清水墙常用的是凹缝和平缝,深度一般凹进墙面4～5mm,勾缝的顺序是从上而下,先勾横缝,后勾竖缝,在勾缝前一天将墙面浇水浸透,以利于砂浆的黏结。一段墙勾完以后要用笤帚把墙面清扫干净。

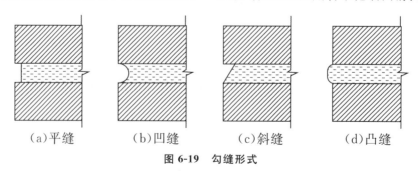

(a)平缝　　　　(b)凹缝　　　　(c)斜缝　　　　(d)凸缝

图 6-19　勾缝形式

(四)施工技术要点

1.砌筑方法

砖砌体的砌筑方法有"三一"砌砖法、挤浆法、刮浆法和满口灰法。其中,"三一"砌砖法和挤浆法最为常用。

"三一"砌砖法是指一块砖、一铲灰、一揉压并随手将挤出的砂浆刮去的砌筑方法。实心砖砌体宜采用"三一"砌砖法。其优点是灰缝容易饱满,黏结性好,墙面整洁。

挤浆法是指用灰勺、大铲或铺灰器在墙顶上铺一段砂浆,然后双手拿砖或单手拿砖,用砖挤入砂浆中一定厚度之后把砖放平,达到下齐边、上齐线、横平竖直的要求。其优点是可以连续挤砌几块砖,减少烦琐的动作;平推平挤可使灰缝饱满、效率高,保证砌筑质量。

砖砌体的水平灰缝厚度和竖向灰缝厚度一般为 10mm,但不小于 8mm,也不大于 12mm,水平灰缝的砂浆饱满度不应低于 80%。

2.留槎方式

砖砌体的转角处和交接处应同时砌筑,严禁无可靠措施的内外墙分砌施工。在抗震设防烈度为 8 度及 8 度以上地区,对不能同时砌筑而又必须留置的临时间断处应砌成斜槎,斜槎水平投影长度不小于高度的 2/3,如图 6-20 所示。砖砌体接槎时,必须将接槎处的表面清理干净,浇水湿润并应填筑砂浆,保持灰缝平直。

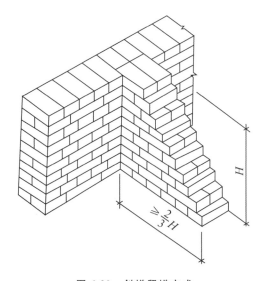

图 6-20　斜槎留槎方式

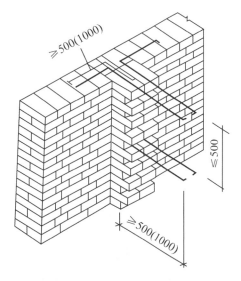

图 6-21　直槎留槎方式(单位:mm)

非抗震设防及抗震设防烈度为 6 度、7 度地区的临时间断处,当不能留斜槎时,除转角处外均可留直槎,但直槎必须做成凸槎且应加设拉结钢筋,拉结钢筋应符合下列规定,如图 6-21 所示。

(1)每 120mm 墙厚放置 1φ6 拉结钢筋(120mm 厚墙应放置 2φ6 拉结钢筋);

(2)间距沿墙高不应超过 500mm,且竖向间距偏差不应超过 100mm;

（3）埋入长度从留槎处算起每边均不应小于500mm,对抗震设防烈度6度、7度的地区,不应小于1m;

（4）末端应有90°弯钩。

（五）构造柱施工

为提高砌体结构的抗震性能,规范要求应在房屋的砌体内适宜部位设置钢筋混凝土柱并与圈梁连接,共同加强建筑物的稳定性。这种钢筋混凝土柱通常被称为构造柱。

1.构造要求

钢筋混凝土构造柱的截面尺寸不宜小于240mm×240mm,其厚度不应小于墙厚,边柱、角柱的截面宽度宜适当加大。

构造柱内竖向受力钢筋,对于中柱不宜少于$4\phi12$;对于边柱、角柱,不宜少于$4\phi14$。构造柱的竖向受力钢筋的直径也不宜大于16mm。对于箍筋一般部位宜采用$\phi6$,间距为200mm。楼层上下500mm范围内宜采用$\phi6$,间距100mm。构造柱的竖向受力钢筋应在基础梁和楼层圈梁中锚固,并应符合受拉钢筋的锚固要求。构造柱的混凝土强度等级不宜低于C20。

砖墙与构造柱的连接处应砌成马牙槎,每一个马牙槎的高度不宜超过300mm,沿墙高每隔500mm设$2\phi6$水平钢筋和$\phi4$的分布短筋。平面内点焊组成的拉结网片或$\phi4$点焊钢筋网片,每边伸入墙内不宜小于1m。抗震设防烈度为6度、7度时的底部1/3楼层,上述拉结筋网片应沿墙体水平通长设置,如图6-22所示。构造柱与圈梁连接处,构造柱的纵筋应在圈梁纵筋内侧穿过,保证构造柱纵筋上下贯通。

在纵横墙交接处、墙端部和较大洞口的洞边设置构造柱,其间距不宜大于4m。各层洞口宜设置在对应位置,并宜上下对齐。

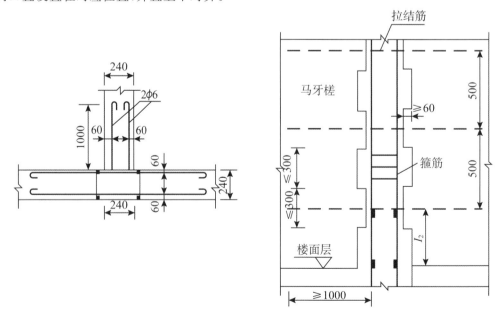

图6-22 马牙槎构造及拉结钢筋设置(单位:mm)

2.施工要点

构造柱施工程序:绑扎钢筋→砌砖墙→支模板→浇混凝土→拆模。如图 6-23 和图 6-24 所示。

图 6-23 构造柱砌砖墙　　图 6-24 支构造柱模板

构造柱的模板可用木模板或组合钢模板。在每层砖墙及其马牙槎砌好后,应立即模板,模板必须与所在墙的两侧严密贴紧,支撑牢靠,防止模板缝漏浆。构造柱的底部(圈梁面上)应留出 2 皮砖高的孔洞,以便清除模板内的杂物,清除后封闭。

构造柱浇灌混凝土前,必须将马牙槎部位和模板浇水湿润,将模板内的落地灰、砖渣等杂物清理干净,并在结合面处注入适量与构造柱混凝土相同的去石水泥砂浆。构造柱的混凝土坍落度宜为 50~70mm,石子粒径不宜大于 20mm。混凝土随拌随用,拌和好的混凝土应在 1.5h 内浇灌完。构造柱的混凝土浇灌可以分段进行,每段高度不宜大于 2.0m。

在施工条件较好并能确保混凝土浇灌密实时,也可每层一次浇灌。捣实构造柱混凝土时宜用插入式混凝土振动器,应分层振捣,振动棒随振随拔,每次振捣层的厚度不应超过振捣棒长度的 1.25 倍。振捣棒应避免直接碰触砖墙,严禁通过砖墙传振。

(六)圈梁、过梁等构造要求

(1)圈梁宜连续地设在同一水平面上,并形成封闭状;当圈梁被门窗洞口截断时,应在洞口上部增设相同截面的附加圈梁。附加圈梁与圈梁的搭接长度不应小于其到中垂直间距的 2 倍,且不得小于 1m。

(2)纵横墙交接处的圈梁应有可靠的连接。刚弹性和弹性方案房屋,圈梁应与屋架、大梁等构件可靠连接。

(3)钢筋混凝土圈梁的宽度宜与墙厚相同,当墙厚 $h \geqslant 240$mm 时,其宽度不宜小于 $2h/3$,圈梁高度不应小于 120mm,纵向钢筋不应少于 $4\phi 10$,绑扎接头的搭接长度按受拉钢筋考虑,箍筋间距不应大于 300mm。

（4）圈梁兼作过梁时，过梁部分的钢筋应按计算用量另行增配。

（5）楼梯间转角处未设柱时，应设置墙体加强筋。

（6）砌体洞口净宽不小于700mm时，应采用钢筋混凝土过梁。

三、任务实施

（一）熟悉图纸

熟悉施工图纸及引用规范，充分了解当地建设主管部门对砌筑工程的特殊及更为详细的要求，并对上述文件的有效性进行鉴定。

（二）施工材料选用

（1）砖的规格、材质、制造工艺、容重、强度指标是否与图纸说明相符。

（2）若指定砌筑材料中使用黏土膏、石灰，则必须经熟化处理。

（三）施工放样

（1）找规矩、吊直找方；经监理复核后施工。

（2）对于外墙外边线应沿建筑物全高吊线，以保证外墙面处于同一垂面上。

（3）对于外墙门窗及造型应沿全高吊线，以保证线条一致。

（四）组砌并检查

（1）试摆砖，确定砖墙位置及组砌方式是否合适。

（2）确认砖的组砌、摆放方式是否正确；平整度、垂直度、阴阳角是否达到规范要求。

（3）检查砖浸水的适宜程度。

（4）检查预埋件的埋设方式及间距是否正确。

（5）检查墙体接槎、拉结筋设置、构造柱设置、过梁的支承长度。

（6）检查灰缝的平直度、饱满度。

四、拓展阅读

（一）砌体工程施工常用词汇

1.皮

砌体工程中，一皮为一层砖。

2.大面、条面、丁面

对于普通砖来说，最大的面称为大面，最狭长的面称为条面，最短的面称为丁面。

3.顺砖、丁砖、卧砖、侧砖、立砖

砌砖时，条面朝向操作者的称为顺砖，丁面朝向操作者的称为丁砖。大面朝下的砖称为卧砖或眠砖，条面朝下的砖称为侧砖或斗砖，丁面朝下的砖称为立砖。

4.七分头、半砖、二寸头

在砌筑时有时要砍砖，3/4砖长的非整砖称为七分头，1/2砖长的非整砖称为半砖，1/4砖长的非整砖称为二寸头。

5.通缝

通缝是砌体中上、下皮块材搭接长度小于规定数值的竖向灰缝。如当砖砌体上、下层砖的搭砌长度小于 25mm 且混凝土小型空心砌块砌体搭砌长度小于 90mm 时,称之为通缝。《砌体结构工程施工质量验收规范》(GB 50203—2021)规定,通缝长度不得超过一定数值。

6.透明缝

透明缝是砌体中相邻块体间的水平缝、竖缝砌筑砂浆不饱满,且彼此未紧密接触而造成沿墙体厚度通透的缝。

7.瞎缝

瞎缝是砌体中相邻块体间无砌筑砂浆,又彼此接触的水平缝或竖向缝。

8.假缝

假缝是为掩盖砌体灰缝内在质量缺陷,砌筑砌体时仅在靠近砌体表面处抹有砂浆,而内部无砂浆的竖向灰缝。

9.皮数杆

皮数杆是控制每皮块体砌筑时的竖向尺寸以及各构件标高的标志杆。

10.清水墙

清水墙是指墙面不加其他覆盖装饰面层,只进行勾缝处理,保持砖本身质地的一种做法。

11.混水墙

混水墙是指墙体砌成之后,墙面需进行装饰处理才能满足使用要求的墙体。混水墙和清水墙两种砌体的施工工艺方法差不多,但清水墙的技术要求和质量要求比较高。

(二)优秀砌体结构案例

临近北京的千家店镇"百里乡居"项目于 2015 年启动,由北京大学学霸王晓丽负责建设,同时邀请到网红建筑师青山周平、国内顶尖建筑师孟凡浩等人参与,在乡村砌体建筑老旧的肌理下加入了现代化的设计。同时,建起了个性满满的民宿,让坐落在群山之中的村子不仅远离都市喧嚣与吵闹,更有一份古朴的意境,成为一处享受自然风光、感受乡村文化的好去处,同时也就地解决了部分村民的劳动就业问题。村民们通过旧村盘活,走上了自主致富的道路,成为我国乡村改造的典型案例,如图 6-25 所示。

图 6-25　百里乡居

党的二十大报告提出,统筹乡村基础设施和公共服务布局,建设宜居宜业和美丽乡村。2023 年中央一号文件又进一步对"扎实推进宜居宜业和美乡村建设"作出了具体部署。建设宜居宜业和美乡村是全面推进乡村振兴的一项重大任务,是农业强国的应有之义。"百里乡居"项目作为优秀的正面案例,值得在相似乡村中进行积极推广。

任务 3 加气混凝土砌块填充墙施工

一、任务布置

装备库及辅助用房结构在一层±0.000 标高以上部分及二、三、四层处外墙及隔墙均采用加气混凝土砌块施工,墙厚及材料要求如建筑图纸中所示。主体结构已施工完成,请组织安排部分砌体结构施工及材料要求。

二、相关知识

加气混凝土砌块填充墙一般作为建筑内隔墙或者建筑外墙墙体材料使用,采用薄灰砌筑法砌筑,砌筑蒸压加气混凝土砌块面体时,加气混凝土黏结砂浆的加水量应按照其产品说明书控制。

薄灰砌筑法是指采用蒸压加气混凝土砌块黏结砂浆砌筑蒸压加气混凝土砌块墙体的施工方法,水平灰缝和竖向灰缝宽度为 2～4mm。蒸压加气混凝土砌块采用薄层砂浆砌筑法有下列优点:

(1)不需要对蒸压加气混凝土砌块提前浇(喷)水湿润,不仅方便施工,而且减少了砌块上墙含水率,有利于对墙体收缩裂缝的控制。

(2)对外墙,由于水平灰缝厚度和竖向灰缝宽度仅 2～4mm,较采用一般砌筑砂浆 8～12mm 大大减小,可减少灰缝处"热桥"的不利影响,提高节能效果。

(3)节省砌筑砂浆,并提高砌筑工效。

(一)施工技术要点

1.组砌方式

加气混凝土砌块砌筑前,应根据建筑物的平面、立面图绘制砌块排列图。在墙体转角处设置皮数杆。皮数杆应立于房屋四角及内外墙交接处,间距以 10～15m 为宜,砌块应按皮数杆拉线砌筑。

砌筑前一天,应将预砌墙与原结构相接处,洒水湿润以保证砌体黏结。将砌筑墙部位的楼地面,剔除高出摆底面的凝结灰浆并清扫干净。砌筑前按实际尺寸和砌块规格尺寸进行排列摆块,不够可将整块锯裁成需要的规格,但不得小于砌块长度的 1/3。最下一层砌块的灰缝大于 20mm 时,应用细石混凝土找平铺砌。加气混凝土砌块的砌筑面上应适量洒水。

2.施工流程及技术要点

蒸压加气混凝土砌块施工工艺流程:检验墙体轴线及门窗洞口位置→楼面找平→立皮数杆→拉结筋选砌块、摆砌块→撂底→砌墙→勾缝。

(1)施工顺序

填充墙施工最好从顶层向下层砌筑,防止因结构变形量向下传递而造成早期下层先砌筑的墙体产生裂缝。特别是空心砌块,裂缝的发生往往是在工程主体完成3~5个月后,通过墙面抹灰在跨中产生竖向裂缝后得以暴露。因而,质量问题的滞后性会给后期处理带来困难。

如果工期太紧,填充墙施工必须由底层逐步向顶层进行或多层同时进行时,墙顶的连接处理需待全部砌体完成并等待一定时间(14d)后,从上层向下层施工,此目的是给每一层结构完成变形的时间和空间。

(2)灰缝

填充墙的水平灰缝厚度和竖向灰缝宽度应正确。蒸压加气混凝土砌块砌体当采用水泥砂浆、水泥混合砂浆或蒸压加气混凝土砌块砌筑砂浆时,水平灰缝厚度及竖向灰缝宽度不应超过15mm;当蒸压加气混凝土砌块砌体采用蒸压加气混凝土砌块砌筑砂浆时,水平灰缝厚度和竖向灰缝宽度宜为3~4mm。蒸压加气混凝土砌块砌体水平灰缝和竖向灰缝砂浆饱满度不应小于80%。

(3)错缝

砌筑填充墙时应错缝搭砌,蒸压加气混凝土砌块搭砌长度不应小于砌块长度的1/3;如不能满足时,应在水平灰健设置2ϕ6的拉结钢或ϕ4钢筋网片,拉结钢筋或钢筋网片的长度应不小于700mm,如图6-26所示。

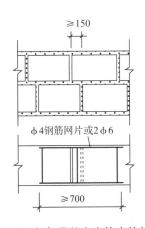

图 6-26　加气混凝土砌块中拉结筋

图 6-27　墙底采用实心砖立砖斜砌

(4)现浇混凝土反坎

在厨房、卫生间、浴室等处采用轻集料混凝土小型空心砌块、蒸压加气混凝土砌块和砌筑墙体时,墙底部宜现浇混凝土反坎,其高度宜不小于150mm。

（5）立砖斜砌

为保证墙体的整体性、稳定性，填充墙顶部应采取相应的措施与结构挤紧。通常采用在墙顶加小木楔、砌筑实心砖或在梁底做预埋铁件等方式与填充墙连接。填充墙与承重主体结构间的空（缝）隙部位施工，应在填充墙砌筑14d后进行，可采用立砖斜砌的方法进行施工。如图6-27所示。

（二）构造要求

1. 转角处、T形交接处

加气混凝土砌块的转角处，应使纵横墙的砌块相互搭砌，隔皮砌块露端面，加气混凝土砌块墙的T形交接处，应使横墙砌块隔皮露端面，并坐中于纵墙砌块，如图6-28所示。

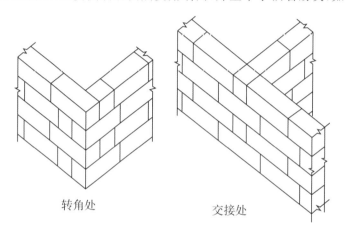

转角处　　　　　　交接处

图6-28　加气混凝土砌块墙的转角处、T形交接处做法

2. 留槎

纵横墙应整体咬槎砌筑，外墙转角处和纵墙交接处应严格控制分批咬槎交错搭砌。临时间断应留置在门窗洞口处或砌成阶梯形斜槎，斜槎长度小于高度的2/3。如留斜槎有困难时，也可留直槎，但必须设置拉结网片或其他措施，以保证有效连接。接槎时应先清理基面，浇水湿润，然后铺浆接砌并做到灰缝饱满。因施工需要留置的临时洞口处，每隔500mm应设置2ϕ6拉筋，拉筋两端分别伸入先砌筑墙体及后堵洞砌体各700mm。

3. 拉结筋

为保证砌体与混凝土柱或剪力墙的连接，填充墙留置的拉结钢筋或网片的位置应与块体皮数相符合。拉结钢筋或网片应置于灰缝中，埋置长度应符合设计要求，竖向位置偏差不应超过一皮高度。填充墙拉结筋处的下皮小砌块宜采用半盲孔小砌块或混凝土灌实孔洞的小砌块；薄灰砌筑法施工的蒸压加气混凝土砌块砌体，拉结筋应放置在砌块上表面设置的沟槽内。

一般采用构件上预埋铁件加焊拉结钢筋或化学植筋的方法。

预埋铁件加焊拉结钢筋的方法一般采用厚4mm以上预埋铁件，宽略小于墙厚，高60mm的钢板做成。在混凝土构件施工时，按设计要求的位置，准确固定在构件中，砌墙时按确定好的砌体水平灰缝高度位置准确焊好拉结钢筋。这种方法的缺点是混凝土浇筑施工时铁件移位或遗漏给下一步施工带来麻烦,如遇到设计变更则需重新处理。

填充墙与承重墙、柱、梁的连接钢筋,当采用化学植筋的连接方式时,应进行实体检测。锚固钢筋拉拔试验的轴向受拉非破坏承载力检验值应为 6.0kN。抽检钢筋在检验值作用下应基材无裂缝、钢筋无滑移宏观裂损现象;持荷 2min 期间荷载值降低不大于 5%。

(三)操作工艺

1.施工前准备

(1)熟悉施工图,将各层砌体门、窗定位放线,并将楼层＋1.000m 控制标高用墨线弹在墙或柱上。

(2)编制砌块排列图,严格按排列图施工。排列图大样如图 6-29 所示。

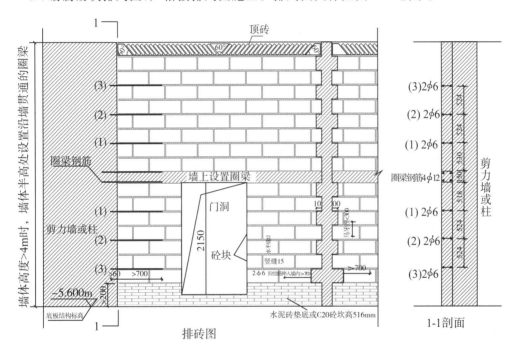

图 6-29　排砖大样图示例

(3)砌筑前应先检查基层情况,要求表面平整、清洁、不得有油污杂物。

(4)砌筑层的拉接筋、构造柱已绑扎完毕,并经监理验收,同意隐蔽。

(5)砌筑厨房及卫生间砌体前,卫生间根部必须先支模浇筑好 150mm 高的混凝土坎。

(6)根据砌块高度和砌筑高度制作皮数杆,皮数杆用方木制作,在皮数杆上标明砌块、灰缝、门窗洞口、过梁的位置;并使得最上一皮留有 180mm 左右的空隙。

(7)施工班组进场前,必须先做样板墙,样板墙验收合格的班组才能允许进场施工,工程完工后,按样板墙检查、验收。

2.基层清理

对基层不平的现象可采取剔凿或补抹砂浆的措施,楼板表面的浮浆必须凿除清理,待基层清理干净后要及时进行抄平放线工作。

3.定位放线

弹出轴线、砌体边线、构造柱位置线、门窗洞口位置线、预留洞口位置线,质检员、技术员必须联合检验线合格后方可开始施工。

4.立皮数杆或利用混凝土墙作皮数杆

按砌块每皮高度制作皮数杆,并竖立于墙的两端或在混凝土墙上按排砖图标明各层砌块皮数位置,两相对皮数杆之间拉准线,在砌筑位置放出墙身边线。

5.预埋或后植拉结筋

当填充墙与构造柱、承重墙或柱相连时,应设拉结钢筋拉结;没有预埋的部位,必须采用植筋。

6.墙底混凝土坎台施工

按设计要求,厨房、卫生间的墙体底部现浇150mm高C20素混凝土坎台,浇注前必须对这部位地面进行凿毛。为保证混凝土坎台浇注时不跑位,采取在测放的线上打钢筋头固定,每侧间隔 $500\sim1000$ mm 一个,混凝土坎台浇注时比实际墙体尺寸稍小,如 200mm 的墙体按190浇注,以避免不正凿毛。

7.灰缝勾缝

要求墙体两面采用"原浆随砌随勾缝法",先勾水平缝,后勾竖向缝。每砌筑完成三线砌体,就用定型的勾缝条勾缝。该勾缝条可采用 20cm 长的 $\phi 10$ 圆钢或 PVC 管制作,在圆钢或 PVC 管中点将其弯折成 135°,将灰缝拖成凹缝,要求低于砌块表面 $3\sim5$ mm,每天砌筑的墙面必须当天清扫干净。

8.构造柱施工

构造柱按照要求施工。

9.过梁、连系梁施工

(1)填充墙上门窗洞口过梁按图纸选用,过梁伸入墙内大于 240mm,当洞口边设有构造柱或当洞口紧贴构造柱时,墙柱内预留插筋,锚入构造柱内长度为 L_a,插筋应与梁主筋焊接或搭接。

(2)墙高大于 4m 时,应每隔 2m 设置在墙高度中部(一般结合门窗洞口上方过梁位置)的通长钢筋混凝土圈梁,在混凝土柱(或墙)施工时预埋 $4\phi12$ 与圈梁筋焊接或搭接,圈梁遇过梁时,分别按截面、配筋较大者设置。

三、任务实施

加气混凝土砌块施工流程如图 6-30 所示

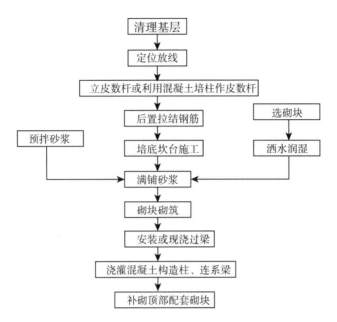

图 6-29　加气混凝土砌块施工流程

四、拓展阅读

门窗及其余洞口砌筑构造要求

(一)砌体窗台处构造应满足的要求

窗洞口宽度大于 900mm 时,窗台处应采用现浇或预制钢筋混凝土窗台板。板厚不宜小于 100mm,纵向钢筋为 $2\phi10$,横向钢筋为 $\phi6@200$,梁两端各伸入砌体不应小于 400mm,具体如图 6-31 所示。

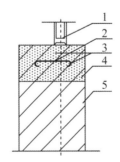

1—窗框　2—$\phi6@200$　3—$2\phi10$
4—窗台板　5—砌体
图 6-31　砌体窗台板构造图

窗洞口宽度小于 900mm 时,可在窗洞口一皮砌块下的水平灰缝中设置 $3\phi6$ 拉结钢筋,钢筋伸入窗洞口两侧应不小于 500mm。

（二）门窗洞口的砌筑应符合的要求

（1）外墙：门窗洞口两侧上、中、下预埋 C20 细石混凝土块（每侧不少于 3 块）或现浇混凝土构造柱。高度小于等于 2.0m 时设置 3 块，高度大于 2.0m 时按照间隔 600mm 设置。

（2）内墙：当墙体厚度小于 200mm 时，在门窗洞口两侧上、中、下预埋 C20 细石混凝土块（每侧不少于 3 块）或现浇混凝土构造柱，如图 6-32 所示。

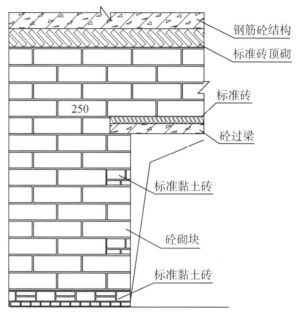

图 6-32　门洞组砌图

（三）临时施工洞口施工要求

原则上不允许在填充墙上设置临时施工洞口，确需设置时，必须有项目部的书面通知和示意图。

（1）在墙上留设临时施工洞口，其侧边离交接处外墙面不小于 500mm，洞口净宽度不超过 1m，沿墙高每隔 500~600mm 在水平灰缝内预埋不少于 $2\phi6$ 的钢筋，钢筋埋入长度从留槎处算起每边均不小于 700mm，洞口顶部设置过梁，过梁可采用相同或类似洞口尺寸设计所采用的过梁。

（2）必须做好临时施工洞口的补砌工作。采用加气混凝土砌块和原砌砂浆补砌，不得用其他材料填塞。

（四）空调、排气管预埋及水电线槽预留

在砌筑时，对施工图纸要求的墙上预留孔洞、管道、沟槽和预埋件等，必须仔细核对测放的线，并认真结合建筑及相关专业图纸在砌筑时预留或预埋，以免返工，不得在砌好的墙体上凿洞。

在楼板和梁下，局部有水电专业的预留管外露。施工过程中，必须将砌块用切割机在砌块上开槽，后用钎子小心开凿，不得不切割直接开凿，严禁留通。

任务4 砌体工程质量检查验收

一、任务布置

已按照任务2及任务3完成上述装备库及辅助用房砌体工程部分施工,请根据砌体结构相关规范及施工现状,完成砌体工程验收,并正确填写"砖砌体工程检验批质量验收记录",并列举常见的砌筑质量问题,提出预防措施。

二、相关知识

(一)砖砌体工程质量验收

1. 规范要求

根据国家现行标准《砌体结构工程施工质量验收规范》(GB 50203),砌体结构工程检验批的划分应同时符合下列规定:

(1)所用材料类型及同类型材料的强度等级相同。

(2)不超过 250m² 砌体。

(3)主体结构砌体一个楼层(基础砌体可按一个楼层计);填充墙砌体量少时可多个楼层合并。

分项工程的验收应在检验批验收合格的基础上进行。检验批的确定可根据施工段划分。

砌体结构工程检验批验收时,其主控项目应全部符合《砌体结构工程施工质量验收规范》(GB 50203—2021)的规定;一般项目应有 80% 及以上的抽检处符合《砌体结构工程施工质量验收规范》(GB 50203—2021)的规定;有允许偏差的项目,最大不超过允许偏差值的 1.5 倍。

2. 主控项目

(1)砖和砂浆的强度等级必须符合设计要求。

抽检数量:每一生产厂家,烧结普通砖、混凝土实心砖每 15 万块,烧结多孔砖、混凝土多孔砖、蒸压灰砂砖及蒸压粉煤灰砖每 10 万块各为一验收批,不足上述数量时按 1 批计,抽检数量为 1 组。砂浆试块的抽检数量执行《砌体结构工程施工质量验收规范》(GB 50203—2021)的有关规定。

检验方法:检查砖和砂浆试块试验报告。

(2)砌体灰缝砂浆应密实饱满,砖墙水平灰缝的砂浆饱满度不得低于 80%;砖柱水平灰缝和竖向灰缝饱满度不得低于 90%。

抽检数量:每检验批抽查不应少于 5 处。

检验方法：用百格网检查砖底面与砂浆的黏结痕迹面积。每处检测 3 块砖，取其平均值。

（3）砖砌体的转角处和交接处应同时砌筑，严禁无可靠措施的内外墙分砌施工。在抗震设防烈度为 8 度及 8 度以上的地区，对不能同时砌筑而又必须留置的临时间断处应砌成斜槎，普通砖砌体斜槎水平投影长度不应小于高度的 2/3。多孔砖砌体的斜槎长高比不应小于 1/2。斜槎高度不得超过一步脚手架的高度。

抽检数量：每检验批抽查不应少于 5 处。

检验方法：观察检查。

（4）非抗震设防及抗震设防烈度为 6 度、7 度地区的临时间断处，当不能留斜槎时，除转角处外可留直槎，但直槎必须做成凸槎且应加设拉结钢筋，拉结钢筋应符合下列规定：

①每 120mm 墙厚放置 1ϕ6 拉结钢筋（120mm 厚墙应放置 2ϕ6 拉结钢筋）。

②间距沿墙高不应超过 500mm 且竖向间距偏差不应超过 100mm。

③埋入长度从留槎处算起每边均不应小于 500 mm，对抗震设防烈度 6 度、7 度的地区，不应小于 1m。

④末端应有 90°弯钩。

抽检数量：每检验批抽查不应少于 5 处。

检验方法：观察和尺量检查。

3. 一般项目

（1）砖砌体组砌方法应正确、内外搭砌，上下错缝，清水墙、窗间墙无通缝；混水墙中不得有长度大于 300mm 的通缝，长度 200～300mm 的通缝每间不超过 3 处，且不得位于同一面墙体上，砖柱不得采用包心砌法。

抽检数量：每检验批抽查不应少于 5 处。

检验方法：观察检查。砌体组砌方法抽检每处应为 8～5m。

（2）砖砌体的灰缝应横平竖直，厚薄均匀、水平灰缝厚度及竖向灰缝宽度宜为 10mm，但不应小于 8mm，也不应大于 12mm。

抽检数量：每检验批抽查不应少于 5 处。

检验方法：水平灰缝厚度用尺量 10 皮砖砌体高度折算，竖向灰缝宽度用尺量 2m 砌体长度折算。

（3）砖砌体尺寸、位置的允许偏差及检验应符合表 6-5 的规定。

表 6-5　砖砌体尺寸、位置的允许偏差值及检验

项次	项目			允许偏差值/mm	检验方法	数量
1	轴线位移			10	用经纬仪和尺或者用其他测量仪器检查	承重墙、柱全数检查
2	基础、墙、柱顶标高			±15	水准仪和尺检查	不应少于5处
3	墙面垂直度	每层		5	2m托线板检查	不应少于5处
		全高	≤10m >10	经纬仪、吊线和尺或者用其他测量仪器检查	外墙全部阳角
			10m	20		
4	表面平整度	清水墙、柱		5	2m靠尺和楔形塞尺检查	不应少于5处
		混水墙、柱		8		
5	水平灰缝平直度	清水墙		7	拉5m线和尺检查	不应少于5处
		混水墙		10		
6	门窗洞口高、宽(后塞口)			±10	尺检查	不应少于5处
7	外墙上下窗口偏移			20	以底层窗口为准,用经纬仪、吊线检查	不应少于5处
8	清水墙游丁走缝			20	以每层第一皮砖为准,用吊线、尺检查	不应少于5处

(二)加气混凝土砌块填充墙工程质量验收

1.主控项目

(1)烧结空心砖、小砌块和砌筑砂浆的强度等级应符合设计要求。

抽检数量:烧结空心砖每10万块为一验收批,小砌块每1万块为一验收批,不足上述数量时按一批计,抽检数量为一组。

检验方法:检查砖、小砌块进场复验报告和砂浆试块试验报告。

(2)填充墙砌体应与主体结构可靠连接,其连接构造应符合设计要求,未经设计同意,不得随意改变连接构造方法。每一填充墙与柱的拉结筋的位置超过一皮块体高度的数量不得多于一处。

抽检数量:每检验批抽查不应少于5处。

(3)填充墙与承重墙、柱、梁的连接钢筋,当采用化学植筋的连接方式时,应进行实体检测。锚固钢筋拉拔试验的轴向受拉非破坏承载力检验值应为6.0kN。抽检钢筋在检验值作用下,应基材无裂缝、钢筋无滑移宏观裂损现象。持荷2min期间荷载值降低不大于5%。

抽检数量:按表6-6确定。

检验方法:原位试验检查。

表 6-6　每检验批抽检锚固钢筋样本最小容量

检验批的容量	样本最小容量	检验批的容量	样本最小容量
≤90	5	281~500	20
91~150	8	501~1200	32
151~280	13	1201~3200	50

2.一般项目

(1)填充墙砌体尺寸、位置的允许偏差及检验方法应符合表 6-7 的规定。

表 6-7　填充墙砌体尺寸、位置的允许偏差及检验方法

检验方法	项次		项目	检查方法
1	轴线位移		10	尺检查
2	墙面垂直度（每层）	≤3m	5	2m 托线板或吊线、尺检查
		>3m	10	
3	表面平整度		8	2m 靠尺和楔形塞尺检查
4	门窗洞口高、宽（后塞口）		±10	尺检查
5	外墙上下窗口偏移		20	用经纬仪、吊线检查

抽检数量：每检验批抽查不应少于 5 处。

(2)填充墙砌体的砂浆饱满度及检验方法应符合表 6-8 的规定。

表 6-8　填充墙砌体的砂浆饱满度及检验方法

砌体分类	灰缝	饱满度及要求	检验方法
空心砖砌体	水平	≥80%	采用百格网检查块体底面或侧面砂浆的黏结痕迹面积
	垂直	填满砂浆，不得有透明缝、瞎缝、假缝	
蒸压加气混凝土砌块、轻集料混凝土小型空心砌块砌体	水平	≥80%	
	垂直	≥80%	

抽检数量：每检验批抽查不应少于 5 处。

(3)填充墙留置的拉结钢筋或网片的位置应与块体皮数相符合。拉结钢筋或网片应置于灰缝中，埋置长度应符合设计要求，竖向位置偏差不应超过一皮高度。

抽检数量：每检验批抽查不应少于 5 处。

检验方法：观察和用尺量检查。

(4)砌筑填充墙时应错缝搭砌，蒸压加气混凝土砌块搭砌长度不应小于砌块长度的 1/3；轻集料混凝土小型空心砌块搭砌长度不应小于 90mm；竖向通缝不应大于 2 皮。

抽检数量：每检验批抽检不应少于 5 处。

检查方法：观察检查。

(5)填充墙的水平灰缝厚度和竖向灰缝宽度应正确。烧结空心砖、轻集料混凝土小型空心砌块砌体的灰缝应为8~12mm。蒸压加气混凝土砌块砌体当采用水泥砂浆、水泥混合砂浆或蒸压加气混凝土砌块砌筑砂浆时,水平灰缝厚度及竖向灰缝宽度不应超过15mm;当蒸压加气混凝土砌块砌体采用蒸压加气混凝土砌块黏结砂浆时,水平灰缝厚度和竖向灰缝宽度宜为3~4mm.

抽检数量:每检验批抽查不应少于5处。

检查方法:水平灰缝厚度用尺量5皮小砌块的高度折算;竖向灰缝宽度用尺量2m砌体长度折算。

三、任务实施

(一)质量检查

按《砖砌体工程检验批质量验收记录》(GB 50203—2021)(附录1)完成质量验收。

(二)常见砌筑质量问题及预防措施

1.砂浆强度不稳定

原因:计量不准确;搅拌不匀。

措施:建立计量制度;校验计量工具;采用两次投料法;严格搅拌制度(人的因素、器具因素、原材料控制、方法改变)。

2.基础墙身位移

措施:大放脚两侧收退要均匀;砌到基础墙身时要拉线找正墙的轴线和边线;砌筑时保持墙身垂直。

3.基础墙身与上部墙错台

现象:墙身轴线与基础轴线偏移,墙身错台。

措施:基础砖撂底要正确,收退大放脚两边要相等,退到墙身前要检查轴线与边线是否对齐,如果偏差较小可在基础部位纠正,不得在防潮层以上退台或出沿。

4.游丁走缝

现象:竖缝歪斜错位,宽度不均,丁不压中。

原因:砖的规格不统一;未掌握控制砖缝的标准;摆砖时没考虑窗洞口对砖竖缝的影响。

措施:选同一规格的砖;确定组砌方法,调整竖缝宽度;提高操作人员的技术水平,强调压中;摆砖时,使竖缝尽量与窗边线相齐。

5.混水墙粗糙

现象:舌头灰未挂尽;半砖集中使用,造成通缝;墙背面(反手墙)偏差较大。

措施:半砖要分散使用;240墙要外手挂线,370墙以上要双面挂线。

6.水平缝不直,墙面凹凸不平

现象:水平缝不一致、冒线、下垂、凹凸不平。

措施:小面跟线;挂线超15~20m时应加垫线。

7.埋筋不准确

措施:随时注意正在砌筑的皮数;加强巡查;钢筋外露部分施工中不得任意弯折。

8."螺丝墙"

现象:同一层砖的标高差一皮砖厚度而不能咬合。

原因:没有按皮数杆控制砖的层数;误将负偏差当正偏差。

措施:先测定基层面标高误差,通过调整砂浆厚度来调整墙体标高;逐层调整;挂线两端要呼应;室内弹出水平线控制。

9.灰缝大小不匀

措施:立皮数杆保证标高一致;盘角时灰缝要掌握均匀;砌砖时要拉紧控制线,防止一层紧一层松。

四、拓展阅读

(一)构造柱质量检查

构造柱与墙体的连接处应砌成马牙槎,马牙槎应先退后进,预留的拉结钢筋应位置准确,施工中不得任意弯折。

抽检数量:每验收批抽20%构造柱,且不少于3处。

检验方法:观察检查。

合格标准:钢筋竖向位移不应超过1000mm,每一马牙槎沿高度方向尺寸不应超过300mm,钢筋竖向位移和马牙槎尺寸的偏差每一构造柱不应超过2处。

构造柱位置及垂直度的允许偏差应符合表6-9的规定。

表 6-9　构造柱位置及垂直度的允许偏差

项次	项目			允许偏差值/mm	检验方法
1	柱中心线位移			10	用经纬仪和尺或者其他测量仪器检查
2	柱层间错位			8	用经纬仪和尺或者其他测量仪器检查
3	柱垂直度	每层		10	用2m托线板检查
		全高	≤10m	15	用经纬仪、吊线和尺或者其他测量仪器检查
			>10m	20	

(二)典型案例

2021年7月12日15时31分许,位于苏州市吴江区松陵街道油车路188号的苏州市四季开源餐饮管理服务有限公司辅房发生坍塌事故,造成17人死亡、5人受伤,直接经济损失约2615万元。此事故为一起涉及建筑主体和承重砖墙结构变动的装修工程非法委托与承揽、错误的改造设计、混乱的施工管理及临时拼凑的拆墙作业人员等多因素叠加在一起导致的房屋坍塌重大生产安全责任事故。

在此工程改造过程中,设计及施工改造人员未取得相关资质,施工过程未考虑到原有结构的承载能力以及保证施工安全的因素,造成了多名施工人员伤亡及重大经济损失。

涉案相关人员已被依法处理。

◇ **实训任务**

1.根据给定任务书完成砌体砖墙砌筑;

2.根据图纸及施工现场人材机条件完成砌体工程技术交底;

3.根据所给砌体工程质量验收记录完成对已砌筑完成墙体的验收。

◇ **练习与思考**

一、单选题

1.砌筑工程施工时,立皮数杆的目的是( )。

A.控制砌体的竖向尺寸　　　　　　　B.控制水平灰缝的平直度

C.控制砂浆饱满度　　　　　　　　　D.控制竖向灰缝的垂直度

2.砖墙的水平缝厚度( )。

A.一般为10mm,并不大于12mm　　　B.一般大于8mm,并小于10mm

C.一般大于10mm,并小于12 mm　　　D.一般为8mm,并不大于12mm

3.砌体施工中拉结筋间距沿墙高不应超过( )mm。

A.200　　　　　B.300　　　　　C.400　　　　　D.500

4.隔墙或填充墙的顶面与上层结构的接触处宜( )。

A.用砂浆塞填　　　　　　　　　　　B.用砖斜砌顶紧

C.用埋筋拉结　　　　　　　　　　　D.用现浇混凝土连接

二、多选题

1.摆砖的目的是( )。

A.满足错缝要求　　B.减少砍砖　　C.使竖缝宽度均匀

D.使墙体平整　　　E.保证墙体垂直

2.在砖墙组砌时,应用于丁砖组砌的部位是( )。

A.墙的台阶水平面上　　　　　　　　B.砖墙最上一皮

C.砖墙最下一皮　　D.砖挑檐腰线　　E.门洞侧

3.砌体墙的质量要求包括( )。

A.轴线准确　　　B.砂浆饱满　　　C.横平竖直　　　D.上下错缝

4.制作皮数杆时,应在皮数杆上画出( )。

A.砖的长度　　　B.灰缝厚度　　　C.门窗标高

D.过梁标高　　　E.楼板标高

附录1

砖砌体工程检验批质量验收记录

工程名称			分项工程名称	砌体工程	验收部位	
施工单位					项目经理	
施工执行标准 名称及编号		《砌体结构工程施工质量验收规范》 (GB 50203—2021)			专业工长	
分包单位		/			施工班组组长	
质量验收规范的规定			施工单位检查评定记录			监理(建设)单位验收记录
主控项目	1.砖强度等级	设计要求 MU				
	2.砂浆强度等级	设计要求 M				
	3.斜槎留置	5.2.3 条				
	4.转角、交接处	5.2.3 条				
	5.直槎拉结钢筋及接槎处理	5.2.4 条				
	6.砂浆饱满度	≥80%(墙)				
		≥90%(柱)				
一般项目	1.轴线位移	≤10mm				
	2.垂直度(每层)	≤5mm				
	3.组砌方法	5.3.1 条				
	4.水平灰缝	5.3.2 条				
	5.竖向灰缝宽度	5.3.2 条				
	6.基础、墙、柱顶面标高	±15mm 以内				
	7.表面平整度	≤5mm(清水)				
		≤8mm(混水)				
	8.门窗洞口高、宽(后塞口)	±10mm 以内				
	9.窗口偏移	≤20mm				
	10.水平灰缝平直度	≤7mm(清水)				
		≤10mm(混水)				
	11.清水墙游丁走缝	≤20mm			/	
施工单位检查 评定结果		项目专业质量检查员: 年　月　日				
监理(建设)单位 验收结论		监理工程师(建设单位项目技术负责人): 年　月　日				

模块七 装配式混凝土工程施工

装配式混凝土建筑是指以工厂化生产的钢筋混凝土预制构件为主,通过现场装配的方式设计建造的混凝土结构类房屋建筑。一般分为全装配建筑和部分装配建筑两大类。全装配建筑一般为低层或抗震设防要求较低的多层建筑;部分装配建筑的主要构件一般采用预制构件,在现场通过现浇混凝土连接,形成装配整体式结构的建筑物。

装配式混凝土高层住宅建筑,通常采用部分装配的剪力墙接结构形式或框架剪力墙结构形式:剪力墙、柱、楼梯、阳台、窗台板、空调板等构件通常采用全预制构件,楼面屋面板常采用半装配的需要后浇混凝土叠合层的叠合板构件,梁则采用现浇梁或者需要后浇叠合层的叠合梁。

学习目标

1.了解各类吊装用具的构造特点,掌握其使用方法,能独立完成吊装前的准备工作。

2.理解吊装工作安全可靠作业的要点,掌握各类构体吊装工艺过程,在老师指导下能完成装配式构件吊装施工交底工作。

3.了解一字、L形和T形连接节点施工的构造做法,掌握构件连接施工的工艺和质量控制指标,能在老师指导下编写装配式构件连接施工操作指导书。

4.了解钢筋连接用套筒灌浆料和灌浆料拌和物配比方法及质量要点,掌握灌浆作业流程,能独立完成装配式构件灌浆作业的施工指导工作。

5.培养创新意识,并在装配式施工过程中形成仔细谨慎、认真负责的工作态度。

任务 1 吊装准备

一、任务布置

根据项目进度安排,第二天将进行工法楼构件的吊装作业。请根据任务要求,预先完成各项吊装准备工作。

二、相关知识

装配式建筑施工与现浇混凝土施工有很大的不同,现场的人员、起重机械设备、施工机具、吊具、场地道路等都应根据构件要求进行配置与准备。

(一)吊装用具

卡环用于吊索与吊索或吊索与构件吊环之间的连接,由弯环和销子两部分组成。按弯环与销子的连接形式分为螺栓卡环和活络卡环。活络卡环的销子端头和弯环孔眼无螺纹,可直接抽出,常用于柱子吊装。它的优点是在柱子就位后,在地面用系在销子尾部的绳子将销子拉出,解开吊索,避免了高空作业。

1.吊钩

吊钩是借助于滑轮组等部件悬挂在起重机(塔吊)钢丝绳下端的一种吊具,样式如图7.1所示。吊钩的种类按形状可分为单钩和双钩;按制造方法可分为锻造吊钩和叠片式吊钩。不同尺寸、不同材质的吊钩,其承载力差异很大。出于安全考虑,吊钩承载能力至少要达到起吊载荷的3倍。

图7-1 单钩和双钩吊钩

图7-2 吊梁实物

2.平衡梁

平衡梁也称吊梁,为吊装机具的重要组成部分。其主要作用包括:减少构件起吊时所承受的水平压力;保持被吊材料或构件的平衡;多机抬吊时,采用平衡梁还可以合理分配或平衡各吊点的载荷,其构造如图7-2所示。典型吊梁构造包括上下两行孔洞,其中上面一排孔洞是用于跟塔吊的钢丝绳连接,下面一排孔洞是根据构件不同的吊钉位置进行连接。

3.吊索和卸扣

吊钩和平衡梁之间的连接以及平衡梁与所吊构件之间的连接,则主要依靠吊索和卸扣两种吊具。吊索和卸扣实物构造如图7-3所示。

（a）吊索　　　　　　　　　　（b）卸扣

图 7-3　吊梁和卸扣实物

4.倒链

倒链又称手拉葫芦、神仙葫芦，用来起吊轻型构件、拉紧缆风绳及拉紧捆绑构件的绳索等，如图 7-4 所示。目前，受国内部分起重设备行程精度的限制，可采用倒链进行构件的精确到位。

5.斜支撑

装配式墙体和柱子吊装到位后，需要斜支撑进行临时固定后才能撤走吊装设备。常用的斜支撑构造和安装方式如图 7-5 所示。一端连接于墙体预埋固定点上，另一端连接于楼面板上预埋的地锚上。固定剪力墙的斜支撑常采用单侧两层安装方式：一层为长杆，另一层为短杆，长杆通过把手的旋转来调整墙体的垂直度，短杆则通过把手的旋转来调整墙身的位置。

图 7-4　倒链

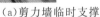

（a）剪力墙临时支撑　　　　　　　　　　（b）预制柱临时支撑

图 7-5　斜支撑安装方式图示

6.竖向支撑

叠合板或预制楼梯平台板吊装到位后，坐于竖向支撑上并被固定。竖向支撑安装于下层楼板上，包括四个组件：三脚架、立杆、U 托和水平梁，如图 7-6 所示。三脚架用于提升竖向支撑的抗压稳定性，立杆长度可根据支撑空间要求进行调整，U 托用于支承水平梁，水平梁则直接支撑叠合板或预制楼梯平台板，可为钢制、铝制或实木制。

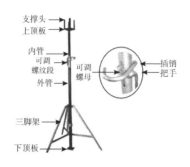

图 7-6　斜支撑关键构件示意

图 7-7　竖向支撑安装方式图示

(二)塔式起重机的使用

塔式起重机的使用应符合国家现行标准《塔式起重机安全规程》(GB 5144—2006)、《建筑施工塔式起重机安装、使用、拆卸安全技术规程》(JGJ 196—2010)及《建筑机械使用安全技术规程》(JGJ 33—2019)中的相关规定。

吊装作业中钢丝绳的使用、检验和报废等应符合国家现行标准《重要用途钢丝绳》(GB 8918—2006)、《一般用途钢丝绳》(GB/T 20118—2017)和《起重机钢丝绳保养、维护、安装、检验和报废》(GB/T 5972—2023)中的相关规定：

(1)吊索可采用 6×19,但宜用 6×37 型钢丝绳制作成环式或 8 股头式,其长度和直径应根据吊物的几何尺寸、重量和所用的吊装工具、吊装方法予以确定。使用时可采用单根、双根、四根或多根悬吊形式。

(2)吊索的绳环或两端的绳套应采用编插接头,编插接头的长度不应小于钢丝绳直径的 20 倍。8 股头吊索两端的绳套可根据工作需要装上桃形环、卡环或吊钩等吊索附件。

(3)吊索的安全系数:当利用吊索上的吊钩、卡环钩挂重物上的起重吊环时,不应小于 6;当用吊索直接捆绑重物,且吊索与重物棱角间采取了妥善的保护措施时,应取 6~8;当吊运重大或精密的重物时,除应采取妥善保护措施外,安全系数应取 10。

(4)吊索与所吊构件间的水平夹角不宜小于 60°,不应小于 45°。

吊索选择时,吊索承受的拉力及其施加给被吊物品的水平压力可按表 7-1 计算,吊索截面型号选用按表 7-2。

表 7-1　吊索拉力计算

简图	夹角 α	吊索拉力 F	水平压力 H
	25°	1.18G	1.07G
	30°	1.00G	0.87G
	35°	0.87G	0.71G
	40°	0.78G	0.60G
	45°	0.71G	0.50G
	50°	0.65G	0.42G
	55°	0.61G	0.35G
	60°	0.58G	0.29G
	65°	0.56G	0.24G
	70°	0.53G	0.18G

注:G 为构件重量。

表 7-2　吊索截面型号选用

钢丝绳根数	1	2	4	2			4			8		
重物自重 10kN	90°	60°	45°	30°	60°	45°	30°	60°	45°	30°		
	吊索的钢丝绳直径/mm											
1	15.5	11	11	13	13	15.5	11	11	11	11	11	11
2	22	15.5	11	17—5	19.5	22	13	13	15.5	11	11	11
3	26	19.5	13	19.5	22	26	15.5	15.5	19.5	11	11	13
4	30.5	22	15.5	24	26	15.5	15.5	19.5	11	11	13	15.5
5	35	24	17—5	26	28.5	35	17—5	19.5	22	13	13	17—5
6	37	26	19.5	28.5	30.5	37	19.5	22	26	15.5	15.5	19.5
7	43.5	28.5	19.5	30.5	35	43.5	22	24	28.5	15.5	17—5	19.5
8	43.5	30.5	22	32.5	37	43.5	24	26	30.5	17—5	17—5	22
9	47—5	32.5	24	35	39	47—5	24	28.5	32.5	17—5	19.5	24
10	47—5	35	24	37	43.5	47—5	26	28.5	35	19.5	22	24
15	60.5	43.5	30.5	39	52	60.5	32.5	35	43.5	24	26	30.5
20	—	47—5	35	47—5	56.5	—	37	43.5	47—5	26	28.5	35

注:表中是选用容许拉应力、6×37 型钢丝绳制作吊索,钢丝绳安全系数取 10 计算的。

(三)施工现场准备的内容

1.施工现场管理人员

现场管理人员除了具备基本工程管理能力外,还应当熟悉装配式建筑施工工艺和安全吊装管理能力,能按照施工计划与构件生产商衔接,对现场作业进行调度和管理。

与现浇混凝土工艺相比,装配式混凝土施工现场常规作业人员大幅度减少,但新增了吊装作业人员、灌浆工等,测量放线人员的作业内容也有所变化。

2. 场地与道路

现场道路应满足大型构件进出场的要求:

(1)路面平整,应满足大型车辆的转弯半径的要求和荷载要求;

(2)有条件的施工现场应设两个门,一个进,一个出;

(3)工地也可使用挂车运输构件,将挂车车厢运到现场存放,车头开走。构件直接从车上吊装,这样可以避免构件二次驳运,不需要存放场地,也减少了起重机的工作量。

装配式建筑的安装施工建议构件直接从车上吊装,这样将大大提高工作效率。但很多城市对施工车辆在部分时间段内实行限行,工地不得不准备构件临时堆放场地。

对于临时堆放场地,应在起重机作业半径覆盖范围内,这样可以避免二次搬运;场地地面要求平整、坚实,有良好的排水措施。如果构件存放到地下室顶板或已经完工的楼层上,必须征得设计的同意,楼盖承载力满足堆放要求;场地布置应考虑构件之间的人行通道,方便现场人员作业,道路宽度不宜小于 600mm。

3. 安装条件的复核

预制构件安装施工前,应当对前道工序的质量进行检查,确认具备安装条件时,才可以进行构件安装。

(1)现浇混凝土伸出钢筋位置与数量校验

检查现浇混凝土伸出钢筋的位置、长度是否正确。现浇部位伸出钢筋如果出现位置偏差,很可能会导致构件无法安装。若在简单调整后依然出现无法安装的状况,现场施工人员不可自行决定如何处理,更不得擅自直接截除钢筋,这样做会造成结构安全隐患,应当由设计和监理共同给出处理方案。目前常见的较为稳妥的方案是将混凝土凿出一定深度,采用机械调整钢筋的办法。

对工地现场偏斜钢筋校直时,禁止使用电焊加热或者气焊加热的方法来校直钢筋。

(2)构件连接部位标高和表面平整度检查

构件安装连接部位表面标高应当在误差允许范围内,如果标高偏差较大或表面出现较大倾斜,会影响上部构件安装的平整度和水平缝灌浆厚度的均匀性,因此必须经过处理后才能进行构件安装。

(3)连接部位混凝土质量检查

检查连接部位混凝土是否存在酥松、孔洞、蜂窝等情况,如果存在,须经过凿除、清理、补强处理后才能进行吊装。

(4)外挂墙板在主体结构上的连接节点检查

检查外挂墙板在主体结构上的连接节点的位置是否在允许误差范围内,如果误差过大墙板将无法安装,需要进行调整。调整的方法可以采取增加垫板或调整连接件孔眼尺寸大小等。

装配式建筑施工需要工厂、施工企业、其他委托加工企业和监理单位密切配合,制约因素多,因此就需要制订一份周密、详细的施工组织设计。对不同建筑结构体系编制针对性的预制构件吊装施工方案,并应符合国家和地方等相关施工质量验收标准和规范的要求。

施工组织设计除了普通现浇混凝土该有的内容外,应根据工程总工期,确定装配式建筑的施工进度、质量、安全及成本目标;编制施工进度总计划时应考虑施工现场条件、起重机工作效率、构件工厂供货能力、气候环境情况和施工企业人员、设备、材料的能力等条件。需要明确的结构吊装施工和支撑体系施工方案,可以利用 BIM 技术模拟推演,确定预制构件的施工衔接原则和顺序;在编制施工方案时,应考虑与传统现浇混凝土施工之间的作业交叉,尽可能做到两种施工工艺之间的相互协调与匹配。

4.施工安全条件

除现浇混凝土工程所需要的施工安全措施外,装配式混凝土施工的安全条件还需注意:

(1)要对参与装配式建筑安装作业的所有人员进行系统、全面的安全培训,培训合格后才能上岗;

(2)对装配式建筑施工作业各个环节都应编制安全操作规程,在施工前应进行书面安全技术交底;

(3)运送构件的道路、卸车场地应平整、坚实,满足使用;

(4)在构件吊装作业区域应设置临时隔离和醒目的标识;

(5)构件安装后的临时支撑,应采用专业厂家的设施。

三、任务实施

(1)审验吊装工作专项施工方案,评估天气情况和现场光线条件对吊装施工的影响(雪雾天气和风力大于六级时不进行吊装作业,夜间不进行吊装作业)。

(2)检查塔吊,核查塔吊操作人员相关特种作业资格证书,核查塔吊设备完好性,确认其吊装范围,保证塔吊可正常运行。

(3)准备好配套的平衡梁、吊索、卸扣、缆风绳(定位牵引绳)等吊具,并核查数量和质量。特别要检查吊索是否有断丝、断股、腐蚀、压扁、弯折、电弧引起的损坏,吊钩卡环是否有裂纹或较大变形问题。准备好牵引绳等辅助工具、材料。注意:用于预制剪力墙吊装的平衡梁和用于叠合板及预制楼梯吊装的平衡梁,因为吊点位置和数目需求不同,造型有很大不同,如图 7-8 所示。

(4)检查所有预制构件的套筒和锚浆孔是否有堵塞现象。当灌浆套筒、预留口内有杂物时,应当及时清理干净。清扫本层楼面所有构件安装位置灰尘灰渣。

(5)通过钢筋定位钢板,对本层楼面套筒钢筋位置再进行一遍相对和绝对位置的校核。如图 7-9 所示。在本层楼面上施放竖向构件墙身 50 或 30 线、构件边缘及墙端实线、构件门窗洞口线。

(6)对于预制柱、预制剪力墙板等竖直构件,要安好调整标高的支垫(在预埋螺栓中旋入螺母或在设计位置安放金属垫块,高度不超过 10mm)。并使用水准仪对预埋抄平螺栓或垫片的标高进行调整及校核,校核完成后用红漆进行标注。

图 7-8　平衡梁吊装示意

图 7-9　套筒钢筋位置校核

（7）核查所有斜支撑的数量、长度和质量。检查所有斜支撑地锚的完好性,并将斜支撑一端与地锚牢固连接(也可提前将临时斜支撑连接件安装在竖向构件上)。

四、拓展阅读

建筑工业化技术铸就中国建造新速度

在全国抗击新冠疫情表彰大会上,习近平总书记特别提到"用 10 多天时间先后建成火神山医院和雷神山医院、大规模改建 16 座方舱医院",并向为这次抗疫斗争作出重大贡献的广大工程建设者致以崇高的敬意。这是对两所医院全体建设人员和集团全体干部职工的极大鼓舞和激励,是对集团勇担央企使命、奋力完成两所医院建设的最大褒奖和肯定。

为何能在这么短时间内成功建成两所医院？其中一个重要原因是建筑工业化技术铸就中国建造新速度。

一是创新模块化设计新理念。火神山、雷神山医院院区建筑整体布局高度模块化,病房楼均采用箱体结构进行装配化组合,形成医疗单元。医疗单元以"工"字形设计,按照"鱼骨状"集约排布并串联起来。这种构型能够严格划分污染区和洁净区,实现"双分离"设计:患者从"鱼刺"外围进入病区,医护人员则从中轴"鱼骨"通道层层防护后进入病房,进行检查诊疗看护,实现"医患隔离、通道分离"。此外,医护人员与患者在活动空间上也进行严格区分,最大限度降低交叉感染风险。

二是强化装配式建造新技术。火神山、雷神山医院所有病房都使用具备防火性能的环保材料的集装箱式构造,通过专业集成和交叉深化设计,工厂加工预制,在现场按型号拼装到位,可以大大加快施工进度,像搭积木一样盖房子。结构施工采用钢—混组合式基础、结构模块化施工、"人字形"钢管桁架屋面、多材质相连风管、集装箱防雷接地、多专业管线安装、配套设施成品化、预制一体化数据中心等装配施工新技术,机电系统按护理单元采用成品箱式变电站和箱式柴油电站,数据机房及配线间设备采用成品标准 42U 机柜及 UPS 不间断电源等模块化产品,在功能一致区域统一采用国标通用配电箱,最大化实现主体与配套设施快速装配式建造。

三是打造产业链保障硬实力。传染病医院因功能特殊,具有严格的标准,因而其建设是一个非常复杂的系统工程,涉及上百家公司、上百个工种、万千种物料。从工程机械、集装箱箱体、建材物资、新风负压系统、环保防渗透材料、医用氧气罐、红外热成像智能体温检测系统,到病房里的空调、卫浴,再到医生办公场所的桌椅,都是短时间内由中国企业接力完成,体现了中国在硬件建设和生产方面的实力,其中包含了中建在工业生产以及供应链的统筹、协调和组织方面的能力。

图 7-10　方舱医院建设现场

任务 2　构件吊装施工

一、任务布置

工程已经完成了吊装准备工作,即可按照项目进度安排进行三层结构构件吊装施工工作。请根据任务要求,做好装配式剪力墙墙体吊装工作作业。

二、相关知识

预制剪力墙的安装工艺流程如 7-11 所示

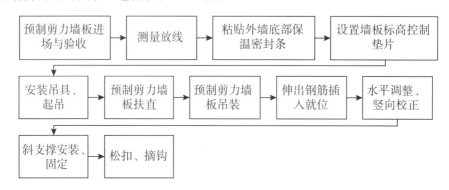

图 7-11　预制剪力墙板安装工艺流程图

（一）预制剪力墙板安装工序基本操作要求

（1）检查墙板外观质量有无破损，墙体基层是否清理干净；

（2）在墙板内侧弹出标高控制线，用扁担钢梁连接墙板吊装孔，吊装墙板至其准确位置上方；

（3）调整墙板位置，使墙板底部的灌浆套筒与预埋插筋准确对位后缓慢下落至底部；

（4）固定墙体斜支撑，量测墙板位置并用斜支撑微调墙板至准确位置，用 2m 靠尺检验墙板垂直度，用斜支撑调整墙板垂直度至规范允许偏差内。

（5）松扣，进行下一块墙板吊装。

（二）预制剪力墙板的吊装要求

（1）测量放线。使用经纬仪或全站仪准确定出首层的定位轴线，并加以复核。根据首层控制线，采用水准仪引测至各施工作业层。完成后，采用钢卷尺准确放出外墙的安装位置线。在外墙内侧、内墙两侧 200mm 处分别放出墙体安装控制线。如图 7-12 所示。

（2）标高与垂直度控制。预制墙板的标高可采用在墙底设置垫片或定位角码进行控制。按设计标高，结合墙体高度尺寸，提前用水准仪测好垫片的标高，控制好墙体下部垫块表面的标高。

（a）作业层定位轴线

（b）墙体安装定位控制线

图 7-12　预制墙定位控制线

（3）墙体的吊装。可采用带倒链的梁式吊具,并加设缆风绳。用卸扣、螺旋吊点将吊索与墙顶预埋吊点连接紧固后,方可起吊。待墙板缓慢吊起后,提升至距地面300mm时稍作停顿,利用手拉葫芦将构件调平,并检查吊挂牢固情况,确认无误后方可继续提升转运至安装作业层。

（4）吊装就位。墙板吊至距离作业面600～1000mm处稍作停顿,由作业人员手扶墙板控制下落方向至预埋伸出钢筋上方,用反光镜观察控制墙板底部套筒孔位,使其与伸出钢筋的位置对正。对准后,引导墙板缓慢下降,平稳就位。

（5）调节就位。墙板准确落位后,使用水准仪复核水平偏差,误差满足规范要求后,即安装可调斜支撑进行临时固定。通过调节斜支撑螺杆上的可调螺杆,调节好墙体的垂直度达到设计和安装偏差限值的要求,方可松开吊钩。调节斜支撑时必须由两名作业人员同时同方向进行调节操作。

调节完成后,需再次对墙体的水平位置、标高、垂直度、相邻墙体的平整度等进行校核。如图7-13所示。

图7-13 墙体垂直度测量

（三）剪力墙板底部处理

（1）粘贴底部密封条

剪力墙外墙板底部的缝隙在安装前应提前粘贴保温密封条。密封条用胶粘贴在下层墙板保温层的顶面上,粘贴位置距保温层内侧不得小于10mm。保温密封条常采用橡塑棉条,其宽度为40mm,厚度为40mm。

（2）安放墙板标高控制垫片

墙板标高控制垫片设置在墙板下面,垫片厚度根据测得的标高确定。每块墙板在两端角部设置4点,垫片距离墙板外边缘约20mm。

（四）构件吊装就位

（1）构件起吊

构件起吊前先清理预制柱、剪力墙板表面混凝土的灰浆、油污及杂物,清理吊点凹槽内的砂浆等。

安装吊具前先检查吊索与构件夹角是否符合要求;检查吊点与绳索的安装状况,确保安装牢固。在吊装柱上系好牵引绳,用于控制吊装中构件的稳定。

构件应缓慢起吊,提升高度至 $500\sim600mm$ 时,观察有无异常现象。如吊索平稳,则可继续起吊。预制柱往往需由平躺状态翻转到竖直状态,因此在翻转时,柱底应垫橡胶软垫。如图 7-14 所示。

当构件吊升至高出放置位置 3m 以上时,可将构件平移至安装部位上方,然后缓慢降低高度。如图 7-15 所示为预制剪力墙吊装。

图 7-14　预制柱起吊

图 7-15　预制剪力墙吊装

(2)钢筋对孔与构件就位

预制柱或墙板吊升至安装位置上方 600mm 左右位置时应稍作停顿,由施工人员手扶墙板,并控制墙板下落方向,使墙板缓慢下降。待到距预埋钢筋顶部 20mm 处,安装人员确认地面上的控制线,将构件控制在边线位置,用反光镜进行钢筋与套筒的对位。预制墙板底部套筒位置与下层预埋钢筋位置对准后,使预埋钢筋准确插入套筒内,再将墙板缓慢下降,对准控制线平稳就位。如果就位后偏差较大,可将构件重新吊起,由安装员重新调整后,再次下放,直到基本到达正确位置为止。如图 7-16 所示为预制柱的钢筋对孔及就位的实例照片。

(a)预制柱钢筋的对孔

(b)就位后的预制桩

图 7-16　预制柱对孔与就位

（五）斜向支撑安装

竖向预制构件就位后,安装人员立即安装斜支撑,防止构件倾覆。

以外墙板为例,外墙板一般采用可调节钢支撑进行固定。塔吊吊钩卸除前,需采用可调斜支撑螺杆将墙板进行临时固定。安装支撑时,先将支撑的托板安装到墙板和楼面上,然后将支撑螺杆与支撑托板连接。每块剪力墙构件至少设置2根斜支撑,对较大或较重的墙板需要设置4根(2长2短)斜支撑,如图7-17所示。支撑安装后应检查其受力状态,对未受力或受力不平衡的情况应进行调查。

图7-17 安装完成的墙板斜支撑

（六）标高、平面位置与垂直度调整

柱或墙板等竖向构件安装固定后,需对安装就位的构件进行标高、平面位置和垂直度的校核与调整。标高调整一般通过构件底部的垫块进行。对采用4斜杆的构件内外位置可通过调节下部短支撑螺杆来校正。垂直度则通过调节上部长支撑螺杆进行校正。调整完成后,应再次复核构件的标高、平面位置及垂直度,对墙板还要检验相邻墙体之间的平整度等。调整建议按标高、平面位置再垂直度的顺序进行,可避免构件多次重复吊起。

三、任务实施

（1）核查被吊装墙体构件相关信息。

（2）检查预埋吊环的数量、位置和直径规格,并系好定位牵引绳。指挥塔吊将平衡钢梁下方吊索的吊钩与预制剪力墙板构件上的预埋吊环一一对应并可靠挂住。

（3）谨慎试吊,如有异象,及时调平。

（4）先将预制剪力墙墙体构件吊至作业面上方,然后慢速平移至安装部位上方。

（5）在安装人员帮助下,引导构件就位。

（6）构件平稳下落,使得墙体下方的套筒(或浆锚孔)对准下部构件伸出的套筒钢筋,并全部对孔插入。

（7）安装斜支撑,并调节构件的水平位置和垂直度。

（8）检查安装误差。

四、拓展阅读

(一)叠合楼板构件吊装作业的基本工序

叠合楼板跨度通常为 4~6m,最大跨度可达 9m。

叠合楼板的吊装过程和预制剪力墙墙体构件吊装过程基本类似,主要区别包括以下几点:

(1)叠合板为水平构件,其叠合板吊装需采用专用吊梁(见图 7-18)。其吊装过程简述如下:用卸扣将吊梁垂下的吊索与叠合板四角吊点连接后,小幅起吊,调平(必要时应卸下构件,重新调整各吊索长度使其同长),提升调转至安装位置上方约 500mm 处,缓行,施工人员手扶叠合板调整板体方向与角度,确认板体方向与施工图一致后将板的边线与梁(墙)安装位置线对准,然后指挥塔吊停稳慢放叠合板到位。

图 7-18　叠合板

(2)如图 7-19 所示,叠合板吊装到位后,放置在竖向支撑之间的水平梁上。施工人员要对板底标高进行校核,必要时应调节板下竖向支撑长度以调节板底各处标高。

(a)叠合板下水平梁　　　　　　　　　　　(b)叠合板下支撑

图 7-19　叠合板安装之竖向支撑

(二)装配式楼梯的吊装基本工序

装配式楼梯由预制楼梯段和预制休息平台组成。其吊装安装过程如图 7-20 所示。

(1)在预制柱、墙上放线,作为预制休息平台定位线标识。

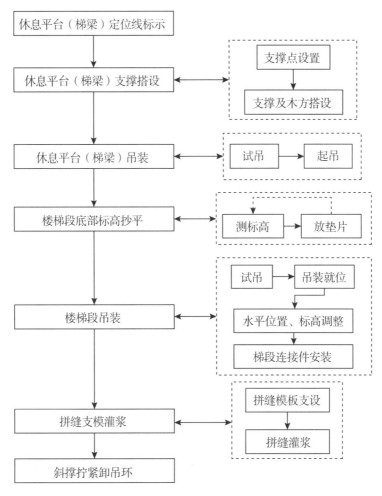

图 7-20　楼梯吊装流程

（2）在预制休息平台构件吊装位置下方搭设支撑，支撑点位不少于 4 个，并在支撑上垂直休息平台长边方向放置截面不小于 5cm×5cm 的木方。根据休息平台高度控制线初步调整支撑高度。

（3）吊装预制休息平台就位。将预埋件插入剪力墙（柱）预留孔洞内，再根据已标出的休息平台标高控制线和水平控制线校核并调节平台底部竖向支撑，如图 7-21 所示。

图 7-21　预制休息平台底部支撑调节

（4）休息平台安装完毕后，在梯段上下口梯梁处，梯段搭接位置进行梯段标高抄平。在梯梁与梯段搭接位置之间加放多个垫块进行标高的调整。

（5）水平吊装预制楼梯梯段进入安装部位。在作业面上空 300mm 左右处略作停顿，手扶预制楼梯梯段调整方向，将楼梯段的边线与休息平台上的安放位置线对准，停稳慢放就位，撬棍微调直到位置正确，搁置平实。

（三）装配式建筑预制构件吊装安全主要注意事项

（1）施工单位应对从事预制构件吊装作业及相关人员进行安全培训与交底，识别预制构件进场、卸车、存放、吊装、就位各环节的作业风险，并制定防控措施。

（2）安装作业开始前，应对安装作业区进行维护并作出明显的标识，拉警戒线，根据危险源级别安排旁站，严禁与安装作业无关的人员进入。

（3）施工作业使用的专用吊具、吊索、定型工具式支撑、支架等，应进行安全验算，使用中进行定期、不定期检查，确保其安全状态。

任务 3　构件连接施工

一、任务布置

相关构件吊装工作已经保质保量地完成了。按照项目进度安排，需要对已临时固定的剪力墙、楼板进行现浇连接工作。请根据任务要求，指导工人做好各项准备工作并完成连接区作业。

二、相关知识

（一）叠合板与叠合层的连接施工

（1）敷设水电管线：叠合板吊装就位后，首先敷设各类水电管线，如图 7-22 所示。

图 7-22　叠合板表面管线敷设

（2）敷设叠合层钢筋网：叠合板上表面已经预制一层单向钢筋（钢筋桁架上弦杆），还需在另一方向敷设上层钢筋（俗称双层双向钢筋网）。上层双向钢筋之间通常用扎丝绑扎。对于楼面转角部位和洞口周边部位，往往需要布设加密的附加钢筋或附加斜向钢筋，施工时要特别注意。

叠合板板底钢筋应深入现浇梁钢筋骨架内并作弯钩锚固。

叠合板上顺钢筋桁架方向的上层钢筋，通过搭接钢筋与梁钢筋骨架相连；垂直钢筋桁架方向的上层钢筋，则可直接深入梁钢筋骨架。

钢筋绑扎工作完毕后，应对绑扎工作进行验收。

（3）叠合层混凝土浇筑：用水冲刷叠合板上表面使其湿润，然后浇筑混凝土。浇筑过程中边浇筑边振捣。采取措施防止模板、相连接构件、钢筋、预埋件及其定位件发生移位。

（4）施工完毕，覆盖塑料薄膜进行养护。必要时薄膜局部开口并多次浇水保持楼面湿润，以保证混凝土强度有效提升。

（5）养护14天以上，待叠合板及相连现浇混凝土梁强度达到要求后，可由跨中向两端逐步拆除模板。混凝土冬期施工应按现行规范《混凝土结构工程施工规范》（GB 50666—2011）和《建筑工程冬期施工规程》（JGJ/T 104—2011）的相关规定执行。

（二）装配式剪力墙连接施工

我国的装配式剪力墙结构技术继承了《高层混凝土结构技术规程》中现浇剪力墙结构技术中墙体端部约束/构造边缘构件作法，要求在L形、T形和一字形墙体连接部位作现浇混凝土暗柱连接。为此，施工员需要作以下工作：

（1）根据结构施工图纸，核对相关竖缝位置处纵筋的个数、直径、间距；核对从预制剪力墙上伸出的水平筋直径、肢数和竖向间距；核查连接钢筋（类似暗柱箍筋）的规格、直径和间距。

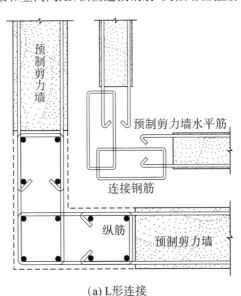

（a）L形连接

图7-23 预制剪力墙水平连接段竖缝配筋

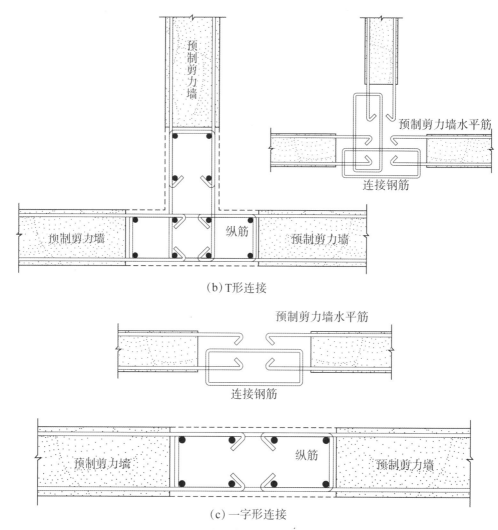

(b) T形连接

(c) 一字形连接

图 7-23　预制剪力墙水平连接段竖缝配筋(续)

(2)清理预制剪力墙侧面凹凸槽(为增强新旧混凝土间抗剪能力而预制)。正确安装本竖缝内各纵向钢筋,并完成纵筋和箍筋之间的绑扎与验收。如图 7-24 所示。

(3)在该竖缝周边支模,为后浇混凝土做准备。

(4)浇筑混凝土,并养护。

(5)现浇暗柱强度形成,拆模。

(三)装配式剪力墙间后浇混凝土模板安装

(1)剪力墙墙板之间混凝土后浇带连接宜采用工具式定型模板支撑。定型模板应通过螺栓或预留孔洞拉结的方式与预制构件形成可靠连接;模板安装时应避免遮挡预制墙板下部灌浆预留孔洞;夹心墙板的外叶板应采用螺栓拉结或夹板等措施加以固定,墙板接缝部位及与定型模板连接处还应采取可靠的密封措施,以防漏浆,如图 7-25 所示。

图 7-24　预制剪力墙水平连接段竖缝配筋实例

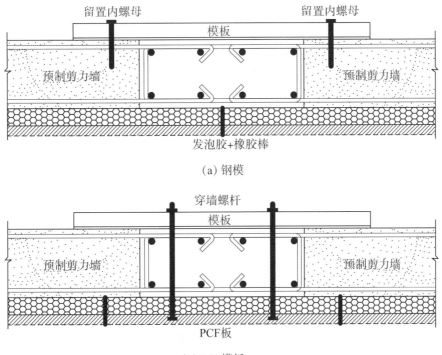

图 7-25　预制剪力墙一字形水平连接段模板安装示意

（2）采用预制保温作为免拆除外墙模板（PCF）进行支模时，预制外墙模板的尺寸参数及与相邻外墙板之间拼缝宽度应符合设计要求。安装时与内侧模板或相邻构件应连接牢固并采取可靠的密封防漏浆措施。

（3）后浇节点位于墙体转角部位时，由于采用普通模板与装饰面相平来进行混凝土浇筑，因此会出现后浇节点与两侧装饰面有高差及接缝处理等难点。目前通常也采用预制装饰保温一体化模板（PCF 板），确保外墙装饰效果统一，如图 7-26 和图 7-27 所示。

PCF 板支设要点:将 PCF 板临时固定在外架上或下层结构上,并与暗柱钢筋绑扎牢固,也可与两侧预制墙板进行拉接;内侧钢模板就位;对拉螺栓将内侧模板与 PCF 板通过背楞连接在一起;最后调整就位。

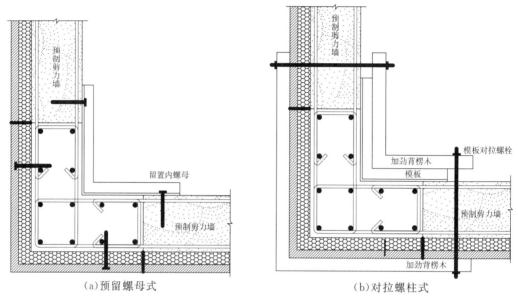

(a)预留螺母式   (b)对拉螺栓式

图 7-26　预制剪力墙 L 形水平连接段 PCF 模板安装示意图

(4)两层预制外墙板之间 T 形后浇节点时,后浇节点内侧采用单侧支模,外侧为预制墙板外叶板(装饰面层+保温层)兼模板,接缝处采用聚乙烯棒+密封胶。与一字形连接类似。

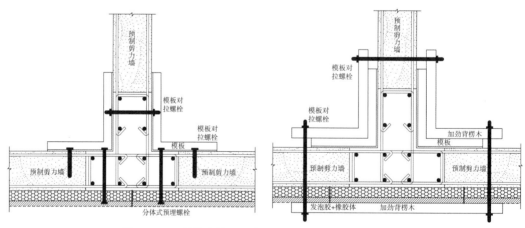

图 7-27　预制剪力墙 T 形水平连接段 PCF 模板安装示意

(四)临时支撑拆除工作要点

(1)水平构件的竖向支撑和竖直构件的斜支撑,须在构件连接部位灌浆料或后浇混凝土的强度达到设计要求后才可以拆除。

（2）各种构件拆除临时支撑的条件应当在构件施工图中给出。如果构件施工图没有要求，施工企业应请设计人员给出要求。

（3）灌浆料具有早强和高强的特点，采用套筒灌浆或浆锚搭接工艺的竖向构件，通常可在灌浆作业完成3天后拆除斜支撑。

（4）叠合楼板等水平叠合构件和后浇区连接的梁，应当在混凝土达到设计强度时才能够拆除临时支撑。

三、任务实施

（1）核对任务要求的墙板与楼板连接位置处纵筋、水平筋及连接钢筋的构造情况。

（2）指导工人清理预制构件，安装各纵向与水平钢筋，完成纵筋和箍筋之间的扎丝绑扎并验收。

（3）指导工人支模。

（4）浇筑混凝土，并及时养护。

图7-28 铝模板

四、拓展阅读

（一）铝合金模板

铝合金模板，全称为混凝土工程铝合金模板，是继胶合板模板、组合钢模板体系、钢框木（竹）胶合板体系、大模板体系、早拆模板体系后新一代模板系统。

铝合金模板以铝合金型材为主要材料，经过机械加工和焊接等工艺制成的适用于混凝土工程的模板，并按照50mm模数设计，由面板、肋、主体型材、平面模板、转角模板、早拆装置组合而成。铝合金模板设计和施工应用是混凝土工程模板技术上的一次重要革新，更是建造技术工业化的体现。

（二）敦煌文博会主场馆

敦煌文博会项目包括国际会议中心、大剧院、国际酒店及相关配套工程等。其中的国际会展中心三座展馆对称分布，庄重大气；飞檐敦实厚重，展现了汉唐遗风和丝绸风情的意蕴，历史感与现代感兼具。

项目充分发挥了中建集团全产业链优势以及预制装配式技术、EPC建设模式等优势，集成创新了一个方式（装配化建造方式）、一个模式（EPC工程总承包）、一个平台（中建数字化平台），形成了"三位一体"智能建造的新模式，树立了中国建筑业史上的一座丰碑。

图7-29 敦煌文博会主场馆

以敦煌大剧院为代表的场馆建设工厂化装配制造部件占到整个建筑的81.2%,综合采用设计施工总承包(EPC)模式,仅用42天即完成方案设计到土建施工三维图纸;全面采用BIM技术,设计、采购、施工在同一信息平台展示,避免"错漏碰撞"的产生,实现复杂构件的精益制造和高效建造;全部场馆主体工程仅用104天,15万平方米的广场石材铺设仅用40天,总工期从5年压缩至8个月,项目管理成本、资金成本压缩约15%。

任务 4　构件灌浆施工

一、任务布置

按照项目进度安排,需要对预制剪力墙体底部与下方构件的钢筋套筒连接进行灌浆连接作业。请根据任务要求,指导工人做好各项准备工作并完成钢筋套筒灌浆连接作业。

二、相关知识

(一)灌浆作业工艺流程为

分仓、清理并塞缝→拌制灌浆料→灌浆料检测→灌浆作业→灌浆完成、封堵出浆孔→试块留置→清理灌浆机

(二)坐浆料、封浆料、灌浆料的制作

装配式建筑预制构件连接处要使用坐浆料和封浆料,多用于预制剪力墙、柱的底部,作为接缝处的铺垫层或封缝或用于为连接处灌浆分仓的隔离。钢筋连接需要使用专用套筒灌浆料,严格按照灌浆料的初凝时间和灌浆速度确定每次灌浆料的拌制数量,既要保证每一灌浆分区的一次性完成,又不能造成灌浆料的浪费。

1. 坐浆料和封浆料

坐浆料和封浆料多用于预制剪力墙、柱的底部,作为接缝处的铺垫层或封缝,或用于连接处灌浆分仓的隔离。坐浆料和封浆料的流动性、强度和微膨胀等性能也应符合有关要求。坐浆料的强度等级不应低于被连接构件混凝土的强度等级,并应满足表7-3的要求。

表7-3　坐浆砂浆性能要求

项目	性能指标	试验方法
流动度初始值/mm	130~170	GB/T 2419—2005
1d抗压强度/MPa	≥30	GB/T 17671—2021

2.灌浆料

钢筋连接用套筒灌浆料是以水泥为基本材料,配以细骨料、混凝土外加剂和其他材料组成的干混料。加水搅拌后具有良好的流动性、早强、高强、微膨胀等性能,填充于套筒和带肋钢筋间隙内,简称"套筒灌浆料"。

(1)灌浆料性能指标

《钢筋连接用套筒灌浆料》(JG/T 408—2019)中规定了灌浆料在标准温度和湿度条件下的各项性能指标的要求,其抗压强度值越高,灌浆接头连接性能越好;流动度越高对施工作业越方便,接头灌浆饱满度越容易保证。

钢筋套筒灌浆连接接头应采用单组分水泥基灌浆料,灌浆料的物理、力学性能应满足国家现行相关标准的要求,如表7-4所示。

表 7-4　钢筋连接用套筒灌浆料主要性能指标

项目		性能指标	试验方法
流动度/mm	初始值	≥300	GB/T 50448—2015
	30min 实测值	≥260	
竖向自由膨胀率/%	3h	0.01～0.30	GB/T 50448—2015
	24h 与 3h 差值	0.02～0.50	
抗压强度/MPa	1d	35	GB/T 17671—2021
	3d	60	
	28d	85	
氯离子含量/%		≤0.03	无
泌水率/%		0.0	GB/T 50080—2016
施工最低温度控制值		≥5℃	无
对钢筋腐蚀作用		无	GB 8076—2008

(2)灌浆料主要指标测试方法

灌浆料流动度试验应按下列步骤进行:

①称取水泥基灌浆材料,精确至5g;按照产品设计(说明书)要求的用水量称量好拌合用水,精确至1g。

②湿润搅拌锅和搅拌叶,但不得有明水。将水泥基灌浆材料倒入搅拌锅中,开启搅拌机,同时加入拌合水,如图7-29所示。

③按水泥胶砂搅拌机的设定程序搅拌240s。

④湿润玻璃板和截锥圆模内壁,但不得有明水,将截锥圆模放置在玻璃板中间位置。

⑤将水泥基灌浆材料浆体倒入截锥圆模内,直至浆体与截锥圆模上口平;徐徐提起截锥圆模,让浆体在无扰动条件下自由流动直至停止。

⑥测量浆体最大扩散直径及与其垂直方向的直径计算平均值,精确到1mm,作为流动度初始值。应在6min内完成上述搅拌和测量过程。

图 7-29　灌浆料搅拌

⑦将玻璃板上的浆体装入搅拌锅内,并采取防止浆体水分蒸发的措施。自加水拌合起 30min 时,将搅拌锅内浆体按③~⑥步骤试验,测定结果作为流动度 30min 保留值。

(3)灌浆料流动度检测要求

灌浆料流动度是保证灌浆连接施工的关键性能指标,灌浆施工环境的温、湿度差异,影响着灌浆的可操作性。在任何情况下,流动度低于规定要求值的灌浆料都不能用于灌浆连接施工,以防止构件灌浆失败造成事故。

为此在灌浆施工前,应首先进行流动度的检测,在流动度值满足要求后方可施工,施工中应控制灌浆时间不超过灌浆料具有规定流动度值的时间(可操作时间)。

每工作班应检查灌浆料拌和物初始流动度不少于 1 次,确认合格后,方可用于灌浆;留置灌浆料强度检验试件的数量应符合验收及施工控制要求。

3.灌浆作业的现场质量保证措施

灌浆作业是装配式混凝土结构施工的重要环节,因此,必须做好以下工作,确保灌浆作业质量。

(1)项目管理人员和技术人员必须熟悉灌浆作业的规范要求、质量标准、工艺流程和操作规程等。

(2)项目现场必须制定详细的灌浆作业操作规程。

(3)必须做好灌浆作业人员的培训和考核,做到持证上岗。

(4)灌浆作业全过程应有专职检验人员负责旁站监督和施工质量检查,做好灌浆作业视频资料和可追溯全过程灌浆质量检测记录,确保灌浆质量。

(5)采用经过验证的钢筋套筒和灌浆料配套产品。应按灌浆料产品使用说明书的要求计量灌浆料和用水量,并搅拌均匀,每次拌制的灌浆料应进行流动度检测,灌浆料流动度应满足《装配式混凝土结构技术规程》(JGJ 1—2014)和《钢筋套筒灌浆连接应用技术规程》(JGJ 355—2015)的有关规定。

(6)施工作业人员必须是经过培训合格的持证上岗人员,严格按技术要求操作。

4.灌浆施工作业要点

灌浆施工须按施工方案执行。全过程应有专职检验人员负责现场监督并及时形成施工检查记录。

（1）灌浆施工方法

竖向钢筋套筒灌浆连接，灌浆应采用压浆法从灌浆套筒下方灌浆孔注入，当灌浆料从套筒上口和其他套筒的灌浆孔、出浆孔流出后应及时封堵。必要时可设分仓进行灌浆。

竖向构件宜采用联通腔灌浆，并合理划分联通灌浆区域，每个区域除预留灌浆孔、出浆孔与排浆孔（必要时可设置排气孔）外，应形成密闭空腔，且保证灌浆压力下不漏浆。

联通灌浆区域内任意两个灌浆套筒间距不宜超过1.5m。采用联通腔灌浆方式时，灌浆施工前应对各联通灌浆区域进行封堵，且封堵材料不应减小结合面的设计面积。

竖向钢筋套筒灌浆连接用联通腔工艺灌浆时，宜采用一点灌浆的方式，即用灌浆泵从接头下方的一个灌浆孔处向套筒内压力灌浆，在该构件灌注完成之前不得更换灌浆孔，且需连续灌注，不得断料，严禁从出浆孔进行灌浆。当一点灌浆遇到问题而需要改变灌浆点时，各套筒已封堵灌浆孔、出浆孔应重新打开，待灌浆料拌和物再次流出后再进行封堵。如图7-30所示。

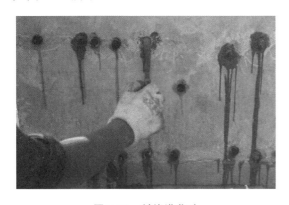

图7-30　封堵灌浆孔

图7-31　手动灌浆施工

竖向预制构件不采用联通腔灌浆方式时，构件就位前应设置坐浆层或套筒下端密封装置。

水平钢筋套筒灌浆应采用全灌浆套筒连接。灌浆作业应采用压浆法从灌浆套筒灌浆孔注入。当灌浆套筒灌浆孔、出浆孔的连接管或连接头处的灌浆料拌和物均高于灌浆套筒外表面最高点时应停止灌浆，并及时封堵灌浆孔和出浆孔，如图7-32所示。

（2）灌浆施工环境温度要求

灌浆施工时，环境温度应符合灌浆料产品使用说明书要求。环境温度低于5℃时不宜施工，低于0℃时不得施工；当环境温度高于30℃时，应采取降低灌浆料拌和物温度的措施。

（3）灌浆施工异常的处置

接头灌浆时出现无法出浆的情况时，应查明原因，采

图7-32　水平灌浆套筒连接

取补救施工措施:对于注浆未饱满的竖向连接灌浆套筒,当在灌浆料加水拌和 30min 内时,应首选在灌浆孔补灌;当灌浆料拌和物已无法流动时,可从出浆孔补灌,并采用手动设备结合细管压力灌浆,如图 7-31 所示,但此时应制定专门的补灌方案并严格执行,如图 7-33 所示。

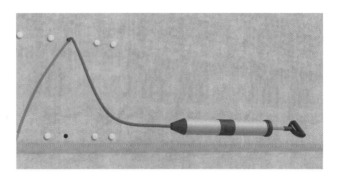

图 7-33　异常情况补灌

(4)灌浆料拌和物使用要求

灌浆料拌和物应在制备后 30min 内用完。散落的灌浆料拌和物不得二次使用,剩余的灌浆料拌和物不得再次添加灌浆料、水后混合使用。

(三)分仓与封边的基本要求

竖向构件采用灌浆连接时,由于预制墙体灌浆面积大、灌浆料多、灌浆操作时间长,而灌浆料初凝时间较短,当灌浆水平距离超过 3m 时,宜进行灌浆作业区域的分割,即"分仓"灌浆作业,既能提高灌浆作业的效率,也可以保证灌浆作业的质量。灌浆作业分仓要求如下:

(1)预制柱的灌浆作业不需要分仓,预制剪力墙根据灌浆作业情况,可以分仓也可以不分仓。

(2)采用电动灌浆泵灌浆时,一般单仓长度不超过 1m,在经过实体灌浆试验确定可行后可适当延长,但不宜超过 3m,如图 7-34 所示。

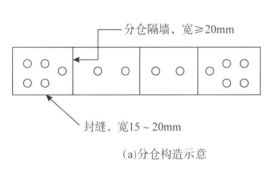

(a)分仓构造示意

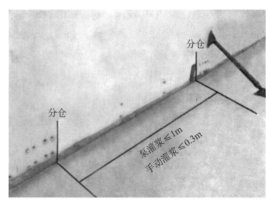

(b)分仓尺寸示意

图 7-34　剪力墙灌浆分仓示意

（3）分仓材料一般选用抗压强度大于 50MPa 的坐浆料。坐浆分仓作业完成 24h 后，可进行灌浆作业。

（4）采用分仓隔条施工时，应严格控制分仓隔条的宽度和其与主筋的距离。分仓隔条的宽度一般为 20～30mm。距离竖向构件的主筋应大于 50mm。

（5）常用的封缝方式有坐浆法、充气管封堵法、木模封缝法。如图 7-35 所示为采用专用分仓工具进行剪力墙分仓封缝作业。

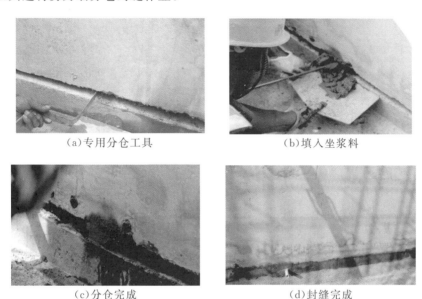

（a）专用分仓工具　　　　　　　　（b）填入坐浆料

（c）分仓完成　　　　　　　　　　（d）封缝完成

图 7-35　分仓、封仓作业

三、任务实施

（1）根据作业环境温度情况，以及设计图纸要求，选择合适类型的灌浆料，然后按照《钢筋套筒用灌浆料》(JGJ 408) 的规定进行灌浆料进场验收。

（2）清洗灌浆机，然后按产品说明书要求计量灌浆料和水的用量，经搅拌均匀并测定其流动度，直到满足灌注要求。准备好灌浆料、灌浆机及配套附件。灌浆料配比应符合要求，核查灌浆机能否正常运行，防止灌浆机出现堵塞。

（3）确定灌浆区（分仓）封堵（封仓）措施，并进行封堵。封堵措施包括密封件封堵和坐浆封堵。

（4）灌浆操作全过程应有施工质量员与监理旁站，并及时形成质量检查记录影像存档。

（5）竖向套筒连接，灌浆作业应采取压浆法从下口灌注，当灌浆料从上口柱状流出时，应及时封堵出浆口。保持压力 30s 后再封堵灌浆口。水平套筒连接，灌浆作业应从灌浆套筒灌浆孔灌注，待浆体液面高于灌浆孔外表皮最高点时，及时封堵。

灌浆料拌和物应在灌浆料厂家给出的时间内完成，且最长不宜超过 30min。已经开始初凝的灌浆料不能使用。

（6）灌浆后12h内不得使构件和灌浆层受到振动碰撞。

（7）待灌浆完毕，灌浆料强度达到设计要求后（3d后），拆除临时支撑。

（a）灌浆料现场搅拌　　　　　　　　（b）灌浆作业

7-36　灌浆机及预制柱灌浆连接作业

四、拓展阅读

（一）钢筋套筒

在金属套筒中插入单根带肋钢筋并注入灌浆料拌和物，通过拌和物硬化形成整体并实现传力的钢筋对接连接，简称套筒灌浆连接。套筒灌浆连接可分为全灌浆套筒连接和半灌浆套筒连接。全灌浆套筒连接是两端均采用套筒灌浆连接的灌浆套筒；半灌浆套筒连接则是一端采用套筒灌浆连接，另一端采用机械连接方式连接钢筋的灌浆套筒。

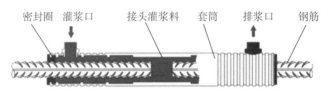

（a）灌浆套筒连接示意

（b）灌浆套筒实物

图 7-37　钢筋套筒连接示意及实物

灌浆套筒型号由名称代号、分类代号、钢筋强度级别主参数代号、加工方式分类代号、钢筋直径主参数代号、特征代号和更新及变型代号组成。灌浆套筒主要参数应为被连接钢筋的强度级别和公称直径。

灌浆套筒型号表示如下：

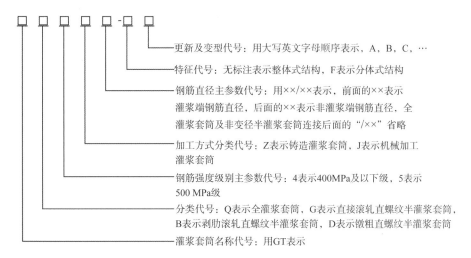

更新及变型代号：用大写英文字母顺序表示，A，B，C，…

特征代号：无标注表示整体式结构，F表示分体式结构

钢筋直径主参数代号：用××/××表示，前面的××表示
灌浆端钢筋直径，后面的××表示非灌浆端钢筋直径，全
灌浆套筒及非变径半灌浆套筒连接后面的"/××"省略

加工方式分类代号：Z表示铸造灌浆套筒，J表示机械加工
灌浆套筒

钢筋强度级别主参数代号：4表示400MPa及以下级，5表示
500 MPa级

分类代号：Q表示全灌浆套筒，G表示直接滚轧直螺纹半灌浆套筒，
B表示剥肋滚轧直螺纹半灌浆套筒，D表示镦粗直螺纹半灌浆套筒

灌浆套筒名称代号：用GT表示

示例：连接标准屈服强度400MPa，直径40mm钢筋，采用铸造加工的整体式全灌浆套筒表示为：GTQ4Z－40。连接标准屈服强度500MPa钢筋，灌浆端连接直径36mm钢筋，非灌浆端连接直径32mm钢筋，采用机械加工方式加工的剥肋滚轧直螺纹半灌浆套筒的第一次变型表示为：GTB5J－36/32A。

（二）构件浆锚搭接与螺栓连接

1.浆锚搭接

浆锚搭接有两种方式：一种是两根搭接的钢筋外圈有螺旋钢筋，它们共同被螺旋钢筋所约束，如图7-38所示；另一种是浆锚孔用金属波纹管。

预留孔道的内壁是螺旋形的，有两种成型方式：一种是埋置螺旋的金属内模，构件达到强度后旋出内模；另一种是预埋金属波纹管做内模，不用抽出。金属内模旋出时容易造成孔壁损坏，比较费工，不如金属波纹管方式可靠简单。

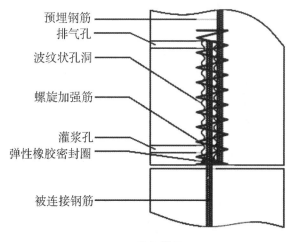

预埋钢筋

排气孔

波纹状孔洞

螺旋加强筋

灌浆孔

弹性橡胶密封圈

被连接钢筋

图 7-38　浆锚搭接原理

浆锚灌浆连接施工要点：浆锚搭接灌浆料为水泥基灌浆料，其性能应符合《装配式混

凝土结构技术规程》(JGJ 1)钢筋浆锚搭接灌浆料性能要求的规定。如表 7-5 所示。

表 7-5　钢筋浆锚搭接连接接头用灌浆料性能要求

检测项目		性能指标
流动度/mm	初始	≥200
	30min	≥150
抗压强度/MPa	1d	≥35
	3d	≥55
	28d	≥80
竖向膨胀率/%	3h	≥0.02
	24h 与 3h 差值	0.02～0.5
氯离子含量/%		≤0.06
泌水率/%		0

与表 7-4 相比,浆锚搭接所用的灌浆料的强度低于套筒灌浆连接的灌浆料,因为浆锚搭接由螺旋钢筋形成的约束力低于金属套筒的约束力,灌浆料强度高了属于功能过剩。

浆锚灌浆连接节点施工的关键是灌浆材料及施工工艺无收缩水泥灌浆施工质量。图 7-39 给出了预制外墙浆锚灌浆连接示意。

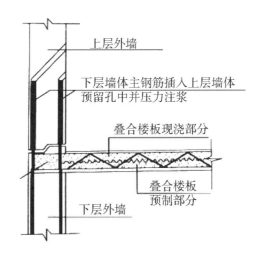

图 7-39　预制外墙浆锚灌浆连接示意

2.螺栓连接

螺栓连接是用螺栓和预埋件将预制构件与预制构件或预制构件与主体结构进行连接。前面介绍的套筒灌浆连接、浆锚搭接连接、后浇筑连接都属于湿连接,螺栓连接属于干连接。

目前在装配整体式混凝土结构中,螺栓连接一般用于外挂墙板和楼梯等非主体结构构件的连接。如图 7-40 与图 7-41 所示分别是外挂墙板与楼梯的螺栓连接示意。

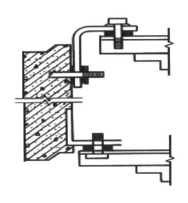

图 7-40　外挂墙板螺栓连接示意

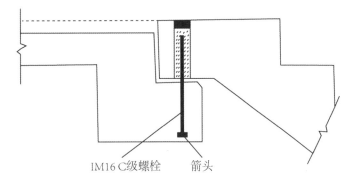

IM16 C级螺栓　　箭头

图 7-41　楼梯的螺栓连接示意

　　而在全装配式混凝土结构中,螺栓连接是主要连接方式,可以连接结构柱、梁。非抗震设计或低抗震设防烈度设计的低层或多层建筑,当采用全装配式混凝土结构时,可用螺栓连接主体结构。如图 7-42 所示是螺栓连接柱子。

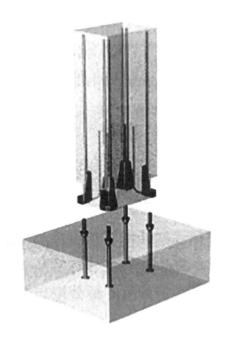

图 7-42　螺栓连接柱子

任务 5　构件安装质量检查验收

一、任务布置

依据装配式混凝土建筑技术相关标准和规程,在老师的指导下,对标准层装配式构件的安装质量进行检查。

二、安装质量检查基本知识

(一)验收依据

对于 PC 装配式结构,验收依据主要包括以下国家标准和行业标准:

《装配式混凝土建筑技术标准》(GB/T 51231—2016);

《装配式混凝土结构技术规程》(JGJ 1—2014);

《普通混凝土拌合物性能试验方法标准》(GB/T 50080—2016);

《混凝土用水标准》(JGJ 63—2006);

《钢筋套筒灌浆连接应用技术标准》(GJ 355);

《钢筋连接用套筒灌浆料》(JG/T 408—2019);

《钢筋机械连接技术规程》(JGJ 107—2016);

《混凝土结构工程施工质量验收规范》(GB 50204—2022);

《混凝土结构工程施工规范》(GB 50666—2011);

《建筑工程施工质量验收统一标准》(GB 50300—2013)。

(二)验收划分

根据《建筑工程施工质量验收统一标准》(GB 50300—2013),将完整建筑工程项目的质量验收工作分为单位工程验收;分部工程验收;分项工程验收和检验批共四个不同级别的验收。单位工程验收一般是竣工质量验收,而其他三个是施工过程质量验收。

不同级别的验收由不同层级的设计、施工、监理和甲方管理人员共同完成。例如,对于分项工程,由专业监理工程师组织施工单位项目专业技术负责人等进行验收;对于分部工程,则由总监理工程师组织施工单位负责人和项目技术负责人等进行验收。设计单位项目负责人和施工单位技术、质量部门负责人应参加主体结构与节能分部工程的验收。检验批应由专业监理工程师组织施工单位项目专业质量检查员、专业工长等进行验收。单位工程完工后,施工单位应组织有关人员进行自检。总监理工程师应组织各专业监理工程师对工程质量进行竣工预验收。存在施工质量问题时,应由施工单位整改。整改完毕后,由施工单位向建设单位提交工程竣工报告,申请工程竣工验收。建设单位收到工程竣工报告后,应由建设单位项目负责人组织监理、施工、设计、勘察等单位项目负责人进行单位工程验收。

　　所有质量验收工作执行前,施工单位都应首先按照《建筑工程施工质量验收统一标准》及其他相关细分标准的要求(见表7-5),进行质量自检并整理完备材料,以便质量验收工作的顺利开展。

表 7-5　PC 装配式建筑中与 PC 有关的项目验收划分标准

序号	项目	分部工程	子分部工程	分项工程	备注
1	PC 装配式结构	主体结构	混凝土结构	装配式结构	
2	PC 预应力板			预应力工程	
3	PC 构件螺栓		钢结构	紧固件连接	
4	PC 外墙板	建筑装饰装修	幕墙	PC 幕墙	参照《点挂外墙板装饰工程技术规程》(JGJ 321—2014)
5	PC 外墙板接缝密封胶		幕墙	PC 幕墙	
6	PC 隔墙		轻质隔墙	板材隔墙	参照《建筑用轻质隔墙条板》(GB/T 23451—2023)
7	PC 一体化门窗		门窗	金属门窗、塑料门窗	
8	PC 构件石材反打		饰面板	石材安装	参照《金属与石材幕墙工程技术规范》(JGJ 133—2013)
9	PC 构件饰面砖反打		饰面砖	外墙饰面砖粘贴	参照《外墙饰面砖工程施工及验收规程》(JGJ 126—2015)
10	PC 构件的装饰安装预埋件		细部	窗帘盒、橱柜、护栏等	参照《钢筋混凝土结构预埋件》(16G362)
11	保温一体化 PC 构件	建筑节能	围护系统节能	墙体节能、幕墙节能	参照《建筑节能工程施工质量验收规范》(GB 50411—2019)
12	PC 构件电气管线	建筑电气	电气照明	导管敷设	参照《建筑电气工程施工质量验收规范》(GB 50303—2015)
13	PC 构件电气槽盒			槽盒安装	
14	PC 构件灯具安装预埋件			灯具安装	

　　检验批质量验收工作的内容是由多个主控项目和多个一般项目组成。主控项目是指建筑工程中对安全、节能、环境保护和主要使用功能起决定性作用的检验项目;一般项目是指除主控项目以外的检验项目。

(三)检验合格标准

检验批质量验收合格是对应分项工程质量验收合格的基础;分项工质量验收合格是相应分部工程质量验收合格的基础;分部工程质量验收合格是相应单位工程质量验收合格的基础,具体阐述如下:

(1)检验批质量验收合格的标准:

主控项目的质量经抽样检验均应合格。

一般项目的质量经抽样检验合格。当采用计数抽样时,合格点率应符合有关专业验收规范的规定,且不得存在严重缺陷。对于计数抽样的一般项目,正常检验一次、二次抽样可按《建筑工程施工质量验收统一标准》附录 D 判定。

具有完整的施工操作依据、质量验收记录。

(2)分项工程质量验收合格的标准:

所含检验批的质量均应验收合格。

所含检验批的质量验收记录应完整。

(3)分部工程质量验收合格的标准:

所含分项工程的质量均应验收合格。

质量控制资料应完整。

有关安全、节能、环境保护和主要使用功能的抽样检验结果应符合相应规定。

观感质量应符合要求。

结构实体检验应合格。

(4)单位工程质量验收合格的标准:

所含分部工程的质量均应验收合格。

质量控制资料应完整。

所含分部工程中有关安全、节能、环境保护和主要使用功能的检验资料应完整。

主要使用功能的抽查结果应符合相关专业验收规范的规定。

观感质量应符合要求。

(四)装配式 PC 分项工程质量检验的主控项目

《装配式混凝土结构技术规程》(JGJ 1—2014)规定了 PC 分项工程质量检验的主控项目,列示如下:

(1)后浇混凝土强度应符合设计要求。

检查数量:按批检验。检验批划分要求:同一配合比的混凝土,每工作班且建筑面积不超过 1000m² 应制作一组标准养护试件,同一楼层应制作不少于 3 组标准养护试件。

检验方法:按现行国家标准《混凝土强度检验评定标准》(GB/T 50107—2010)的要求进行。

(2)钢筋套筒灌浆连接及浆锚搭接连接的灌浆应密实饱满。

检查数量:全数检查。

检验方法:检查灌浆施工质量检查记录。

（3）钢筋套筒灌浆连接及浆锚搭接连接用的灌浆料强度应满足设计要求。

检查数量：按批检验，以每层为一检验批；每工作班应制作一组且每层不应少于 3 组 40mm×40mm×160mm 的长方体试件，标准养护 28d 后进行抗压强度试验。

检验方法：检查灌浆料强度试验报告及评定记录。

（4）剪力墙底部接缝坐浆强度应满足设计要求。

检查数量：按批检验，以每层为一检验批；每工作班应制作一组且每层不应少 3 组边长为 70.7mm 的立方体试件，标准养护 28d 后进行抗压强度试验。

检验方法：检查坐浆材料强度试验报告及评定记录。

（5）钢筋采用焊接连接时，其焊接质量应符合现行行业标准《钢筋焊接及验收规程》（JGJ 18—2012）的有关规定。

检查数量：按现行行业标准《钢筋焊接及验收规程》（JGJ 18—2012）的 5.1.1 条要求划分检验批。

检验方法：目视检查焊接外观质量，然后检查钢筋焊接施工记录及平行加工试件的强度试验报告。

（6）钢筋采用机械连接时，其接头质量应符合现行行业标准《钢筋机械连接技术规程》（JGJ 107—2016）的有关规定。

检查数量：按现行行业标准《钢筋机械连接技术规程》（JGJ 107—2016）的规定确定。

检验方法：检查钢筋机械连接施工记录及平行加工试件的强度试验报告。

（7）预制构件采用焊接连接时，钢材焊接的焊缝尺寸应满足设计要求，焊缝质量应符合现行国家标准《钢结构焊接规范》（GB 50661—2011）和《钢结构工程施工质量验收标准》（GB 50205—2020）的有关规定。

检查数量：全数检查。

检验方法：按现行国家标准《钢结构工程施工质量验收标准》（GB 50205—2020）的要求进行。

（8）预制构件采用螺栓连接时，螺栓的材质、规格、拧紧力矩应符合设计要求及现行国家标准《钢结构设计标准》（GB 50017—2017）和《钢结构工程施工质量验收标准》（GB 50205—2020）的有关规定。

检查数量：全数检查。

检验方法：按现行国家标准《钢结构工程施工质量验收标准》（GB 50205—2020）的要求进行。

（9）预制构件的进场质量验收应符合现行国家标准《混凝土结构工程施工质量验收规范》（GB 50204—2022）的有关规定。专业企业生产的预制构件进场时，预制构件结构性能检验应符合下列规定：

①梁板类简支受弯预制构件进场时应进行结构性能检验，并应符合下列规定：

结构性能检验应符合国家现行相关标准的有关规定及设计的要求，检验要求和试验方法应符合本规范附录 B 的规定。

钢筋混凝土构件和允许出现裂缝的预应力混凝土构件应进行承载力、挠度和裂缝宽度检验;不允许出现裂缝的预应力混凝土构件应进行承载力、挠度和抗裂检验。

对大型构件及有可靠应用经验的构件,可只进行裂缝宽度、抗裂和挠度检验。

对使用数量较少的构件,当能提供可靠依据时,可不进行结构性能检验。

对其他预制构件,除设计有专门要求外,进场时可不做结构性能检验。

②对进场时不做结构性能检验的预制构件,应采取下列措施:

施工单位或监理单位代表应驻厂监督制作过程;当无驻厂监督时,预制构件进场时应对预制构件主要受力钢筋数量、规格、间距及混凝土强度等进行实体检验。

检验数量:同一类型预制构件不超过 1000 个为一批,每批随机抽取 1 个构件进行结构性能检验。

检验方法:检查结构性能检验报告或实体检验报告。

注:"同类型"是指同一钢种、同一混凝土强度等级、同一生产工艺和同一结构形式。抽取预制构件时,宜从设计荷载最大、受力最不利或生产数量最多的预制构件中抽取。

预制构件的外观质量不应有严重缺陷,且不应有影响结构性能和安装、使用功能的尺寸偏差。

检查数量:全数检查。

检验方法:观察,尺量;检查处理记录。

预制构件上的预埋件、预留插筋、预埋管线等的规格和数量以及预留孔、预留洞的数量应符合设计要求。

检查数量:全数检查。

检验方法:观察。

(五)装配式 PC 分项工程质量检验的一般项目

(1)装配式结构尺寸允许偏差应符合设计要求,并应符合表 7-6 中规定。

检查数量:按楼层、结构缝或施工段划分检验批。在同一检验批内,对梁、柱,应抽查构件数量的 10%,且不少于 3 件;对墙和板,应按有代表性的自然间抽查 10%,且不少于 3 间;对大空间结构,墙可按相邻轴线间高度 5m 左右划分检查面,板可按纵、横轴线划分检查面,抽查 10%,且均不少于 3 面。

表 7-6 装配式结构尺寸允许偏差及检验方法

项目		允许偏差/mm	检验方法
构件中心线对轴线位置	基础	15	尺量检查
	竖向构件(墙、柱)	15	
	水平构件(梁、板)	10	
构件标高	梁、柱、墙、板底面或顶面	5	水准仪或尺量检查

续　表

项目			允许偏差/mm	检验方法
构件垂直度	柱、墙	<5m	5	经纬仪或全站仪量测
		≥5m,且<10m	10	
		≥10m	20	
构件倾斜度	梁、桁架		5	垂线、钢尺量测
相邻构件平整度	板端面		5	钢尺、塞尺量测
	梁、板底面	抹灰	5	
		不抹灰	3	
	柱、墙侧面	外露	5	
		不外露	10	
构件搁置长度	梁、板		±10	尺量检查
支座、支垫中心位置	板、梁、柱、墙、桁架		10	尺量检查
墙板接缝	宽度		±5	尺量检查
	中心线位置			

（2）外墙板接缝的防水性能应符合设计要求。

检查数量：按批检验。每 1000m² 外墙面积应划分为一个检验批，不足 1000m² 时也应划分为一个检验批；每个检验批每 100m² 应至少抽查一处，每处不得少于 10m²。

检验方法：检查现场淋水试验报告。

（3）预制构件应有标识。

检查数量：全数检查。

检验方法：观察。

（4）预制构件的外观质量不应有一般缺陷。

检查数量：全数检查。

检验方法：观察，检查处理记录。

（六）PC 结构实体检验

装配式混凝土结构子分部工程分段验收前，应采用各种仪器对已经施工完成的结构进行结构实体检验，以作为除砼试块之外的一种对结构质量的检验。预制构件现浇结合部位是重点检验位置。

结构实体检验应包括混凝土强度、钢筋保护层厚度、结构位置与尺寸偏差以及合同约定的项目；必要时可检验其他项目。

结构实体检验应由监理单位组织施工单位实施，并见证实施过程。施工单位应制定结构实体检验专项方案，并经监理单位审核批准后实施。除结构位置与尺寸偏差外的结构实体检验项目，应由具有相应资质的检测机构完成。

（1）结构实体混凝土强度应按不同强度等级分别检验，检验方法宜采用同条件养护试件方法；当未取得同条件养护试件强度或同条件养护试件强度不符合要求时，可采用回弹－取芯法进行检验。结构实体混凝土同条件养护试件强度检验应符合《混凝土结构工程施工质量验收规范》附录 C 的规定；结构实体混凝土回弹－取芯法强度检验应符合《混凝土结构工程施工质量验收规范》附录 D 的规定。

混凝土强度检验时的等效养护龄期可取日平均温度逐日累计达到 600℃·d 时所对应的龄期，且不应小于 14d。日平均温度为 0℃ 及以下的龄期不计入。

冬期施工时，等效养护龄期计算时温度可取结构构件实际养护温度，也可根据结构构件的实际养护条件，按照同条件养护试件强度与在标准养护条件下 28d 龄期试件强度相等的原则由监理、施工等各方共同确定。

（2）钢筋保护层厚度按照《混凝土结构工程施工质量验收规范》附录 E 执行。

（3）结构位置与尺寸偏差检验应符合《混凝土结构工程施工质量验收规范》附录 F 的规定

（4）当未能取得同条件养护试件强度和同条件养护试件强度被判为不合格，应委托具有相应资质等级的检测机构在国家有关标准的规定下进行检验。

（七）装配式混凝土建筑质量检查过程要点

（1）对本批次所有进场预制墙板、柱等构件执行进场外观尺寸检查，并核查预制件生产厂附带质量证明文件或产品合格证，并选择代表性构件作实体试验。然后委托第三方作产品进场复检工作并形成报告。

（2）核查本工作面所有已完成安装的预制墙板和柱类构件的安装尺寸偏差，并填写相应分项检查报告。

（3）核查所有套筒灌浆连接施工检查记录，通过记录中的图片等资料确认灌浆密实度。

（4）检查各批次灌浆料强度试验报告及评定记录。

（5）检查各批次坐浆材料强度试验报告及评定记录。

（6）检查钢筋机械连接施工记录及平行加工试件的强度试验报告。

（八）质量验收后处理

当建筑工程施工质量不符合要求时，应按下列规定进行处理：

经返工或返修的检验批，应重新进行验收。

经有资质的检测机构检测鉴定能够达到设计要求的检验批，应予以验收。

经有资质的检测机构检测鉴定达不到设计要求，但经原设计单位核算认可够满足安全和使用功能的检验批，可予以验收。

经返修或加固处理的分项、分部工程，满足安全及使用功能要求时，可按技术处理方案和协商文件的要求予以验收。

工程质量控制资料应齐全完整。当部分资料缺失时，应委托有资质的检测机构按有关标准进行相应的实体检验或抽样试验。

经返修或加固处理仍不能满足安全或重要使用要求的分部工程及单位工程，严禁验收。

三、任务实施

(1)在老师指导下,了解本次验收工作所属分部和分项工程。

(2)检验竖缝后浇混凝土强度,并填写相关表单。

(3)检查灌浆施工质量记录,确定套筒灌浆密实情况,并填写相关表单。

(4)检查灌浆料强度试验报告及评定记录,确定钢筋套筒灌浆连接用的灌浆料强度质量情况,并填写相关表单。

(5)检查坐浆材料强度试验报告及评定记录,确定坐浆质量情况,填写相关表单。

四、拓展阅读

(一)装配式建筑施工常见质量弊病及预防

(1)装配式 PC 结构施工质量通病之预制构件管线遗漏、偏位。

问题描述:预制构件预埋管遗漏、偏位严重造成安装时剔凿预制板,极易破坏构件。

原因分析:①构件加工过程中预埋管件遗漏;②管线安装未按图施工。

防治措施:①加强管理,预埋管线必须按图施工,避免遗漏;②加强现场检查,发现遗漏、偏位及时处理,严禁随意剔凿预制构件。

(2)装配式 PC 结构施工质量通病之预制构件灌浆不密实。

问题描述:预制墙板根部灌浆不密,严重影响质量。

原因分析:①灌浆料配置不合理;②灌浆管道不畅通、嵌缝不密实造成漏浆;③施工人员未按技术要求操作。

防治措施:①严格按照说明书的配比及放料顺序进行配制,搅拌方法及搅拌时间根据说明书进行控制;②构件吊装前应仔细检查注浆管、拼缝是否通畅,灌浆前半小时可适当撒少量水对灌浆管进行湿润,但不得有积水;③使用压力注浆机,一块构件中的灌浆孔应一次连续灌满,并在灌浆料终凝前将灌浆孔表面压实抹平;④灌浆料搅拌完成后保证30min 以内将料用完;⑤加强操作人员培训与管理,提高施工质量意识。

(3)装配式 PC 结构施工质量通病之封口砂浆过多。

楼梯井处外墙水平缝密口砂浆过多,严重影响灌浆质量。

原因分析:①此部位下层预制构件未留住企口,导致水平缝隙过大;②施工单位管理失职。

处理措施:①重新采取封堵措施,并将处理方案报监理、甲方工程部审核通过后实施;②要求施工单位加强现场管理,严禁密口砂浆过多导致灌浆质量无法保证;③完善 NPC 相关技术规范,对于密口砂浆的厚度、密口砂浆所占体积比例等相关指标须有明确规定,以作为现场检查验收的规范依据。

(二)港珠澳大桥人工岛主楼项目

55 公里长的港珠澳大桥是世界上最长的钢结构桥梁。桥墩、桥面、钢箱梁等首先在中山和东莞的工厂加工。在风平浪静的天气里,它们像积木一样,在海上一个个组装起来,效率更高、更环保。此外,大桥西人工岛的主楼总建筑面积为 20000 平方米,共有 3 层,为全线路段的重点配套工程,是水上桥梁与水下隧道的衔接部分。东人工岛西边距铜鼓航道中心 1563 米,采用椭圆形布设,岛长 625 米,宽 225 米,总面积为 10.3161 万平方米,建筑面积约 2.5 万平方米;西人工岛东边距伶仃西航道中心 2018 米,也设为椭圆形岛,岛长 625 米,宽 185 米,总面积为 9.7962 万平方米,建筑面积约 1.8 万平方米;为减少阻水效应,两岛均位于−10 米等深线以外。其中,东人工岛除了养护救援功能外,附加旅游服务功能,建设环岛步道用以观光;西人工岛以管理功能为主,设运营、养护以及救援站。东西人工岛建筑顶部均设有一个帽子状的中央风口,保持隧道空气畅通,均采用预制施工工艺。由此可见,装配式建筑很强大!

7-43　港珠澳大桥西人工岛的主楼项目

◇ **实训任务**

根据实训条件完成某装配式建筑的验收,并填写相应的表单。

◇ **练习与思考**

一、单选题

1.当利用吊索上的吊钩、卡环钩挂重物上的起重吊环时,吊索的安全系数不应小于（　　）。

A.2　　　　　　　B.3　　　　　　　C.4　　　　　　　D.6

2.雪雾天气和风力大于（　　）时不进行吊装作业,夜间不进行吊装作业。

A.一　　　　　　　B.二　　　　　　　C.五　　　　　　　D.六

3.塔吊将预制剪力墙墙体构件吊至比安装作业面高出（　　）以上且高出作业面最高设施（　　）以上高度,然后慢速平移构件至安装部位上方。

A.1.5m　1.0m　　　B.1.2m　0.9m　　　C.1.1m　0.8m　　　D.1.0m　1.0m

4.叠合楼板是由预制叠合板和（　　）叠合而成的装配整体式楼板。

A. 空心板   B. 预制混凝土层

C. 钢筋楼承板   D. 现浇钢筋混凝土层

5. 楼梯段与休息平台之间的缝隙用(   )填灌严实并养护。

A. C20 细石混凝土   B. 灌浆料   C. 水泥砂浆   D. 再生混凝土

二、多选题

1. 装配式结构构件吊装常用的吊具包括(   )。

A. 平衡梁   B. 卸扣   C. 吊索   D. 缆风绳   E. 独脚拔杆

2. 预制装配式 PC 剪力墙竖缝连接常规平面造型,包括(   )。

A. L 形   B. T 形   C. 一字形   D. W 形   E. 十字形

3. 叠合板钢筋网敷设时,对于楼面转角部位和洞口周边部位,往往需要作加密的
(   ),施工时要特别注意。

A. 附加钢筋   B. 附加斜向钢筋   C. 附加吊筋

D. 附加箍筋   E. 附加构造筋

4. 在金属套筒中插入单根带肋钢筋并注入灌浆料拌和物,通过拌和物硬化形成整体
并实现传力的钢筋对接连接,简称套筒灌浆连接。套筒灌浆连接可分为(   )。

A. 全灌浆套筒   B. 半灌浆套筒   C. 完全灌浆套筒

D. 不完全灌浆套筒   E. 机械灌浆套筒

三、简答题

1. 关于叠合板顶面钢筋绑扎,前面要求"叠合板上顺钢筋桁架方向的上层钢筋,通过
搭接钢筋与梁钢筋骨架相连;垂直钢筋桁架方向的上层钢筋,则可直接深入梁钢筋骨架"。
为什么?

2. 请简述灌浆料流动度检测过程操作要领和灌浆料试块制作要领。

3. 请简述装配式 PC 分项工程质量检验的主控项目和一般项目及其检测方法。

＿＿＿质量批验收记录

单位(子单位) 工程名称		分部(子分部) 工程名称		分项工程名称	
施工单位		项目负责人		检验批容量	
分包单位		分包项目负责人		检验批部位	
施工依据		验收依据			

	验收项目	设计要求及规范规定	最小/实际抽样数量	检查记录	检查结果
主控项目	1				
	2				
	3				
	4				
	5				
	6				
	7				
	8				
	9				
	10				
一般项目	1				
	2				
	3				
	4				
	5				
施工单位检查结果		专业工长： 项目专业质量检查员： 年　月　日			
监理单位验收结论		专业监理工程师： 年　月　日			

_____分项工程验收记录

单位(子单位)工程名称			分部(子分部)工程名称		
分项工程数量			检验批数量		
施工单位		项目负责人		项目技术负责人	
分包单位		分包单位项目负责人呢		分包内容	
序号	检验批名称	检验批容量	施工单位检查结果	监理单位检查结论	
1					
2					
3					
4					
5					
6					
7					
8					
9					
10					
11					
12					
13					
14					
15					
施工单位检查结果	项目专业技术负责人： 年　月　日				
监理单位验收结论	专业监理工程师： 年　月　日				

_____分部工程验收记录

单位(子单位) 工程名称		分部(子分部) 工程名称		分项工程名称	
施工单位		项目负责人		技术质量负责人	
分包单位		分包单位负责人		分包内容	

序号	子分部 工程名称	分项工程 名称	检验批数量	施工单位 检查结果	监理单位 验收结论
1					
2					
3					
4					
5					
6					
7					
8					
9					
10					
质量控制资料					
安全和功能检验结果					
观感质量检验结果					
综合验收结论					

施工单位 项目负责人: 年 月 日	勘察单位 项目负责人: 年 月 日	设计单位 项目负责人: 年 月 日	监理单位 总监理工程师: 年 月 日

模块八　钢结构工程施工

　　钢结构是用钢板、型钢和圆钢等通过焊接、铆接、螺栓等方式进行连接并组装而成的结构形式。和混凝土结构及砌体结构相比,钢结构具有强度高、塑性和韧性较好、结构重量轻、焊接构造简单、构件加工方便、施工周期短和精度高等特点。因此,在工业民用建筑、桥梁道路等工程中被广泛采用,特别是跨度较大的工业厂房,往往采用钢结构。

学习目标

　　知识目标:

　　1.掌握钢结构施工图纸中构件及构件连接方式的正确表达;熟悉构件制作工艺。

　　2.熟悉钢结构现场安装工艺及要求,能在老师指导下根据场地特点编制钢结构安装方案,布置安装现场平面图。

　　3.理解钢构件防火、防腐的原因,掌握钢结构涂装工艺。

　　4.能按规范要求,对钢结构安装工程进行验收。

　　5.树立细致严谨、毫不懈怠的工作态度,保证工程的规范性与安全性。

任务 1　钢材的认识及构件制作

一、任务布置

　　某钢结构厂房设计阶段已完成,并在钢构厂家完成了构件制作工作。项目部安排你驻厂监督整个制作过程,请记录构件制作工艺,并完成钢件进场验收。

二、相关知识

(一)钢材的选择

　　钢材品种繁多,不同品种的钢材各自的性能、参数及用途都不相同,适用于建筑的钢材只是其中的一小部分。为了保证结构的安全,钢结构所采用的钢材在性能方面必须具有较高的强度、较好的塑性和韧性以及良好的加工性能。对于焊接结构还要求可焊性良好；在低温下工作的结构，要求钢材保持较好的韧性；在易受大气侵蚀的露天环境下工作的结构及在有害介质侵蚀环境下工作的结构，要求钢材具有较好的抗锈蚀能力。

按用途分类，钢材可分为结构钢、工具钢和特殊钢（如不锈钢等）。结构钢又分为建筑用钢和机械用钢。

按冶炼方法，钢可分为氧气转炉钢、平炉钢和电炉钢，电炉钢是特种合金钢，不用于建筑；平炉钢质量好，但冶炼时间长，成本高；氧气转炉钢质量与平炉钢相当而成本较低。

按脱氧方法，钢又分为沸腾钢、镇静钢和特殊镇静钢。镇静钢脱氧充分，沸腾钢脱氧较差。一般钢结构采用镇静钢，尤其是轧制钢材的钢坯推广采用连续铸锭法生产，钢材必然为镇静钢。

按成形方法分类，钢又分为轧制钢（热轧、冷轧）、锻钢和铸钢。按化学成分分类，钢又分为碳素钢和合金钢。在建筑钢材中一般采用的是碳素结构钢、低合金高强度结构钢和优质碳素结构钢。

1.碳素结构钢

国家标准《碳素结构钢》（GB/T 700—2016）是参照国际标准化组织 ISO 630《结构钢》制订的。钢的牌号，即钢的表达方式由代表屈服点的字母 Q、屈服点数值、质量等级符号、脱氧方法符号四个部分按顺序组成。

根据屈服点数值，钢材厚度（直径）≤16mm 分为 Q195、Q215、Q235、Q275。屈服强度越大，其含碳量、强度和硬度越大，塑性越低。其中，Q235 钢在使用、加工和焊接方面的性能都比较好，所以在钢结构中较常采用。

钢的质量等级分为 A、B、C、D 四级，由 A 到 D 表示质量由低到高。A 级钢只保证抗拉强度、屈服点、伸长率，必要时可附加冷弯试验的要求。B、C、D 级钢均保证抗拉强度、屈服点、伸长率、冷弯和冲击韧性（分别为 20℃、0℃、−20℃）等力学性能。

沸腾钢、镇静钢和特殊镇静钢的代号分别为 F、Z 和 TZ。其中，镇静钢和特殊镇静钢的代号可以省去。对于常用的 Q235 钢，A、B 级钢可以是 Z、F，C 级钢只能是 Z，D 级钢只能是 TZ。例如，Q235−AF 表示屈服强度为 235N/mm^2 的 A 级沸腾钢；Q235−C 表示屈服强度为 235N/mm^2 的 C 级镇静钢；Q235−D 表示屈服强度为 235N/mm^2 的 D 级特殊镇静钢。

2.低合金高强度结构钢

这种钢是在冶炼过程中添加一种或几种总量低于 5％ 的合金元素的钢，执行国家标准《低合金高强度结构钢》（GB/T 1591—2018）。低合金高强度结构钢采用与碳素结构钢相同的钢的牌号表示方法，即根据钢材厚度（直径）≤16mm 时的屈服点大小，分为 Q295、Q345、Q390、Q420、Q460、Q500、Q550、Q620、Q690 等，其中 Q390、Q420、Q460 较常用。

低合金高强度结构钢的牌号仍有质量等级符号，除与碳素结构钢 A、B、C、D 四个等级相同外，增加一个等级 E，主要是要求−40℃的冲击韧性。低合金高强度结构钢一般为镇静钢，因此钢的牌号中不注明脱氧方法，冶炼方法也由供方自行选择。其中，A 级钢应进行冷弯试验，其他质量级别钢如果供方能保证弯曲试验结果符合规定要求，可不做检验。Q460 和各牌号 D、E 级钢一般不供应型钢、钢棒。

3.优质碳素结构钢

优质碳素结构钢以不进行热处理或进行热处理(退火、正火或高温回火)状态交货,要求进行热处理状态交货的应在合同中注明,未注明者按不进行热处理交货,如用于高强度螺栓的 45 号优质碳素结构钢需经热处理,强度较高,对塑性和韧性又无显著影响。

(二)钢材的表示及规格

钢结构采用的型材有热轧成形的钢板和型钢以及冷弯(或冷压)成形的薄壁型钢,如图 8-1 及图 8-2 所示。

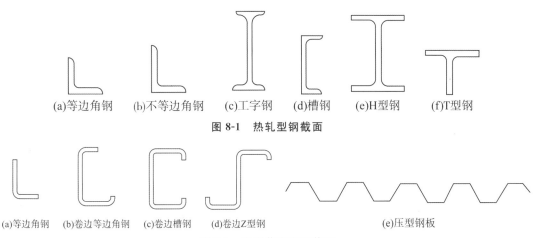

(a)等边角钢　(b)不等边角钢　(c)工字钢　(d)槽钢　(e)H型钢　(f)T型钢

图 8-1　热轧型钢截面

(a)等边角钢　(b)卷边等边角钢　(c)卷边槽钢　(d)卷边Z型钢　(e)压型钢板

图 8-2　冷弯薄壁型钢截面

1.钢板热轧

钢板有薄钢板(厚度为 0.35～4mm)、厚钢板(厚度为 4.5～60mm)、特厚钢板(板厚>60mm)和扁钢(厚度为 4～60mm,宽度为 30～200mm,此钢板宽度小)。钢板的表示方法为:在符号"—"后加"宽度×厚度×长度"或"宽度×厚度",如—500×10×350,—500×10,单位皆为 mm。

2.型钢

型钢主要有角钢、工字钢、H 型钢、槽钢、钢管、冷弯薄壁型钢等。

(1)角钢。角钢分为等边和不等边两种。不等边角钢的表示方法为:在符号"∟"后加"长肢宽×短肢宽×厚度",如∟ 80×50×6;等边角钢则以肢宽和厚度表示,如∟ 80×6,单位皆为 mm。

(2)工字钢。工字钢有普通工字钢和轻型工字钢。普通工字钢和轻型工字钢用"工"后加其截面高度的厘米数表示。20 号以上的工字钢,同一号数有三种腹板厚度,分别为 a、b、c 三类,其中 a 类腹板最薄,翼缘最窄,用作受弯构件较为经济,如工 32a 轻型工字钢的腹板和翼缘均较普通工字钢薄,因而在相同重量下其截面模量和回转半径均较大。

(3)H 型钢。H 型钢是世界各国使用很广泛的热轧型钢,与普通工字钢相比,其翼缘内外两侧平行,便于与其他构件相连。它可分为宽翼缘 H 型钢(代号 HW,翼缘宽度 B 与截面高度 H 相等)、中翼缘 H 型钢[代号 HM,B=(1/2～2/3)H]、窄翼缘 H 型钢[代号

HN,B=(1/3~1/2)H]。各种 H 型钢均可由剖分 T 型钢供应,代号分别为 TW、TM 和 TN。H 型钢和剖分 T 型钢的规格标记均采用:高度(H)×宽度(B)×腹板厚度(t_1)×翼缘厚度(t_2)表示,如 HM340×250×9×14,其剖分 T 型钢为 TM170×250×9×14,单位均为 mm。

(4)槽钢。槽钢有普通槽钢和轻型槽钢两种,以其截面高度的厘米数编号前面加上符号"[",如[30a。号码相同的轻型槽钢,其翼缘较普通槽钢宽而薄,腹板也较薄,回转半径较大,重量较轻,表示方法为符号"Q["加上截面高度的厘米数。

(5)钢管。钢管有无缝钢管和焊接钢管两种,用符号"ϕ"后面加"外径×厚度"表示,如 ϕ 275×5,单位为 mm,表示钢管外直径为 275mm,壁厚为 5mm。

(6)冷弯薄壁型钢。薄壁型钢是用薄钢板(一般采用 Q235 钢或 Q345 钢),经模压或弯曲而制成,其壁厚一般为 1.5~12mm,在国外薄型钢厚度有加大范围的趋势。它能充分利用钢材的强度以节约钢材,在轻钢结构中得到广泛应用,常用的截面形式有等边角钢、卷边等边角钢、Z 型钢、卷边 Z 型钢、槽钢、卷边槽钢(C 型钢)、钢管等,如图 8-2(a)—(d)所示。薄壁型钢的表示方法为:字母 B 加"截面形状符号"加"长边宽度×短边宽度×卷边宽度×壁厚",单位为 mm。

有防锈涂层的彩色压型钢板是冷弯薄壁型钢的另一种形式,如图 8-2(e)所示,所用钢板厚度为 0.4~1.6mm,常用作轻型屋面及墙面等构件。

(三)钢构件的制作

钢结构制作主要包括原材料进厂、放样、号料、切割下料、组装、焊接、检测、除锈、涂装、包装直至发运等。一般作业工艺流程如图 8-3 所示。本章重点介绍在钢构件加工制作过程中对钢材进行的放样、号料、切割下料、校正、边缘加工、滚圆、煨弯、制孔过程。

1.放样

放样是钢结构制作的首道工序,放样是以设计图纸为准。放样方法有以下几种:

(1)手工放样

在样台上以 1︰1 实尺放样,俗称放大样。放样后经过技术部门或质检员认可,再制作样板。为了防止样板变形,应在样板上画一根直线,称作基准或检验线。大的构件样板,可用 8mm×75mm 木条制作,小构件样板可用黄板纸(俗称马粪纸)等材料制作。

(2)比例放样与光学投影放样

由于钢结构构件大型化和实尺放样样台的限制,大型钢构件可采用比例放样和光学投影放样。可以一次将外板的外形尺寸和加工肋骨线位置通过 1︰10 的比例放样展开放大到号料机上,图形误差不大于 2mm。

(3)数学放样与数控号料、切割

数字放样是把放样、号料、切割三道工序转变为计算机数据处理、数控号料、切割这三道工序。若已知钢板规格,则运用电子计算机进行排料(套料),然后将数据输入数控切割机,就可切割出所需形状的外板。但对要进行冷加工及火工热加工的双向曲度外板,则仍然需要手工展开肋骨剖面线,制作三角样板作为加工外板用。

放样时,铣、刨的工件要考虑加工余量,所有加工边一般要留加工余量 5mm。焊接构件要按工艺要求放出焊接收缩量。样板、样杆的精度要求如表 8-1 所示。

表 8-1　样板、样杆精度表

项目	允许偏差值	项目	允许偏差值
平行线距离和分段尺寸	±0.5mm	样板对角线差	1.0mm
样板长度	±0.5mm	样板对角线差	1.0mm
样板宽度	±0.5mm	样板对角线差	±20′

2.号料

号料是利用样板、样杆或根据图纸,在板料及型钢上画出孔的位置和零件形状的加工界线。号料的一般工作内容包括:检查核对材料;在材料上画出切割、铣、刨、弯曲、钻孔等加工位置;打冲孔;标注出零件的编号等。常用的号料方法有:

(1)集中号料法。由于钢材的规格多种多样,为减少原材料的浪费,提高生产效率,应把同厚度的钢板零件和相同规格的型钢零件,集中在一起进行号料。

(2)套料法。在号料时,要精心安排板料零件的形状位置,把同厚度的各种不同形状的零件和同一形状的零件,进行套料。

(3)统计计算法。这是在型钢下料时采用的一种方法。号料时应将所有同规格型钢零件的长度归纳在一起,先把较长的排出来,再算出余料的长度,然后把和余料长度相同或略短的零件排上,直至整根料被充分利用为止。

(4)余料统一号料法。将号料后剩下的余料按厚度、规格与形状基本相同的集中在一起,把较小的零件放在余料上进行号料。

号料应以有利于切割和保证零件质量为原则。号料所画的实笔线条粗细以及粉线在弹线时的粗细均不得超过 1mm;号料敲凿子印间距,直线为 40～60mm,圆弧为 20～30mm。

3.切割下料

号料以后的钢材,须按其所需的形状和尺寸进行切割下料。常用的切割方法有机械切割、气割、等离子切割三种。

机械切割法可利用上、下两剪刀的相对运动来剪断钢材,或利用锯片的切削运动把钢材分离,或利用锯片与工件间的摩擦发热使金属熔化而被切断。常用的切割机械有剪板机、型钢冲剪机、联合冲剪机、锯床、砂轮切割机等。其中,剪切法速度快、效率高,但切口略粗糙;锯割可以切割角钢、圆钢和各类型钢,切割速度和精度都较好。机械剪切的零件,其钢板厚度不宜大于 12mm,剪切面应平整,碳素结构钢在环境温度低于−20℃、低合金高强度结构钢在环境温度低于−15℃时,不得进行剪切、冲孔。

气割法是利用氧气与可燃气体混合产生的预热火焰加热金属表面达到燃烧温度并使金属发生剧烈的氧化,放出大量的热促使下层金属也自行燃烧,同时通以高压氧气射流,将氧化物吹除而引起一条狭小而整齐的割缝。随着割缝的移动,使切割过程连续切割出所需的形状。除手工切割外,常用的机械有火车式半自动气割机、特型气割机等。这种切割方法设备灵活、费用低廉、精度高,是目前使用最广泛的切割方法,能够切割各种厚度的钢材,特别是带曲线的零件或厚钢板。气割前,应将钢材切割区域表面的铁锈、污物等清

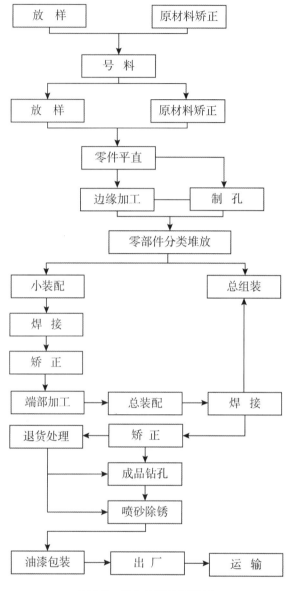

图 8-3　钢构件制作流程图

除干净;气割后,应清除熔渣和飞溅物。

等离子切制法是利用高温高速的等离子焰流将切口处金属及其氧化物熔化并吹掉来完成切割,所以能切制任何金属,特别是熔点较高的不锈钢及有色金属铝、铜等。

4.矫正

钢构件矫正是指利用钢材的塑性、热胀冷缩特性,通过外力或加热作用,使钢材反变形,抵消钢材由于运输和对接等原因产生的翘曲等变形,以使材料或构件达到平直及一定几何形状要求,并符合技术标准的工艺方法。

(1)钢材矫正的形式有以下几种:

矫直:消除材料或构件的弯曲;

矫平:消除材料或构件的翘曲或凹凸不平;

矫形:对构件的一定几何形状进行整形。

(2)钢材矫正的常用方法有以下几种:

机械矫正:机械矫正钢材是在专用机械或专用矫正机上进行的。常用的矫正机械有滚板机、型钢矫正机、H 型钢矫正机、管材(圆钢)调直机等。

加热矫正:当钢材型号超过矫正机负荷能力或构件形式不适于采用机械矫正时,采用加热矫正(通常采用火焰矫正)。加热矫正不但可以用于钢材的矫正,还可以用于矫正构件制造过程中和焊接工序产生的变形,其操作方便灵活,因而应用非常广泛。

加热和机械联合矫正:实际工程中往往综合采用加热矫正和机械矫正。

5.边缘加工

边缘加工是指板件的外露边缘、焊接边缘、直接传力的边缘,需要进行铲、刨、铣等的加工。常用的边缘加工方法主要有铲边、刨边、铣边、碳弧气刨、气割和坡口机加工等。

6.滚圆

滚圆也称卷板,是指在外力的作用下,使钢板的外层纤维伸长、内层纤维缩短而产生弯曲变形(中层纤维不变)。当圆筒半径较大时,可在常温状态下卷圆,如半径较小和钢板较厚时,应将钢板加热后卷圆。

滚圆是在卷板机(又叫滚板机、轧圆机)上进行的,它主要用于滚圆各种容器、大直径焊接管道、锅炉汽包和高炉等壁板之用。在卷板上滚圆时,板材的弯曲是由上滚轴向下移动时所产生的压力来达到的。

7.煨弯

在钢结构的制造过程中,弯曲、弯扭等形式的构件一般采用煨弯的工艺进行加工制作。根据加工方法的不同,煨弯分为压弯、滚弯和拉弯。

压弯是用压力机压弯钢板,此方法适用于一般直角弯曲(V 形件)、双直角弯曲(U 形件),以及其他适宜弯曲的构件。

滚弯是用卷板机滚弯钢板,此方法适用于滚制圆筒形构件及其他弧形构件。

拉弯是用转臂拉弯机和转盘拉弯机拉弯钢板,它主要用于将长条板材拉制成不同曲率的弧形构件。

根据加热程度的不同,煨弯又可分为冷弯和热弯。冷弯是在常温下进行弯制加工,此方法适用于一般薄板、型钢等的加工。热弯是将钢材加热至 950~1100℃,在模具上进行弯制加工,它适用于厚板及较复杂形状构件、型钢等的加工。

8.制孔

在跟结构制孔中包括制作铆钉孔、普通螺栓连接孔、高强螺栓连接孔、地脚螺栓孔等。制孔可采用钻孔、冲孔、铣孔、铰孔、镗孔等方法。常用方法有钻孔和冲孔两种。

9.组装

组装,亦可称拼装、装配、组立。组装工序是把制备完成的半成品和零件按图纸规定的运输单元,装配成构件或部件,然后将其连接成为整体的过程。

钢结构构件宜在工作平台和组装胎架上组装,常用的方法有地样法、仿形复制装配法、立装、卧装、胎模装配法等,具体组装方法及适用范围如表 8-2 所示。

表 8-2　钢结构构件组装的方法及适用范围

方法	组装内容	适用范围
地样法	用 1:1 的比例在装配平台上放出构件实样,然后根据零件在实样上的位置,分别组装起来成为构件	桁架、构架等小批量结构的组装
仿形复制装配法	先用地样法组装成单面(单片)的结构,然后定位点焊牢固,将其翻身,作为复制胎模,在其上面装配另一单面的结构,往返两次组装	横断面互为对称的桁架结构
立装	根据构件的特点及其零件的稳定位置,选择自上而下或自下而上地装配	放置平稳、高度不大的结构或者大直径的圆筒
卧装	将构件放置于卧倒位置进行的装配	面不大,但长度较大的细长的构件
胎模装配法	将构件的零件用胎模定位在其装配位置上的组装方法	制造构件批量大、精度高的产品

三、任务实施

项目应成立验收专门班组,负责构件的进场验收,现场构件验收主要是构件外观、尺寸检查焊缝质量。主要控制项目及验收方式如表 8-3 所示。

四、拓展阅读

最美浙江人

在 2022 年度"最美浙江人·浙江骄傲"评选中,最终评选出 10 名"浙江骄傲"年度人物中,精工钢构集团副总裁兼总工程师刘中华同志系浙江省建筑系统唯一获此殊荣者。

正如 2022 年度"最美浙江人·浙江骄傲"人物推选活动组委会为刘中华同志所写的致敬词那样,"当鸟巢的英姿横戈跃马,当广州塔的塔尖冲破云霄,当'沙漠钻石'在全球闪耀,是你用智慧和专注,焊接牢不可破的钢结构,以魄力和胆识,从'中国制造'走向'中国创造'。"

自 2002 年加入精工以来,刘中华同志驰骋于精工在海内外的多个重大项目,成功打造出国家体育场(鸟巢)、上海环球金融中心、广州新电视塔(小蛮腰)、北京大兴国际机场等结构复杂、施工难度空前的钢结构项目,连续创造多项"第一",让一大批精工重、大、难、特、新工程惊艳面世。作为精工钢构集团总工程师,刘中华同志先后荣获国家发明专利 18 项,新型实用专利 25 项,国家级工法 4 项,省级工法 8 项,参与各类标准编制 10 余项,还取得各类科技奖项 30 余项(其中国家科技进步奖 2 项),有力推动了我国钢结构行业在大型弯扭构件成套技术、预应力大跨钢结构、曲面弯扭型复杂钢结构、异形高层钢结构、大型开合屋盖结构及 BIM 建筑信息化的开发与应用等方面的技术进步。

从初出茅庐勇担"鸟巢"重任，到稳扎稳打创造多项"第一"，"开挂"人生的背后，是刘中华如螺丝钉般二十年如一日深耕行业的结果。在奋斗的二十年间，刘中华同志还先后斩获绍兴市第八批"专业技术拔尖人才、学术带头人"、中华国际科学交流基金会首批"杰出工程师鼓励奖"、绍兴市特聘专家、浙江省劳动模范、中国钢结构协会钢结构杰出人才、中国建筑金属结构协会钢结构行业创新人才等殊荣。

盛誉之下，刘中华同志慎终如始、毫不懈怠，长期保持"严细实"工作作风，带领团队高质量完成绍兴国际会展中心、杭州亚运会棒（垒）球体育文化中心、柯桥区滨海医学隔离点改扩建项目等项目建设任务。

表 8-3 现场构件验收、存放及缺陷修补方法

序号	类别	项目	验收工具、方法	修补方法
1	构件外形、尺寸	钢柱变截面尺寸	量测	制作厂重点控制
2		构件长度	钢卷尺丈量	
3		构件表面平直度	靠尺检查	
4		加工面垂直度	靠尺检查	
5		十字形、工形截面尺寸	对角线长度检查	
6		钢柱柱身扭转	量测	
7		工字钢腹板弯曲	靠尺检查	
8		工字钢翼缘变形	靠尺检查	
9		构件运输过程中变形	对照设计图纸	变形修正
10		预留孔大小、数量	对照设计图纸	补开孔
11		螺栓孔数量、间距	对照设计图纸	绞孔修正
12		连接摩擦面	目测检查	小型机械补漆除锈
13		柱上牛腿和连接耳板	对照设计图纸	补漏或变形修正
14		表面防腐油漆	目测、测厚仪检查	补刷油漆
15		表面污染	目测检查	清洁处理
16	焊缝	焊缝探伤抽检	无损探伤检测	碳弧气刨后重焊
17		焊角高度大小	量测	补焊
18		焊缝错边、气孔、夹渣	目测检查	焊接修补
19		构件表面外观	目测检查	焊接修补
20		多余外露的焊接衬垫板	目测检查	去除
21		节点焊缝封闭	目测检查	补焊
22		交叉节点夹角	量测	制作厂重点控制
23		现场焊接剖口方向	对照设计图纸	现场修正

任务 2 钢结构连接

一、任务布置

结合任务一可知,在钢构件制作过程中一般采用焊接作为钢构件内钢板的连接方式。阅读图纸,说明在钢构件之间的连接方式有哪些,并记录各连接方式的施工流程。

二、相关知识

在完成钢材及板材的加工后,还需通过一定的连接方法将各构件组合成为完整的钢结构。因此,连接方法的选择及其质量的优劣直接影响钢结构的工作性能。钢结构的连接必须符合安全可靠、传力明确、构造简单、制造方便和节约钢材的原则。钢结构的连接方法有焊缝连接、螺栓连接和铆钉连接三种,如图 8-4 所示。其中,铆钉连接由于构造复杂、费工费钢,现已经很少采用,仅因为其塑性和韧性较好,传力可靠,质量易于检查,而在一些重型和直接承受动力荷载的结构,如大型钢结构桥梁中采用。本书不作详细介绍。

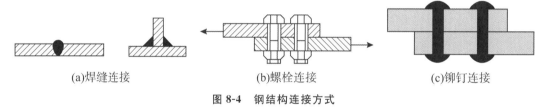

(a)焊缝连接　　　　　　(b)螺栓连接　　　　　　(c)铆钉连接

图 8-4　钢结构连接方式

(一)焊缝连接

焊缝连接是钢结构最主要的连接方法。其优点是构造简单,任何形式的构件都可直接相连;用料经济、不削弱截面;制作加工方便,可实现自动化操作;连接的密闭性好,结构刚度大。

其缺点是在焊缝附近的热影响区内,钢材的金相组织发生改变,导致局部材质变脆;焊接残余应力和残余变形使受压构件承载力降低;焊接结构对裂纹很敏感,局部裂纹一旦发生,就容易扩展到整体,低温冷脆现象较为突出。

1.焊缝类型

焊缝连接形式按被连接钢材的相互位置可分为对接、搭接、T 形连接和角部连接四种,如图 8-5 所示。这些连接所采用的焊缝主要有对接焊缝和角焊缝。

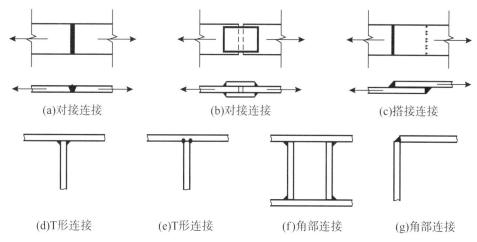

(a)对接连接　　　　　(b)对接连接　　　　　(c)搭接连接

(d)T形连接　　　(e)T形连接　　　(f)角部连接　　　(g)角部连接

图 8-5　钢结构连接方式

对接连接主要用于厚度相同或接近相同的两个构件的相互连接。

图 8-5(a)为采用对接焊缝的对接连接,由于相互连接的两构件在同一平面内,因而传力均匀平缓,没有明显的应力集中,且用料经济,但是焊件边缘需要加工,被连接两板的间隙有严格的要求。

图 8-5(b)为用双层盖板和角焊缝的对接连接,这种连接传力不均匀、费料,但施工简便,所连接两板的间隙大小无须严格控制。

图 8-5(c)为用角焊缝的搭接连接,适用于不同厚度构件的连接。这种连接的作用力不在同一直线上,材料较费,但构造简单,施工方便。

T 形连接省工省料,常用于制作组合截面。当采用角焊缝连接时,如图 8-5(d)所示,焊件间存在缝隙、截面突变、应力集中现象严重、疲劳强度较低,可用于不直接承受动力荷载的结构中。对于直接承受动力荷载的结构,如重级工作制吊车梁,其上翼缘与腹板的连接,应采用图 8-5(e)的 T 形坡口焊缝进行连接。

角部连接主要用于制作箱型截面构件。

2.对接焊缝连接

对接焊缝按受力方向分为正对接焊缝和斜对接焊缝,如图 8-6 和图 8-7 所示。

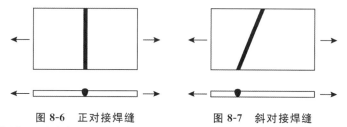

图 8-6　正对接焊缝　　　**图 8-7　斜对接焊缝**

对接焊缝的坡口形式如图 8-8 所示。坡口形式取决于焊件厚度 t。当焊件厚度 4mm $<t\leqslant$10mm 时,可用直边缝;当焊件厚度 10mm$<t\leqslant$20mm 时,可用斜坡口的单边 V 形或 V 形焊缝;当焊件厚度 $t>$20mm 时,则采用 U 形、K 形或 X 形坡口焊缝。对于 U 形焊缝和 V 形焊缝,需对焊缝根部进行补焊,埋弧焊的熔深较大,同样坡口形式的适用板厚 t 可适当加大,对接间隙 c 可稍小些,钝边高度 p 可稍大。对接焊缝坡口形式的选用,应根据板厚和施工条件按现行标准《气焊焊条电弧焊气体保护焊和高能束焊的推荐坡口》(GB/T 985.1—2008)和《埋弧焊的推荐坡口》(GB/T 985.2—2008)的要求进行。

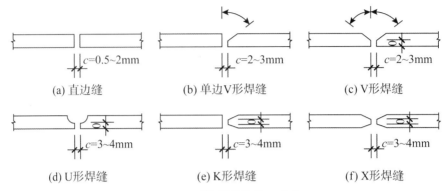

图 8-8　对接焊缝的坡口形式

在焊缝的起灭弧处,常会出现弧坑等缺陷。此处极易产生应力集中和裂纹,对承受动力荷载尤为不利。故焊接时对直接承受动力荷载的焊缝,必须采用引弧板,如图 8-9 所示。焊后将引弧板切除。对受静力荷载的结构设置引弧板有困难时,允许不设置引弧板,则每条焊缝的引弧及灭弧端各减去 t(t 为较薄焊件厚度)后作为焊缝的计算长度。

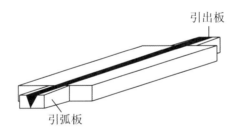

图 8-9　焊接用引弧板

当对接焊缝拼接处的焊件宽度不同或厚度相差 4mm 以上时,应分别在构件宽度方向或厚度方向从一侧或两侧做成坡度不宜大于 1：2.5 的斜坡,如图 8-10(a)和(b)所示,以使截面过渡缓和、减小应力集中。当较薄板件厚度大于 12mm 且一侧厚度差不大于 4mm 时,焊缝表面的斜度已足以满足和缓传递的要求;当较薄板件厚度不大于 9mm 且不采用斜角时,一侧厚度差容许值为 2mm;其他情况下,一侧厚度差容许值为 3mm。考虑到改变厚度时对钢板的切削很费工时,故一般不宜改变厚度。

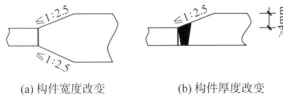

图 8-10　变截面钢板焊缝拼接

3.角焊缝连接

角焊缝是最常用的焊缝形式,按其与作用力的关系可分为焊缝长度方向与作用力垂直的正面角焊缝、焊缝长度方向与作用力平行的侧面角焊缝以及斜焊缝,如图 8-11 所示。

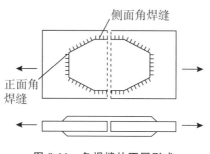

图 8-11 角焊缝的不同形式

角焊缝按沿长度方向的布置分为连续角焊缝和间断角焊缝,如图 8-12 所示。连续角焊缝的受力性能较好,为主要的角焊缝形式。间断角焊缝的起弧、灭弧处容易引起应力集中,重要结构应避免采用,只能用于一些次要构件的连接或受力很小的连接。间断角焊缝的间断距离 L 不宜过长,以免连接不紧密,潮气侵入引起构件锈蚀。一般在受压构件中应满足 $L \leqslant 15t$,在受拉构件中应满足 $L \leqslant 30t$,其中 t 为较薄焊件的厚度。

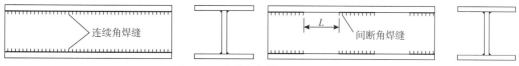

图 8-12 连续角焊缝和间断角焊缝

按施焊时焊缝在焊件之间的相对空间位置,焊缝连接可分为平焊、横焊、立焊及仰焊,如图 8-13 所示。平焊(又称为俯焊)施焊方便,质量最好;横焊和立焊的质量及生产效率比平焊差;仰焊的操作条件最差,焊缝质量不易保证,因此设计和施工时应尽量避免。

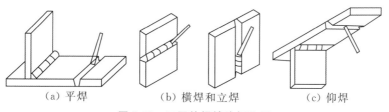

（a）平焊　　　　　　（b）横焊和立焊　　　　　（c）仰焊
图 8-13 不同的焊缝施焊位置

角焊缝按截面形式可分为直角角焊缝和斜角角焊缝,如图 8-14 所示。两焊接构件的夹角为直角的焊缝称为直角角焊缝。直角角焊缝通常做成表面微凸的等边直角三角形截面,如图 8-14(a)所示。在直接承受动力荷载的结构中,为了减小应力集中,正面角焊缝的截面常采用如图 8-14(b)所示的不等边直角角焊缝截面,侧面角焊缝的截面则做成如图 8-14(c)所示等边凹形直角角焊缝截面。

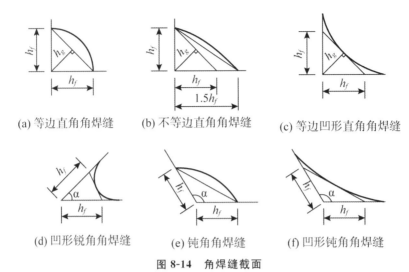

(a) 等边直角角焊缝　　(b) 不等边直角角焊缝　　(c) 等边凹形直角角焊缝

(d) 凹形锐角角焊缝　　　(e) 钝角角焊缝　　　(f) 凹形钝角角焊缝

图 8-14　角焊缝截面

两焊脚边的夹角 $a>90°$ 或 $a<90°$ 的焊缝称为斜角角焊缝。斜角角焊缝常用于钢漏斗和钢管结构中,对于夹角 $a>135°$ 或 $a<60°$ 的斜角角焊缝,除钢管结构外,不宜用作受力焊缝。

4. 焊缝符号表示

根据《焊缝符号表示法》(GB/T 324)规定,焊缝符号由基本符号、补充符号、焊缝尺寸符号和指引线组成。为了简化,部分焊缝在图样上标注焊缝时通常只采用基本符号和指引线。

在焊缝符号中,基本符号和指引线为基本要素。焊缝的准确位置通常由基本符号和指引线之间的相对位置决定,具体位置包括:箭头线的位置、基准线的位置、基本符号的位置,如图 8-15 所示。常用焊缝的基本符号如表 8-4 所示,如图 8-16 所示为角焊缝的表示示例。

图 8-15　焊缝基本表示方式　　　　**图 8-16　角焊缝表示示例**

表 8-4　钢结构常见焊缝的基本

名称	对接焊缝					角焊缝	塞焊缝	点焊缝
	I 形焊缝	V 形焊缝	单边 V 形焊缝	带钝边的 V 形焊缝	带钝边的 U 形焊缝			
符号	‖	∨	∨	Y	Y	◺	⊓	○

(五)焊接施工方式

在钢结构制作和安装过程中,广泛使用的是电弧焊。在电弧焊中又以药皮焊条手工焊、埋弧焊、半自动焊与 CO_2 气体保护焊为主。在某些特殊场合,则必须使用电渣焊。钢结构焊接方法的选择如表 8-5 所示。

表 8-5　钢结构焊接方法选择

焊接类型		特点	适用范围
电弧焊	药皮焊条手工焊 交流焊机	利用焊条与焊件之间产生的电弧热焊接,设备简单,操作灵活,可进行各种位置的焊接,是建筑工地应用最广泛的焊接方法	焊接普通钢结构
	药皮焊条手工焊 直流焊机	焊接技术与交流焊机相同,成本比交流焊机高,但焊接时电弧稳定	焊接要求较高的钢结构
	埋弧焊	利用埋在焊剂层下的电弧热焊接,效率高,质量好,操作技术要求低,劳动条件好,是大型构件制作中应用最广的高效焊接方法	焊接长度较大的对接、贴角焊缝,一般用于有规律的直焊缝
	半自动焊	与埋弧焊基本相同,操作灵活,但使用不够方便	焊接较短的或弯曲的对接、贴角焊缝
	CO_2 气体保护焊	用 CO_2 或惰性气体保护的实心焊丝或药芯焊丝焊接,设备简单,操作简便,焊接效率高,质量好	构件长焊缝的自动焊
	电渣焊	利用电流通过液态熔渣所产生的电阻热焊接,能焊大厚度焊缝	箱形梁及柱隔板与面板全焊透连接

(六)螺栓连接

螺栓连接是通过螺栓紧固件把被连接件连接成为一体,是钢结构的重要连接方式之一。其优点是施工工艺简单、安装方便,特别适用于工地安装连接,工程进度和质量易得到保证;且由于装拆方便,适用于需装拆结构连接和临时性连接。

其缺点是螺栓连接需制孔,拼装和安装需对孔,且对制造的精度要求较高;此外,螺栓连接因开孔对构件截面有一定的削弱,有时在构造上还须增设辅助连接件,用料增加,构造较繁琐。

钢结构中使用的连接螺栓一般分普通螺栓和高强度螺栓两种。螺栓按照性能等级分为 3.6、4.6、4.8、5.6、5.8、6.8、8.8、9.8、10.9、12.9 十个等级,其中 8.8 级及以上等级的螺栓材质为低碳合金钢或中碳钢并经热处理(淬火、回火),统称为高强度螺栓,8.8 级以下(不含 8.8 级)统称为普通螺栓。螺栓性能等级标号由两部分数字组成,分别表示螺栓的公称抗拉强度和材质的屈强比。例如性能等级 4.6 级的螺栓其含意为:第一部分数字(4.6 中的"4")为螺栓材质公称抗拉强度(N/mm^2)的 1/100,第二部分数字(4.6 中的"6")为螺栓材质屈服比的 10 倍;两部分数字的乘积(4×6,即"24")为螺栓材质公称屈服点(N/mm^2)的 1/10。

1.普通螺栓连接

普通螺栓按照形式可分为六角头螺栓、双头螺栓、沉头螺栓等;按制作精度可分为 A 级、B 级、C 级三个等级,A 级、B 级为精制螺栓,C 级为粗制螺栓,钢结构用连接螺栓,除特殊注明外,一般即为普通粗制 C 级螺栓。

钢结构采用的普通螺栓形式为人六角头型,其代号用字母 M 和公称直径的毫米数表示。为制造方便,一般情况下,同一结构中宜尽可能采用一种栓径和孔径的螺栓,需要时也可采用 2~3 种螺栓直径;螺栓直径 d 根据整个结构及其主要连接的尺寸和受力情况选定,受力螺栓一般采用 M16 以上,建筑工程中常用 M16、M20、M24 等。钢结构施工图的螺栓类型如表 8-6 所示。

表 8-6　常见钢结构施工螺栓类型

名称	永久螺栓	高强度螺栓	安装螺栓	圆形螺栓孔	长圆形螺栓孔
图例		ϕd			

在构件中,螺栓的排列有并列和错列两种基本形式,如图 8-17 所示。并列较简单,但栓孔对截面削弱较多;错列较紧凑,可减少截面削弱,但排列较繁杂。钢板、槽钢、工字钢、角钢等常用螺栓连接形式如表 8-7 所示。除应满足表 8-7 要求外,还应注意不宜在靠近截面倒角和圆角处打孔。

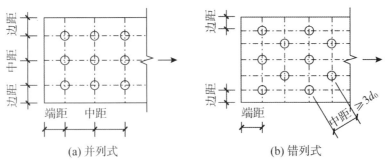

图 8-17　螺栓排列的两种形式

表 8-7 常用螺栓连接形式

材料种类	连接形式		说明
钢板	平接连接		用双面拼接板,力的传递不产生偏心作用
			用单面拼接板,力的传递具有偏心作用,受力后连接部发生弯曲
			板件厚度不同的拼接,须设置填板并将填板伸出拼接板以外;用焊件或螺栓固定
	搭接连接		传力偏心只有在受力不大时采用
	T 形连接		
槽钢			应符合等强度原则,拼接板的总面积不能小于被拼接的杆件截面积,且各支面积分布与材料面积大致相等
工字钢			同槽钢

续　表

材料种类	连接形式		说明
角钢	角钢与钢板		适用于角钢与钢板连接受力较大的部位
			适用于一般受力的接长或连接
	角钢与角钢		适用于小角钢等截面连接
			适用于大角钢等截面连接

　　螺栓在构件上的排列,螺栓间距及螺栓至构件边缘的距离不应太小,否则螺栓之间的钢板以及边缘处螺栓孔前的钢板可能沿作用力方向被剪断;同时,螺栓间距及边距太小,也不利扳手操作。另外,螺栓的间距及边距也不应太大,否则连接钢板不易夹紧,潮气容易侵入缝隙引起钢板锈蚀。对于受压构件,螺栓间距过大还容易引起钢板鼓曲。为此,《钢结构设计标准》(GB 50017—2017)根据螺栓孔直径、钢材边缘加工情况(轧制边、切割边)及受力方向,规定了螺栓中心间距及边距的最大、最小限制,如表 8-8 所示。

表 8-8　钢板上螺栓和铆钉的容许间距

名称	位置和方向			最大容许距离 (两者较小值)	最小容许距离
中心间距	外排(垂直内力方向或顺内力方向)			$8d_0$ 或 $12t$	$3d_0$
	中间排	垂直内力方向		$16d_0$ 或 $24t$	
		顺内力方向	构件受压力	$12d_0$ 或 $18t$	
			构件受压力	$16d_0$ 或 $24t$	
	沿对角线方向			—	
中心致构件边缘距离	顺内力方向			$4d_0$ 或 $8t$	$2d_0$
	垂直内力方向	剪切或手工气割边			$1.5d_0$
		轧制边、自动气割或锯割边	高强度螺栓		$1.2d_0$
			其他螺栓		

　　注:1. d_0 为螺栓孔或铆钉孔径,t 为外层薄板件厚度。
　　　　2. 钢板边缘与刚性构件(如角钢、槽钢)相连的螺栓最大间距,可按中间排数值采用。

2.高强螺栓连接

高强度螺栓连接按其受力状况，可以分为两种类型：一种是只依靠摩擦阻力传力，并以剪力不超过接触面摩擦力作为设计准则，称为摩擦型；另一种是允许接触面滑移，以连接达到破坏的极限承载力作为设计准则，称为承压型连接。

摩擦型连接的剪切变形小，弹性性能好，施工较简单，可拆卸，耐疲劳，特别适用于承受动力荷载的结构，是目前广泛采用的基本连接形式。承压型连接的承载力高于摩擦型，连接紧凑，但剪切变形大，故不得用于承受动力荷载的结构中。

高强度螺栓从外形上可分为大六角头和扭剪型两种；按性能等级可分为 8.8 级、10.9 级、12.9 级等，目前我国使用的大六角头高强度螺栓有 8.8 级和 10.9 级两种，扭剪型高强度螺栓只有 10.9 级一种。

3.高强螺栓摩擦面处理

高强度螺栓连接处的摩擦面可根据设计抗滑移系数的要求选用喷砂（丸）、喷砂后生赤锈、喷砂后涂无机富锌漆、手工打磨等处理方法。

（1）采用喷砂（丸）法时，一般要求砂（丸）粒径为 1.2～1.4mm，喷射时间为 1～2min，喷射风压为 0.5MPa，表面呈银灰色，表面粗糙度达到 45～50μm。

（2）采用喷砂后生赤锈法时，应将硼砂处理后的表面放置露天自然生锈，理想生锈时间为 60～90d。

（3）采用喷砂后涂无机富锌漆时，涂层厚度一般可取为 0.6～0.8μm。

（4）采用手工砂轮打磨时，打磨方向应与受力方向垂直，且打磨范围不小于螺栓孔径的 4 倍。

高强度螺栓连接摩擦面应符合以下规定：

（1）连接处钢板表面应平整、无焊接飞溅、无毛刺和飞边、无油污等。

（2）经处理后的摩擦面应按《钢结构工程施工质量验收标准》（GB 50205）的规定进行抗滑移系数试验，试验结果满足设计文件的要求。

（3）经处理后的摩擦面应采取保护措施，不得在摩擦面上作标记。

（4）若摩擦面采用生锈处理方法时，安装前应以细钢丝垂直于构件受力方向刷除摩擦面上的浮锈。

4.高强螺栓施工

（1）施工机具

①手动扭矩扳手。各种高强度螺栓在施工中以手动紧固时，都要使用有示明扭矩值的扳手施拧，使其达到高强度螺栓连接副规定的扭矩和剪力值。一般常用的手动扭矩扳手有指针式、音响式和扭剪型三种。

②扭剪型手动扳手。这是一种紧固扭剪型高强度螺栓使用的手动力矩扳手。配合扳手紧固螺栓的套筒，设有内套筒弹簧、内套筒和外套筒。这种扳手靠螺栓尾部的卡头得到紧固反力，使紧固的螺栓不会同时转动。内套筒可根据所紧固的扭剪型高强度螺栓直径而更换相适应的规格。紧固完毕后，扭剪型高强度螺栓卡头在颈部被剪断，所施加的扭矩可以视为合格。

③电动扳手。钢结构用高强度大六角头螺栓紧固时用的电动扳手有 NR-9000A,NR-12 和双重绝缘定扭矩、定转角电动扳手等,是拆卸和安装六角高强度螺栓的机械化工具,可以自动控制扭矩和转角,适用于钢结构桥梁、厂房建设、化工、发电设备安装大六角头高强度螺栓施工的初拧、终拧和扭剪型高强度螺栓的初拧,以及对螺栓紧固件的扭矩或轴力有严格要求的场合。

(2)施工方法

①扭矩法施工。在采用扭矩法终拧前,应首先进行初拧,对螺栓多的大接头,还需进行复拧。初拧的目的就是使连接接触面密贴,一般常用规格螺栓(M20、M22、M24)的初拧扭矩在 $200\sim300\text{N}\cdot\text{m}$,螺栓轴力达到 $10\sim50\text{kN}$ 即可。初拧、复拧及终拧一般都应从中间向两边或四周对称进行,初拧和终拧的螺栓都应作不同的标记,避免漏拧、超拧等安全隐患,同时也便于检查人员检查紧固质量。

②转角法施工。转角法就是利用螺母旋转角度以控制螺杆弹性伸长量来控制螺栓轴向力的方法。采用转角法施工可避免较大的误差。转角法施工分初拧和终拧两步进行(必要时需增加复拧),初拧的要求比扭矩法施工要严,因为起初连接板间隙的影响,螺母的转角大多消耗于板缝,转角与螺栓轴力关系不稳定。初拧的目的是消除板缝影响,使终拧具有大致的基础。转角法施工在我国已有 30 多年的历史,但对初拧扭矩还没有一定的标准,各个工程根据具体情况确定。一般来讲,对于常用螺栓,初拧扭矩定在 $200\sim300$ $\text{N}\cdot\text{m}$ 比较合适,初拧应使连接板缝密贴为准。终拧是在初拧的基础上,再将螺母拧转一定的角度,使螺栓轴向力达到施工预拉力。

三、任务实施

(一)施工现场焊接具体工艺流程

施工现场焊接工艺流程如图 8-18 所示

除图中要求外,焊接作业区应搭设防风防雨棚。焊接作业区相对湿度不得大于 90%,当焊件表面潮湿时,应采取加热除湿措施。下雨时,用不干胶带粘贴防风棚漏水处,不得有雨漏入防风棚内。防风棚的搭设要求如下:

(1)上部稍透风但不渗漏,兼具防一般物体击打的功能。

(2)中部宽松,能抵抗强风的倾覆,不致使大股冷空气透入。

(3)下部承载力足够 4 名以上作业人员同时进行相关作业,需稳定、无晃动,不因甲的作业给乙的作业造成干扰;可以放置必需的作业器具和预备材料且不给作业造成障碍,不可造成器具材料脱控坠落的缝隙,中部及下部防护采用阻燃材料遮蔽。

(二)施工现场高强度螺栓安装流程

施工现场高强度螺栓安装流程如图 8-19 所示。

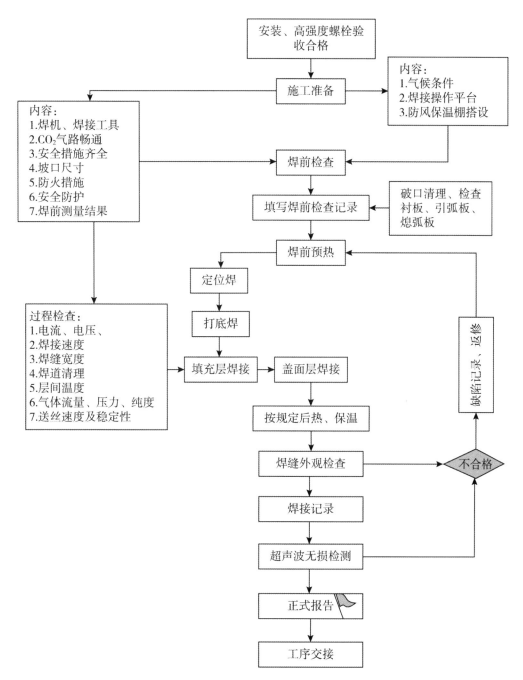

图 8-18 现场焊接工艺流程

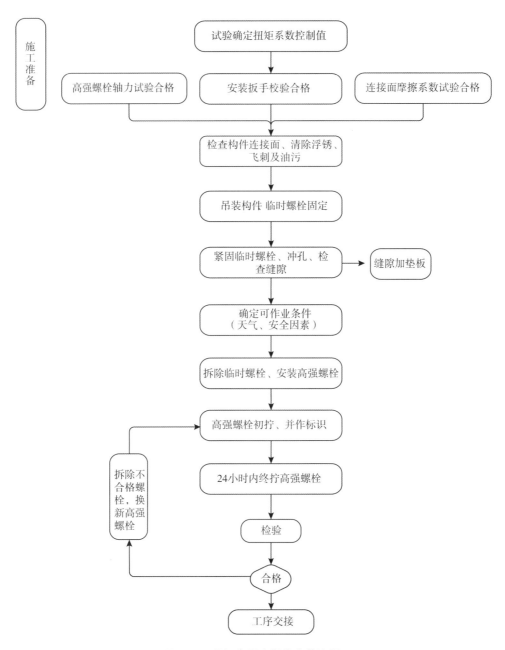

图 8-19　现场高强度螺栓安装流程

四、拓展阅读

（一）钢结构预拼装

将分段制造的大跨度柱、梁、桁架、支撑等钢构件和多层钢框架结构，特别是用高强度螺栓连接的大型钢结构、分块制造和供货的钢壳体结构等，在出厂前进行整体或分段分层临时性组装的作业过程，称为钢结构预拼装。

1.预拼装的主要目的

(1)检查构件尺寸是否满足要求。

(2)检查各装配孔位置是否满足安装要求。

(3)确定拼装顺序。

2.拼装时的注意几点

(1)构件在拼装时处于自由状态,不得强行进行固定。

(2)不得损坏构件。

(3)试拼平台应测平。

(4)拼装前要编制拼装顺序表,拼装后,确定最后拼装顺序。

(5)大构件要标注定位线、标高基准线等。

钢结构预拼装是一种现代化建筑技术,具有高效、精密、环保等特点,越来越受到广泛应用和认可。

(二)焊接工艺要求

1.钢材应符合的规定

(1)建筑结构用钢材及焊接填充材料的选用应符合设计图的要求,并应具有钢厂和焊接材料厂出具的质量证明书或检验报告;其化学成分、力学性能和其他质量要求必须符合国家现行标准规定。

(2)钢材的成分、性能复验应符合国家现行有关工程质量验收标准的规定;大型、重型及特殊钢结构的主要焊缝采用的焊接填充材料应按生产批号进行复验。

(3)钢结构工程中选用的新材料必须经过新产品鉴定。

(4)焊接 T 形、十字形、角接接头,当其翼缘板厚度大于等于 40mm 时,设计宜采用抗层状撕裂的钢板。

(5)清理待焊处表面的水、氧化皮、锈、油污。

(6)焊接坡口边缘上钢材的裂纹长度超过 25mm 时,应采用无损伤探伤检测其深度,如深度不大于 6mm,应采用机械方法清除;如深度大于 6mm,应采用机械方法清除后焊接填满;若深度大于 25mm 时,应采用超声波探伤测定其尺寸。当单个缺陷面积或聚集缺陷面积的总面积不超过被切割钢材总面积的 4% 时为合格,否则该钢板不宜使用。

(7)裂纹如图 8-20 所示,如裂纹长度(a)和深度(d)均不大于 50mm,其修补方法应符合焊缝缺陷返修的相关规定;如裂纹深度超过 50mm 或累计长度超过板宽的 20% 时,该钢板不宜使用。

2.焊接材料应符合的规定

(1)焊条、焊丝、焊剂和熔嘴应储存在干燥、通风良好的地方,由专人保管。

(2)焊条、熔嘴、焊剂和药芯焊丝在使用前,必须按产品说明书及有关工艺文件的规定进行烘干。低氢焊条使用前应在 300～430℃ 范围内烘焙 1～2h,或按厂家提供的焊条规定最高烘焙温度的一半,烘焙时间以烘箱达到规定最高烘焙温度后开始计算;烘干后的低氢焊条应放置于温度不低于 120℃ 的保温箱中存放、待用;使用时应置于保温桶中,随用随取;焊条烘干后在大气中放置时间不应超过 4h,用于焊接 Ⅲ、Ⅳ 类钢材的焊条,烘干后

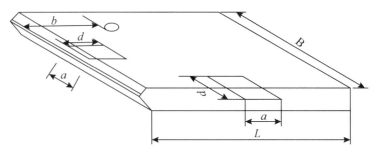

图 8-20　裂纹缺陷示意

在大气中放置时间不应超过 2h。重新烘干次数不应超过 1 次。

（3）焊接不同类型钢材时，应选择与之相匹配的焊接材料。常用结构钢材采用焊条电弧焊、CO_2 气体保护焊和埋弧焊进行焊接时，焊接材料可按《钢结构焊接规范》（GB 50661—2011）规定选配。

3. 焊缝坡口表面及组装质量应符合的规定

（1）焊接坡口可用火焰切割或机械方法加工。当采用火焰切割时，切割面质量应符合国家现行标准《热切割气割质量和尺寸偏差》（JB/T 10045.3—1999）的相应规定。缺棱为 1～3mm 时，应修磨平整；缺棱超过 3mm 时，应用直径不超过 3.2mm 的低氢型焊条补焊，并修磨平整。当采用机械方法加工坡口时，加工表面不应有台阶。

（2）施焊前，焊工应检查焊接部位的组装和表面清理的质量，如不符合要求，应修磨补焊合格后再施焊。各种焊接方法的焊接坡口组装允许偏差值应符合《钢结构焊接规范》（GB 50661—2011）中表 7.3.1 的规定。坡口组装间隙偏差超过表 7.3.1 规定但不大于较薄板厚度 2 倍或 20mm 两值中较小值时，可在坡口单侧或两侧堆焊。

（3）搭接接头及 T 形角接接头组装间隙超过 1mm 或管材 T、K、Y 形接头组装间隙超过 1.5mm 时，施焊的焊脚尺寸应比设计要求值增大。但 T 形角接接头组装间隙超过 5mm 时，应事先在板端堆焊并修磨平整或在间隙内堆焊填补后施焊。

4. 引弧板、引出板、垫板应符合的规定

（1）严禁在承受动荷载且需经疲劳验算构件焊缝以外的母材上打火、引弧或装焊夹具。

（2）不应在焊缝以外的母材上打火、引弧。

（3）T 形接头、十字形接头、角接接头和对接接头主焊缝两端，必须配置引弧板和引出板，其材质应和被焊母材相同，坡口形式应与被焊焊缝相同，禁止使用其他材质的材料充当引弧板和引出板。

（4）焊条电弧焊和气体保护电弧焊焊缝引出长度应大于 25mm。其引弧板和引出板宽度应大于 50mm，长度宜为板厚的 1.5 倍且不小于 30mm，厚度应不小于 6mm。非焊条电弧焊焊缝引出长度应大于 80mm。其引弧板和引出板宽度应大于 80mm，长度宜为板厚 2 倍且不小于 10mm，厚度应不小于 10mm。

（5）焊接完成后，应用火焰切割去引弧板和引出板，并修磨平整，不得用锤子击落引弧板和引出板。

任务 3　钢结构安装

一、任务布置

构件已按照图纸加工完成,并运抵现场,请组织构件吊运安装。

二、相关知识

(一)钢构件运输及堆放

1.构件的验收

钢构件加工制作完成后,应按照施工图和国家现行标准《钢结构工程施工质量验收标准》(GB 50205—2020)的规定进行验收,有的还分工厂验收、工地验收,因工地验收还增加了运输的因素,因此钢构件出厂时,应提供下列资料:

①产品合格证及技术文件。

②施工图和设计变更文件。

③制作中技术问题处理的协议文件。

④钢材、连接材料、涂装材料的质量证明或试验报告。

⑤焊接工艺评定报告。

⑥高强度螺栓摩擦面抗滑移系数试验报告、焊缝无损检验报告及涂层检测资料。

⑦主要构件检验记录。

⑧预拼装记录。由于受运输、吊装条件的限制以及设计的复杂性,有时构件要分两段或若干段出厂,为了保证工地安装的顺利进行,在出厂前可进行预拼装(需预拼装时)。

⑨构件发运和包装清单。

2.构件的运输

发运的构件,单件超过 3t 的,宜在易见部位用油漆标上重量及重心位置的标志,以免在装、卸车和起吊过程中损坏构件;节点板、高强度螺栓连接面等重要部分要有适当的保护措施,零星的部件等都要按同一类别用螺栓和钢丝紧固成束或包装发运。

大型或重型构件的运输应根据行车路线、运输车辆的性能、码头状况、运输船只来编制运输方案。在运输方案中要着重考虑吊装工程的堆放条件、工期要求来编制构件的运输顺序。

运输构件时,应根据构件的长度、重量、断面形状选用车辆;构件在运输车辆上的支点、两端伸长的长度及绑扎方法均应保证构件不产生永久变形、不损伤涂层。构件起吊必须按设计吊点起吊,不得随意。

公路运输装运的高度极限为 4.5m,如需通过隧道时,则高度极限 4m,构件长出车身不得超过 2m。

3.构件的堆放

构件堆放场地应平整、坚实,无水坑、冰层,地面平整干燥,并应排水通畅,有较好的排水设施,同时有车辆进出的回路。

构件应按种类、型号、安装顺序划分区域,插竖标志牌。构件底层垫块要有足够的支承面,不允许垫块有大的沉降量。堆放的高度应有计算依据,常以最下面的构件不产生永久变形为准,不得随意堆高。钢结构产品不得直接置于地上,要垫高 200mm。

在堆放中,发现有变形不合格的构件,则严格检查,进行校正,然后再堆放。不得把不合格的变形构件堆放在合格的构件中。

对于已堆放好的构件,要派专人汇总资料,建立进出厂的动态管理。同时对已堆放好的构件进行适当保护,避免风吹雨打、日晒夜露。不同类型的钢构件一般不堆放在一起。同工程的钢构件应分类堆放在同一地区,便于装车发运。

(二)钢结构安装工具

钢结构安装,需要利用各种类型的起重机械将预先在工厂或施工现场制作的结构构件,严格按照设计图纸的要求在施工现场进行组装,以构成一幢完整的建筑物或构筑物。在此过程中,需要结合现有设备情况,合理选择起重机械。由起重机械的性能确定构件吊装工艺、结构安装方法等,从而以达到缩短工程工期、保证工程质量、降低工程成本的目的。因此,安装工具的选择在此过程中就尤为重要

在建筑工程中,常用的钢结构安装机具,有起重机械、索具设备、吊装工具、卷扬机及揽风绳等。常见的起重机类型,按照起重方式分类,有桅杆式起重机、自行式起重机和塔式起重机。

1.桅杆式起重机

桅杆式起重机又称为把杆,其特点是制作简便,装拆方便,不受场地限制,起重量及起升高度都较大。桅杆一般用木材或钢材制作,但桅杆式起重机需设有多根缆风绳固定,移动较困难,灵活性差。因此一般多用于安装工程量集中、构件重量大、场地狭小的吊装作业。桅杆式起重机按其构造不同,可分为独脚把杆、人字把杆、悬臂把杆和牵缆式桅杆起重机等,如图 8-21 所示。

独脚把杆按制作的材料不同,可分为木独脚把杆、钢管独脚把杆、金属格构式独脚把杆等。独脚把杆由把杆、起重滑轮组、卷扬机、缆风绳和锚碇等组成。

人字把杆一般是由两根圆木或两根钢管用钢丝绳绑扎或铁件铰接而成,两杆夹角一般为 20°~30°,底部设有拉杆或拉绳,以平衡水平推力,把杆下端两脚的距离约为高度的 1/3~1/2。

悬臂把杆是在独脚把杆的中部或 2/3 高度处装一根起重臂而成,其特点是起重高度和起重半径都较大,起重臂左右摆动的角度也较大,但起重量较小,多用于轻型构件的吊装。

牵缆式桅杆起重机是在独脚把杆下端装一根起重臂而成。这种起重机的起重臂可以起伏,机身可回转360°,可以在起重机半径范围内把构件吊到任何位置。用角钢组成的格

构式截面杆件的牵缆式起重机,桅杆高度可达 80m,起重量可达 60t 左右。牵缆式桅杆起重机要设较多的缆风绳,比较适用于构件多且集中的工程。

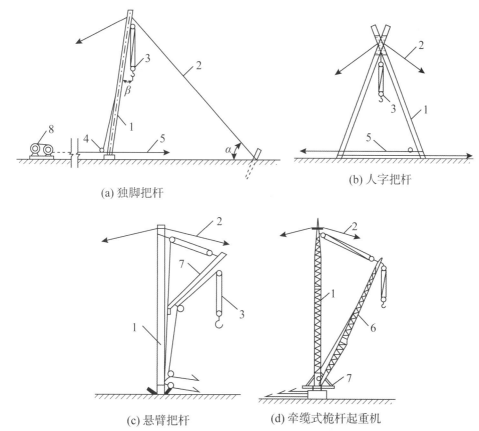

(a) 独脚把杆　　　　　　　　　　　(b) 人字把杆

(c) 悬臂把杆　　　　　　(d) 牵缆式桅杆起重机

1—把杆　2—缆风绳　3—起重滑轮组　4—导向装置　5—拉索　6—起重臂　7—回转盘

图 8-21　桅杆式起重机

2. 塔式起重机

塔式起重机(即塔吊)广泛用于多层和高层的工业与民用建筑施工。它的起重臂安装在塔身上部,具有较大的起重高度和工作幅度,工作速度快,生产率高。按照性能不同,塔式起重机分为轨道式、爬升式和附着式三种。

轨道式塔式起重机是一种在轨道上行驶的塔式起重机。其中,有的只能在直线轨道上行驶,有的可沿 L 形或 U 形轨道行驶。作业范围为以 2 倍工作幅度为宽度,以行走线为长度的矩形,并可负荷行驶。

爬升式塔式起重机也是塔式起重机的一种,它由底座、套架、塔身、塔顶、行车式起重臂、平衡臂等部分组成,安装在高层装配式结构的框架梁或电梯间结构上,每安装 1～2 层楼的构件,便靠爬升设备使塔身沿建筑物向上爬升一次。

附着式塔式起重机是固定在建筑物附近钢筋混凝土基础上的塔式起重机。随着建筑物的升高,利用液压自升系统逐步将塔顶顶升、塔身接高。为保证塔身稳定,每隔一定高度会将塔身与建筑物用锚固装置水平连接起来,使起重机依附在建筑物上。锚固装置由套装在塔身上的锚固环、附着杆和固定在建筑结构上的锚固支座构成。第一道锚固装置设于塔身高度 30～50m 处,自第一道装置后,向上每隔 20m 左右设置一道,一般锚固装置设 3～4 道。这种塔式起重机适用于高层建筑施工,为最常见的塔吊起重机。

3. 自行式起重机

在钢结构安装作业中,常见的自行式起重机有履带式起重机、汽车式起重机和轮胎式起重机等。

履带式起重机由行走装置、回转机构、机身及起重臂等部分组成,如图 8-22 所示。行走装置为链式履带,以减少对地面的压力。回转机构为装在底盘上的转盘,使机身可回转 360°。机身内部有动力装置、卷扬机及操纵系统。起重臂是用角钢组成的格构式杆件,下端铰接在机身的前面,随机身回转。起重臂可分节接长,设有两套滑轮组(起重滑轮组及变幅滑轮组),其钢丝绳通过起重臂顶端连到机身内的卷扬机上。若变换起重臂端的工作装置,将构成单斗挖土机。

履带式起重机的特点是操纵灵活,本身能回转 360°,在平坦坚实的地面上能负荷行驶,可在松软、泥泞的地面上作业,也可在崎岖不平的场地行驶。目前,在装配式结构施工中,特别是单层工业厂房结构安装中,履带式起重机得到广泛使用。履带式起重机的缺点是稳定性较差,不应超负荷吊装,行驶速度慢且履带易损坏路面,因而转移时多用平板拖车装运。

图 8-22　履带式起重机

汽车式起重机是把起重机构安装在普通载重汽车或专用汽车底盘上的一种自行式起重机,如图 8-23 所示。起重臂的构造形式有桁架臂和伸缩臂两种。其行驶的驾驶室与起重操纵室是分开的。汽车式起重机的优点是行驶速度快,转移迅速,对路面破坏性小。因此,特别适用于流动性大,经常变换地点的作业。其缺点是安装作业时稳定性差,为增加其稳定性,设有可伸缩的支腿,起重时支腿落地。这种起重机不能负荷行驶,而且由于机身长,行驶时的转弯半径较大。

图 8-23　汽车式起重机　　　　　图 8-24　轮胎式起重机

　　轮胎式起重机是把起重机构安装在加重型轮胎和轮轴组成的特制底盘上的一种全回转式起重机,其上部构造与履带式起重机基本相同。为了保证安装作业时机身的稳定性,起重机设有四个可伸缩的支腿,如图 8-24 所示。在平坦地面上可不用支腿进行小起重量吊装及吊物低速行驶。与汽车式起重机相比,其优点是轮距较宽、稳定性好、车身短、转弯半径小,可在 360°范围内工作。但其行驶时对路面要求较高,行驶速度较汽车式慢,不适于在松软泥泞的地面上工作。

　　4.起重机三要素的计算

　　起重机的起重量(Q)、起升高度(H)、工作幅度(R)三个参数之间存在着相互制约的关系,起重臂长度(L)与其仰角(a)有关。每一种型号的起重机都有几种起重臂长度(L)。当起重臂长度(L)一定时,随起重臂仰角(a)的增大,起重量(Q)增大,工作幅度(R)减小,起升高度(H)增大。当起重臂仰角(a)一定时,随着起重臂长度(L)的增加,起重量(Q)减小,工作幅度(R)增大,起升高度(H)增大。其数值的变化取决于起重臂仰角的大小和起重臂长度,如图 8-25 所示。

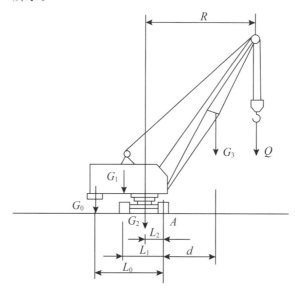

图 8-25　履带式起重机稳定性验算

当使用履带式起重机超负载吊装或接长起重臂时,必须对起重机进行稳定性验算,以保证在吊装中不至于发生倾覆事故。根据验算结果采取增加配重等措施后,才能进行吊装。起重机稳定性应是起重机处于最不利的情况,即车身旋转90°起吊重物时。因此

$$K_2 = \frac{稳定力矩}{倾覆力矩} \geqslant 1.4 \tag{8-1}$$

对重心点取力矩可得:

$$K_2 = \frac{G_1 l_1 + G_2 l_2 + G_0 l_0 - G_3 l_3}{(Q+q)(R-l_2)} \geqslant 1.4 \tag{8-2}$$

其中,G_0 为起重机平衡重;G_1 为起重机可转动部分的重量;G_2 为起重机机身不转动部分的重量;G_3 为起重臂重量(起重臂接长时为接长后的重量);l_0、l_1、l_2、l_3 为以上各部分的重心至倾覆中心的距离。

5. 钢丝绳

钢丝绳是吊装工作中的常用绳索,具有强度高、韧性好、耐磨性好等优点。同时,磨损后外表产生毛刺,容易发现,便于预防事故的发生。在结构吊装中常用的钢丝绳是由六股钢丝和一股绳芯(一般为麻芯)捻成。每股又由多根直径为 0.4～4.0mm,强度由 1400MPa、1550MPa、1700MPa、1850MPa、2000MPa 的高强度钢丝捻成,如图 8-24 所示。

钢丝绳的种类很多,按钢丝和钢丝绳股的搓捻方向分为反捻绳和顺捻绳。

反捻绳每股钢丝的搓捻方向与钢丝股的搓捻方向相反。这种钢丝绳较硬,如图 8-26(a)所示,强度较高,不易松散,吊重时不会扭结旋转,多用于吊装工作中。

顺捻绳每股钢丝的搓捻方向与钢丝股的搓捻方向相同,如图 8-26(b)所示。这种钢丝绳柔性好,表面较平整,不易磨损,但容易松散和扭结卷曲,吊重物时,易使重物旋转,一般多用于拖拉或牵引装置。

(a) 反捻绳　　　　　　　　　　　　　　(b) 顺捻绳

图 8-26　钢丝绳

在构件安装过程中,常要使用一些吊装工具,如吊索、卡环、花篮螺栓、横吊梁等。

吊索主要用来绑扎构件以便起吊,可分为环状吊索(又称万能用索)和开式吊索(又称轻便吊索或 8 被头吊索)两种。吊索是用钢丝绳制成的,因此,钢丝绳的允许拉力即为吊索的允许拉力。在吊装中,吊索的拉力不应超过其允许拉力。吊索拉力取决于所吊构件的重量及吊索的水平夹角。

横吊梁又称铁扁担。前面讲过吊索与水平面的夹角越小,吊索受力越大,则其水平分力也就越大,对构件的轴向压力也就越大。当吊装水平长度大的构件时,为使构件的轴向压力不致过大,吊索与水平面的夹角应不小于 45°。这时吊索要占用较大的空间高度,增加了对起重设备起重高度的要求,降低了起重设备的使用价值。为了提高机械的使用范围,必须缩小吊索与水平面的夹角,因此要加大轴向压力,由一金属支杆来代替构件承受,

这一金属支杆就是所谓的横吊梁。

(三)钢结构安装方案

钢结构安装方法有分件安装法、节间安装法和综合安装法。

分件安装法是指起重机在节间内每开行一次仅安装一种或两种构件。如起重机第一次开行中先吊装全部柱子,并进行校正和最后固定。然后依次吊装地梁、柱间支撑、墙梁、吊车梁、托架(托梁)屋架、天窗架、屋面支撑和墙板等构件,直至整个建筑物吊装完成。有时屋面板的吊装也可在屋面上单独用桅杆或屋面小吊车来进行,适用于中、小型厂房的吊装。

分件安装法的优点是起重机在每次开行中仅吊装一类构件,吊装内容单一,准备工作简单,校正方便,吊装效率高;有充分时间进行校正;构件可分类在现场顺序预制、排放,场外构件可按先后顺序组织供应;构件预制吊装、运输、排放条件好,易于布置;可选用起重量较小的起重机械,可利用改变起重臂杆长度的方法,分别满足各类构件吊装起重量和起升高度的要求。分件安装法的缺点是起重机开行频繁,机械台班费用增加;起重机开行路线长;起重臂长度改变需定的时间;不能按节间吊装,不能为后续工程及早提供工作面,阻碍了工序的穿插;相对吊装工期较长;屋面板吊装有时需要有辅助机械设备。

节间安装法是指起重机在厂房内一次开行中,分节间依次安装所有各类型构件,即先吊装一个节间柱子,并立即加以校正和最后固定,然后接着吊装地梁、柱间支撑、墙梁(连续梁)、吊车梁、走道板、柱头系统、托架(托梁)、屋架、天窗架、屋面支撑系统、屋面板和墙板等构件。一个(或几个)节间的全部构件吊装完毕后,起重机行进至下一个(或几个)节间,再进行下一个(或几个)节间全部构件的吊装,直至吊装完成。节间安装法适用于采用回转式桅杆进行吊装或有特殊要求的结构(如门式框架)或因某种原因局部特殊需要(如急需施工地下设施)时采用。

节间安装法的优点是起重机开行路线短,起重机停机点少,停机一次可以完成一个(或几个)节间全部构件安装工作,可为后期工程及早提供工作面,可组织交叉平行流水作业,缩短工期;构件制作和吊装误差能及时发现或纠正;吊装完一节间,校正固定一节间,结构整体稳定性好,有利于保证工程质量。

节间安装法的缺点是需用起重量大的起重机同时吊各类构件,不能充分发挥起重机的效率,无法组织单一构件连续作业;各类构件需交叉配合,场地构件堆放拥挤,吊具、索具更换频繁,准备工作复杂;校正工作零碎、困难;柱固定时间较长,难以组织连续作业,使吊装时间延长,降低吊装效率;操作面窄,易发生安全事故。

综合安装法是将全部或一个区段的柱头以下部分的构件用分件吊装法吊装,即柱子吊装完毕并校正固定,再按顺序吊装地梁、柱间支撑、吊车梁、走道板、墙梁、托架(托梁),接着按节间综合吊装屋架、天窗架、屋面支撑系统和屋面板等屋面结构构件。整个吊装过程可按三次流水作业进行,根据结构特性有时也可采用两次流水作业,即先吊装柱子,然后分节吊装其他构件。吊装时通常采用两台起重机,一台起重量大的起重机用来吊装柱子、吊车梁、托架和屋面结构系统等,另一台用来吊装柱间支撑、走道板、地梁、墙梁等构件,并承担构件卸车和就位排放工作。

综合安装法结合了分件安装法和节间安装法的优点,能最大限度地发挥起重机的能力和效率,缩短工期,是广泛采用的一种安装方法。

(四)钢结构安装工程施工

1.首层钢柱的安装施工

(1)吊点选择

吊点位置及吊点数量应根据钢柱形状、断面、长度、起重机性能等具体情况确定。通常,当钢柱弹性和刚性都很好,可采用一点正吊,吊点设在柱顶处。这样,柱身垂直,易于对线校正。当受到起重机械臂杆长度限制时,吊点也可设在柱长 1/3 处。此时,吊点斜吊,对于线校正较难。对于细长钢柱,为防止钢柱变形,也可采用两点或三点吊。

为了保证吊装时索具安全且便于安装校正,吊装钢柱时在吊点部位预先安有吊耳,吊装完毕再割去。如果不采用在吊点部位焊接吊耳,也可采用直接用钢丝绳绑扎钢柱,此时绑扎点处钢柱四角应用半圆钢管或方形木条做包角保护,以防钢丝绳割断。工字形钢柱为防止局部受挤压破坏,可加一加强肋板,吊装格构柱,绑扎点处加支撑杆加强。

(2)起吊方法

起吊方法应根据钢柱类型、起重设备和现场条件确定。起吊方法可采用旋转法、滑行法、递送法。根据所选的起吊方法不同,起重机械可采用单机、双机、多机等。

旋转法是起重机边起钩边回转使钢柱绕柱脚旋转而将钢柱吊起,如图 8-27 所示。旋转法吊装柱时,柱的平面布置要做到:绑扎点、柱脚中心与柱基础杯口中心三点同弧,在以吊柱时起重半径 R 为半径的圆弧上,柱脚靠近基础。这样,起吊时起重半径不变,起重臂边升钩边回转。柱在直立前,柱脚不动,柱顶随起重机回转及吊钩上升而逐渐上升,使柱在柱脚位置竖直。然后,把柱吊离地面 $20\sim30$cm,回转起重臂把柱吊至杯口上方,插入杯口。旋转法的要点有两个:一是保持柱脚位置不动,并使吊点、柱脚和杯口中心在同一圆弧上;二是圆弧半径即为起重机起重半径。

旋转法吊装柱时,起重臂仰角不变,起重机位置不变,仅一面旋转起重臂,一面上升吊钩,柱脚的位置在旋转过程中是不移动的。柱受振动小,生产效率高,仅需要一台起重机,但对起重机的机动性要求较高,柱布置时占地面积较大。其适用于中小型柱的吊装。

滑行法是采用单机或双机抬吊钢柱,起重机只起钩,使柱滑行而将钢柱吊起。为减少钢柱与地面摩擦阻力,需要柱脚下铺设滑行道,如图 8-28 所示。采用滑行法吊装柱时,柱的平面布置要做到:绑扎点、基础杯口中心二点同弧,在以起重半径 R 为半径的圆弧上,绑扎点靠近基础杯口。这样,在柱起吊时,起重臂不动,起重钩上升,柱顶上升,柱脚沿地面向基础滑行,直至柱竖直。然后,起重臂旋转,将柱吊至柱基础杯口上方,插入杯口。

在采用滑行法吊装过程中,柱受振动,但对起重机的机动性要求较低(起重机只升钩,起重臂不旋转),对于较大或较细长的钢柱,或者当采用独脚拔杆、人字拔杆吊装柱时,常采用此法。

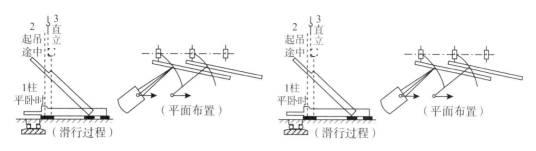

图 8-27　旋转吊柱法　　　　　　　　　图 8-28　滑行吊柱法

递送法采用双机或三机抬吊钢柱。一台为副机吊点选在钢柱下面,起吊时配合主机起钩,随着主机的起吊,副机行走或回转。在递送过程中副机承担了一部分荷载,将钢柱脚递送到柱基础顶面,副机脱钩卸去荷载,此时主机满荷,将柱就位,如图 8-29 所示。一般对于大型钢柱,选择这种安装方式。

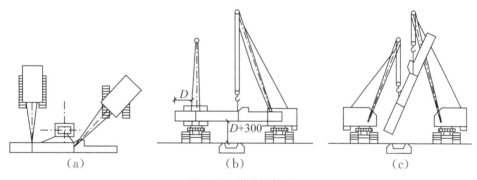

图 8-29　递送吊柱法

(3)固定及矫正

对于采用杯口基础钢柱,柱子插入杯口就位,初步校正后即可用钢楔(或硬木)临时固定。方法是当柱插入杯口使柱身中心线对准杯口(或杯底)中心线后刹车,用撬杠拨正初校,在柱子杯口壁之间的四周空隙,每边塞入两个钢(或硬堂木)楔,再将钢柱下落到杯底后复查对位,同时打紧两侧的楔子,起重机司中室 L 脱钩完成一个钢柱吊装。对于采用地脚螺栓方式连接的钢柱,钢柱吊装就位并初步调整柱底与基础基准线达到准确位置后,拧紧全部螺栓、螺母,进行临时固定,达到安全后摘除吊钩。

对于重型或高 10m 以上细长柱及杯口较浅的钢柱,或遇到刮风天气,有时还在钢柱大面两侧加设缆风绳或支撑来临时固定。

4.钢梁的安装施工

钢梁安装时,同一列柱,应先从中间跨开始对称地向两端扩展;同一跨钢梁,应先安装上层梁再安装中、下层梁。

在安装和校正柱与柱之间的主梁时,可先把柱子撑开,跟踪测量、校正,预留接头焊接收缩量,这时柱产生的内力在焊接完毕焊缝收缩后也就消失了。

一节柱的各层梁安装好后,应先焊上层主梁,后焊下层主梁,以使框架稳固,便于施工。一节柱(三层)的竖向焊接顺序是:上层主梁→下层主梁→中层主梁→上柱与下柱焊接。

每天安装的构件应形成空间稳定体系,以确保安装质量和结构安全。

5.压型钢板混凝土叠合楼板安装施工

多层及高层钢结构楼板,一般多采用压型钢板与混凝土叠合层组合而成,如图 8-30 所示。一节柱的各层梁安装校正后,应立即安装本节柱范围内的各层楼梯,并铺好各层楼面的压型钢板,进行叠合楼板施工。

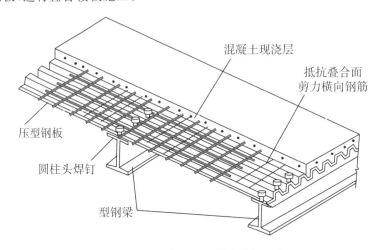

图 8-30　压型钢板混凝土叠合楼板示意图

楼层压型钢板的安装工艺流程是:弹线→清板→吊运→布板→切割→压合→侧焊→端焊→封堵→验收→栓钉焊接。

(1)弹线:在铺板区应弹出钢梁的中心线。主梁的中心线是铺设压型钢板固定位置的控制线,并决定压型钢板与钢梁熔透焊接的焊点位置,次梁的中心线决定熔透焊栓钉的焊接位置。因压型钢板铺设后难以观察次梁翼缘的具体位置,故将次梁的中心线及次梁翼缘反弹在主梁的中心线上,固定栓钉时再将其反弹在压型钢板上。

(2)栓钉焊接:为使组合楼板与钢梁有效地共同工作,抵抗叠合面间的水平剪力作用,通常采用栓钉穿过压型钢板焊于钢梁上。焊接时,把栓钉插入焊枪的长口,焊钉下端置入母材上面的瓷环内。按焊枪电钮,栓钉被提升,在瓷环内产生电弧,在电弧发生后规定的时间内,用适当的速度将栓钉插入母材的熔池内。焊完后,立即除去瓷环,并在焊缝的周围去掉卷边,检查焊钉焊接部位。栓钉焊接工序如图 8-31 所示。

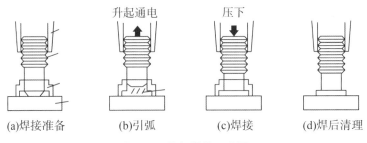

图 8-31　栓钉焊接工序图

（3）压型钢板准备、吊运：将压型钢板分层分区按料单清理、编号，并运至施工指定部位。吊运应保证压型钢板板材整体不变形、局部不卷边。

（4）压型钢板铺设：压型钢板铺设应平整、顺直、波纹对正，设置位置正确；压型钢板与钢梁的锚固支撑长度应符合设计要求，且不应小于50mm。

（5）压型钢板裁剪边：采用等离子切割机或剪板裁剪边角。裁减富余量应控制在5mm内。

（6）压型钢板固定：压型钢板与压型钢板侧板间连接采用咬口钳压合，使单片压型钢板间连成整板，然后用点焊将整板侧边及两端头与钢梁固定，最后采用栓钉固定。为了浇筑混凝土时不漏浆，端部肋应进行封端处理。

（7）钢筋绑扎、浇筑混凝土：压型钢板及栓钉安装完毕后，即可绑扎钢筋，浇筑混凝土。目前为减少现场施工压型钢板出厂，已按设计要求布置焊接了钢筋。现场施工时只需对钢筋进行少量的连接加固。

三、任务实施

（1）本项目的安装方案：因本项目属于中小型门式钢架厂房，一般采用分件安装法。

（2）对于人材机的配置如表8-9和表8-10所示。

表 8-9　安装机械统计表

机械	设备名称	型号/规格	数量	单位
起重运输设备	汽车吊	80t	1	台
	履带吊	85t	1	台
测量仪器	全站仪	徕卡 TC1800L	2	台
	激光经纬仪	T2	2	台
	水准仪	S3	2	台
	游标卡尺	125mm/0.02mm	3	把
	50m 钢卷尺	50m	2	把
	5m 钢卷尺	5m	6	把
安装设备	手拉葫芦	20t、10t、5t、3t	10	个
	螺旋式千斤顶	20t、10t、5t	10	台
	撬棍	/	15	根
高强螺栓施工	扭剪型电动扳手	M16～24	12	套
	开口扳手	/	24	把
	冲销	M16～24	5	个
	锤子	2.5/5kg	9	把

续　表

机械	设备名称	型号/规格	数量	单位
焊接设备	CO_2 气体保护半自动焊机	NB-630	15	台
	碳弧气刨	ZX5-630 A	3	台
	手工电弧焊机	/	10	台
	气割枪	/	6	把
	角向磨光机	JB1193-71	3	台
	空压机	XF200	3	台
	电热干燥箱	YZH2-100	1	台
	电热保温筒	CTS-2000	3	个
	风速仪	/	1	台
	湿度计	SN-02	1	台
	测温计	600℃	3	个
	焊缝检验尺	30 型	3	把
	超声波探伤仪	CTS－2000	1	台

表 8-10　施工人员统计表

分类	工种	工作内容
施工管理	劳务经理	负责现场劳务人员的管理工作
	安全员	负责现场施工人员的安全管理工作
	劳务资料员	负责现场资料编制、整理工作
构件卸车、安装	安装工	负责钢构件安装、临时连接及摘钩
	信号工	负责起重设备吊装作业时的信号指挥
	司索工	负责构件卸车吊装前的捆绑、挂钩作业
	架子工	负责安装过程中操作架的搭设
	辅工	辅助其他工种作业
测量校正	测量工	负责钢结构安装过程中的测量工作
	辅工	辅助其他工种作业
高强螺栓施工	螺栓工	负责现场安装螺栓及高强螺栓施工
焊接施工	焊工	负责现场焊接作业
	看火人	负责焊接过程中的防火看护

四、拓展阅读

(一)多层及高层钢结构安装方案

多层及高层建筑钢结构的安装,必须根据建筑物的平面形状、结构形式、安装机械的数量和位置等合理划分安装施工流水区段,确定安装顺序。

平面流水段的划分应考虑钢结构在安装过程中的对称性和整体稳定性。其安装顺序一般应由中央向四周扩展,以利于焊接误差的减少和消除。简体结构的安装顺序为先内筒后外筒;对称结构采用全方位对称方案安装。

立面流水段的划分以一节钢柱(各节所含层数不一)为单元。每个单元安装顺序以主梁或钢支撑、带状桁架安装成框架为原则。然后再安装次梁、楼板及非结构构件。塔式起重机的提升、顶升与锚固均应满足组成框架的需要。

钢结构标准单元施工顺序如图 8-32 所示。

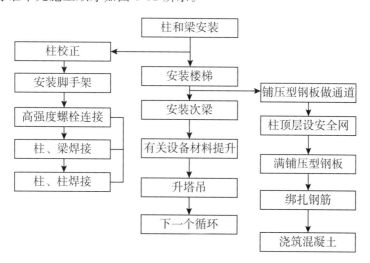

图 8-32　多高层钢结构标准单元施工顺序

多层及高层建筑钢结构安装前,应根据安装流水段和构件安装顺序,编制构件安装顺序表。表中应注明每一构件的节点型号、连接件的规格和数量、高强度螺栓规格和数量、栓焊数量及焊接量、焊接形式等。构件从成品检验、运输、现场核对、安装、校正到安装后的质量检查,应统一使用该安装顺序表。

(二)多高层钢结构安装时上层钢柱的安装施工

上节钢柱安装时,利用柱身中心线就位,为使上、下柱不出现错口,应尽量做到上、下柱轴线重合。上节钢柱就位后,按照先调整标高,再调整位移,最后调整垂直度的顺序校正。

校正时,可采用缆风绳校正法或无缆风绳校正法。目前多采用无缆风绳校正法,即利用塔吊、钢楔、垫板撬棍以及千斤顶等工具,在钢柱呈自由状态下进行校正。此法施工简单、校正速度快、易于吊装就位,且能确保安装精度。为适应无缆风绳校正法,应特别注意钢柱节点临时连接耳板的构造。上、下耳板的间隙宜为 15～20mm,以便于插入钢楔。

对于上层钢柱的安装及标高调整,一般采用相对标高安装、设计标高复核的方法。钢柱吊装就位后,合上连接板,穿入大六角头高强度螺栓,但不夹紧,通过吊钩起落与撬棍拨动调节上、下柱之间的间隙。量取上柱柱根标高线与下柱柱头标高线之间的距离,经检验符合要求后在上、下耳板间隙中打入钢楔以限制钢柱下落。正常情况下,标高偏差调整至零。若钢柱制造误差超过 5mm,应分次调整。

钢柱的位移调整,一般以定位轴线从地面控制轴线直接引上,不得从下层柱的轴线引上。钢柱轴线偏移时,可在上柱和下柱耳板的不同侧面夹入一定厚度的垫板加以调整,然后微微夹紧柱头临时接头的连接板。钢柱的位移每次只能调整 3mm,若偏差过大,只能分次调整,起重机至此可松吊钩。同时,校正位移时应注意防止钢柱扭转。

钢柱的垂直度调整,一般用两台经纬仪在相互垂直的位置投点进行。调整时,在钢柱偏斜方向的同侧锤击钢楔或微微顶升千斤顶,在保证单节柱垂直度符合要求的前提下,将柱顶偏轴线位移校正至零,然后拧紧上、下柱临时接头的大六角头高强度螺栓至额定扭矩。需要注意的是,为了调整标高和垂直度,临时接头上的螺栓孔应比螺栓直径大 4.0mm。因钢柱制造允许误差一般为 $-1～+5$mm,故螺栓孔扩大后能有足够的余量将钢柱校正准确。

任务 4　钢结构涂装工程

一、任务布置

钢结构构件在空气中极易被腐蚀,请结合相关知识组织施工,保证结构满足防腐及防火的要求。尝试结合钢结构安装部分内容,并结合相关知识,简单阐述如何在施工及使用过程中保证满足结构防腐和防火的要求。

二、相关知识

钢结构易受水、氧气和其他物质的化学作用而被腐蚀,腐蚀不仅会造成经济损失,还直接影响到结构安全。另外,钢材由于导热快、比热小,虽是一种不易燃烧材料,但极不耐火。未加防火处理的钢结构在遭受火灾时,温度上升很快,只需十几分钟,其温度就可达 540℃以上,此时钢材的力学性能如屈服点、抗拉强度、弹性模量及载荷能力等都将急剧下降;达到 600℃时,强度则几乎为零,这时钢结构不可避免地扭曲变形,最终导致整个结构的垮塌毁坏。因此,根据钢结构所处环境及工作性能采取相应的防腐和防火措施是钢结构设计与施工的重要内容。

（一）钢结构防腐涂装

1. 钢材表面除锈等级与除锈方法

钢结构构件制作完毕，经质量检验合格后应进行防腐涂料涂装。涂装前钢材表面应进行除锈处理，以提高底漆的附着力，保证涂层质量。除锈处理后，钢材表面不应有焊渣、焊疤、灰尘、油污和毛刺等。

根据《涂覆涂料前钢材表面处理　表面清洁度的目视评定　第1部分：未涂覆过的钢材表面和全面清除原有涂层后的钢材表面的锈蚀等级和处理等级》（GB/T 8923.1），将除锈等级分成喷射或抛射除锈、手工和动力工具除锈、火焰除锈三种类型。

（1）喷射或抛射除锈用字母"Sa"表示，分为四个等级：

Sa1 表示轻度的喷射或抛射除锈。钢材表面无可见的油脂或污垢，没有附着不牢的氧化皮、铁锈和油漆涂层等附着物。

Sa2 表示彻底的喷射或抛射除锈。钢材表面无可见的油脂和污垢，氧化皮、铁锈等附着物已基本消除，其残留物应是牢固附着的。

Sa2$\frac{1}{2}$ 表示非常彻底的喷射或抛射除锈。钢材表面无可见的油脂、污垢、氧化皮、铁锈和油漆涂层等附着物，任何残留的痕迹应仅是点状或条状轻微色斑。

Sa3 表示钢材表面洁净的喷射或抛射除锈。钢材表面无可见的油脂、污垢、氧化皮、铁锈和油漆涂层等附着物，该表面应显示均匀的金属光泽。

（2）手工和动力工具除锈用字母"St"表示，分为两个等级：

St2 表示彻底的手工和动力工具除锈。钢材表面无可见的油脂和污垢，没有附着不牢的氧化皮、铁锈和油漆涂层等附着物。

St3 表示非常彻底的手工和动力工具除锈。钢材表面无可见的油脂和污垢，并且没有附着不牢的氧化皮、铁锈和油漆涂层等附着物。除锈应比 St2 更为彻底，底材显露部分的表面应具有金属光泽。

（3）火焰除锈用字母"Ft"表示，它包括在火焰加热作业后，以动力钢丝刷清除加热后附着在钢材表面的产物且只有一个等级，表示钢材表面应无氧化皮、铁锈和油漆涂层等附着物，任何残留的痕迹应仅为表面变色（不同颜色的暗影）。

喷射或抛射除锈采用的设备有空气压缩机、喷射或抛射机、油水分离器等，该方法能控制除锈质量，获得不同要求的表面粗糙度，但设备复杂、费用高、污染环境。手工和动力工具除锈采用的工具有砂布、钢丝刷、铲刀、尖锤、平面砂轮机和动力钢丝刷等，该方法工具简单、操作方便、费用低，但劳动强度大、效率低、质量差。

《钢结构工程施工质量验收标准》（GB 50205—2020）规定，钢材表面的除锈方法和除锈等级应与设计文件所采用的涂料相适应。当设计无要求时，钢材表面除锈等级应符合表 8-11 的规定。

表 8-11　各种底漆或防锈漆要求最低的除锈等级

涂料品种	除锈等级
油性酚醛、醇酸等底漆或防锈漆	St2
高氯化聚乙烯、氯化橡胶、氯磺化聚乙烯、环氧树脂、聚氨酯等底漆或防锈漆	Sa2
无机富锌、有机硅、过氧乙烯等底漆	Sa2 $\frac{1}{2}$

目前国内各大、中型钢结构生产企业一般都将喷射或抛射除锈作为首选的除锈方法，而手工和动力工具除锈仅作为喷射或抛射除锈的补充手段。随着科学技术的发展，大多喷射或抛射除锈设备已采用微机控制，具有较高的自动化水平，并配有除尘器，以消除粉尘污染。

2.钢结构防腐涂料

钢结构防腐涂料是一种含油或不含油的胶体溶液，涂敷在钢材表面，结成一层薄膜，使钢材与外界腐蚀介质隔绝。涂料分为底漆和面漆两种。

底漆是直接涂在钢材表面上的漆。含粉料多，基料少，成膜粗糙，与钢材表面黏结力强，与面漆结合性好。

面漆是涂在底漆上的漆。含粉料少，基料多，成膜后有光泽，主要功能是保护下层底漆。面漆对大气和水具有不渗透性，并能抵抗腐蚀性介质和阳光中紫外线等引起的风化分解。

钢结构防腐涂层可由几层不同的涂料组合而成。涂料的层数和总厚度是根据使用条件来确定的，一般室内钢结构要求涂层总厚度为 $125\mu m$，即底漆和面漆各两道。高层建筑钢结构一般处在室内环境中，要喷涂防火涂层，因此通常只刷两道防锈底漆。

3.防腐涂装方法

钢结构防腐涂装常用的施工方法有刷涂法和喷涂法两种。

刷涂法的应用较广泛，适用于油性基料刷涂。因为油性基料虽干燥得慢，但渗透性强，流动性好，不论面积大小，涂刷起来都会平滑流畅。一些形状复杂的构件，使用刷涂法也比较方便。

喷涂法的施工工效高，适用于大面积施工，对于快干和挥发性强的涂料尤为适合。喷涂的漆膜较薄，为了达到设计要求的厚度，有时需要增加喷涂次数。喷涂施工比刷涂施工涂料损耗大，用量一般要增加 20% 左右。

（二）钢结构防火涂装

钢结构防火涂料能够起到防火作用，主要有三个方面的原因：一是涂层对钢材起屏蔽作用，隔离了火焰，使钢构件不至于直接暴露在火焰或高温之中；二是涂层吸热后，部分物质分解出水蒸气或其他不燃气体，起到消耗热量、降低火焰温度和燃烧速度以及稀释氧气的作用；三是涂层本身为多孔轻质或受热膨胀材料，受热后形成碳化泡沫层，热导率降低，阻止了热量迅速向钢材传递，推迟钢材升温到极限温度的时间，从而提高钢结构的耐火极限。

1.钢结构防火涂料

钢结构防火涂料按涂层的厚度分为以下两类：

B类：属于薄涂型钢结构防火涂料，涂层厚度一般为 2～7mm，有一定装饰效果，高温时涂层膨胀增厚，耐火极限一般为 0.5～2h，又称为钢结构膨胀防火涂料。

H类：属于厚涂型钢结构防火涂料，涂层厚度一般为 8～50mm，粒状表面，密度较小，热导率低，耐火极限可达 0.5～3h，又称为钢结构防火隔热涂料。

室内裸露钢结构、轻型屋盖钢结构及有装饰要求的钢结构，当规定其耐火极限在1.5h及以下时，宜选用薄涂型钢结构防火涂料。室内隐蔽钢结构、多层及高层全钢结构、多层厂房钢结构，当规定其耐火极限在 2.0h 及以上时，宜选用厚涂型钢结构防火涂料。露天钢结构，如石油化工企业、油(汽)罐支撑、石油钻井平台等钢结构，应选用符合室外钢结构防火涂料产品规定的厚涂型或薄涂型钢结构防火涂料。

选用防火涂料时，应注意不应把薄涂型钢结构防火涂料用于保护 2h 以上的钢结构；不得将室内钢结构防火涂料未加改进和采取有效的防火措施，直接用于保护室外的钢结构。

2.防火涂料涂装的一般规定

(1)防火涂料的涂装，应在钢结构安装就位，并经验收合格后进行。

(2)防火涂料涂装前钢材表面应除锈，并根据设计要求涂装防腐底漆。防腐底漆与防火涂料不应发生化学反应。

(3)防火涂料涂装基层不应有油污、灰尘和泥沙等污垢。钢构件连接处 4～12mm 宽的缝隙应采用防火涂料或其他防火材料(如硅酸铝纤维棉、防火堵料等)填补堵平。

(4)对大多数防火涂料而言，施工过程中和涂层干燥固化前，环境温度宜保持在 5～38℃，相对湿度不应大于 85%，空气流动性良好。涂装时构件表面不应有结露；涂装后 4h 内应保护，免受雨淋。

3.保证涂装质量的措施

(1)涂装时间控制

不同类型的材料涂装间隔各有不同，在施工时应按每种涂料的各自要求进行施工，涂装间隔时间不能超过说明书中最长间隔时间，否则将会影响漆膜层间的附着力，造成漆膜剥落。

喷涂底漆：除锈合格后应及时涂刷防锈底漆，间隔时间不宜过长，相对湿度不大于65%时，除锈后应在 6h 内涂装完底漆，相对湿度为 65%～80%时，应在除锈后 4h 内完成底漆涂装。在底漆喷涂前质检超过规定时间，则必须重新对工件进行扫砂处理并再次由监理工程师确认。喷涂时施工人员应随时用湿膜卡检测涂层厚度。

喷涂中间漆：经监理工程师验收合格的外表面可进行中间漆的预涂。预涂后即可进行中间漆的喷涂。涂层干后，即可进行自检，自检合格后，可报请监理验收。验收合格才可以喷涂第二道中间漆。

当存在以下一种情况下，涂装均应停止作业：

①相对湿度＞85%。

②构件面表温度低于露点加 3℃。

③露天作业涂覆时出现雨、雪、霜。

④环境温度在 5℃以下或 38℃以上。

喷涂要求:喷涂应均匀,经常用湿膜测厚仪或干膜测厚仪检测,完工的干膜总厚度的测试采用国际通用的"85-15Rule"(两个 85%原则),不允许存在漏涂、针孔、开裂、剥离、粉化、流挂现象。

(2)涂装温湿度控制

涂装涂料时必须要注意的主要因素是钢材表面状况、钢材温度和涂装时的大气环境。通常涂装施工工作应该在 5℃以上,相对湿度应在 85%以下的气候条件中进行。而当表面受大风、雨、雾或冰雪等恶劣气候的影响时,则不能进行涂装施工。

以温度计测定钢材温度,用湿度计测出相对湿度,然后计算其露点,当钢材温度低于露点以上 3℃时,由于表面凝结水分而不能涂装,必须高于露点 3℃才能施工。

当气温在 5℃以下的低温条件下,造成防腐涂料的固化速度减慢,甚至停止固化,视涂层表干速度,可采用提高工件温度、降低空气湿度及加强空气流通的办法解决。

气温在 30℃以上的恶劣条件下施工时,由于溶剂挥发很快,必须采用加入油漆自身重量约 5%的稀释剂进行稀释后才能施工。

(3)涂料配比控制

一般油漆在经过一段时间的放置后,会有不同程度的沉淀和分层。所以在开灌后,就应用搅拌机或搅棒将其搅拌均匀后再使用。

防腐蚀涂料的配制,要根据配方严格按比例配制。特设专人负责配料,并由专人进行复验。

(4)涂料厚度控制

凡是上漆的部件,应离自由边 15mm 左右的幅度起,在单位面积内选取一定数量的测量点进行测量,取其平均值作为该处的漆膜厚度。但焊接接口处的线缝以及其他不易或不能测量的组装部件,则不必测量其涂层厚度。对于大面积部位,干膜厚度应达到"两个 85%"。

漆膜厚度是使防腐涂料能够发挥最佳性能,足够漆膜厚度是极其重要的。因此,必须严格控制厚度,施工时应按使用量进行涂装,经常使用湿膜测厚仪测定湿膜厚度,油漆干燥后采用超声波测厚仪测量,以控制干膜厚度并保证厚度均匀。

三、任务实施

(1)根据技术文件要求,选择合适的防火与防腐材料,并报监理验收。

(2)组织工人按照施工方案施工。

(3)施工过程中,严格控制涂装质量,注重过程检查。

(4)按照现场质量验收规范进行检查。

(5)施工过程中加强高空作业安全和防火措施检查。

四、拓展阅读

（一）防腐涂装质量要求

涂料、涂装遍数、涂层厚度均应符合设计要求。当设计对涂层厚度无要求时，涂层干漆膜总厚度：室外应为 $150\mu m$，室内应为 $125\mu m$，其允许偏差为 $25\mu m$。每遍涂层干漆膜厚度的允许偏差为 $-5\mu m$。

配制的涂料不宜存放过久，尽量当天配制。稀释剂应按说明书规定执行，不得随意添加。

涂装的环境温度和相对湿度应符合涂料产品说明书要求。

施工图中注明不涂装的部位不得涂装。焊缝处、高强度螺栓摩擦面处暂不涂装，待现场安装完后，再对焊缝及高强度螺栓接头处补刷防腐涂料。

涂装应均匀，无明显起皱、流挂、针眼和气泡等，附着应良好。完成后应在构件上标注构件编号。大型构件应标明其质量、构件重心位置和定位标志。

（二）防火涂装质量要求

薄涂型钢结构防火涂料的涂层厚度应符合有关耐火极限的设计要求。厚涂型钢结构防火涂料涂层的厚度，80% 及以上面积应符合有关耐火极限的设计要求，且最薄处厚度不应低于设计要求的 85%。

薄涂型钢结构防火涂料涂层表面裂纹宽度不应大于 $0.5mm$；厚涂型钢结构防火涂料涂层表面裂纹宽度不应大于 $1mm$。

防火涂料不应有误涂、漏涂，涂层应闭合无脱层、空鼓、明显凹陷、粉化松散和浮浆等外观缺陷。

任务 5　钢结构施工安全要求

一、任务布置

钢结构安装施工过程中，存在很多高空悬空作业，施工安全是工作的重中之重。请做好钢结构施工的安全技术交底，并做好日常检查。

二、相关知识

（一）钢结构安装工程安全技术要求

钢结构安装工程绝大部分工作是高空作业，并伴有临边、洞口、攀登、悬空、立体交叉作业等；施工中还使用起重机、电焊机、切割机等用电设备和氧气瓶、乙炔瓶等化学危险品;涉及吊装、高空、临边和明火作业等。因此,施工中必须贯彻"安全第一,预防为主"的方针,确保人身安全和设备安全以及消防安全。

1. 施工安全要求

(1)高空安装作业时,应系好安全带,并应对使用的脚手架或吊架等进行检查,确认安全后方可施工。操作人员需在水平钢梁上行走时,安全带要挂在设置的安全绳上,安全绳应与钢梁连接牢固。

(2)高空操作人员携带的手动工具、螺栓、焊条等小件物品必须放在工具袋内,互相传递要用绳子,不准扔掷。

(3)凡是附在柱和梁上的爬梯、走道、操作平台、高空作业吊篮及临时脚手架等要与钢构件连接牢固。

(4)构件安装后,必须检查连接质量,无误后才能摘钩或拆除临时固定。

(5)当风力大于5级,雨、雪天和构件有积雪、结冰、积水时,应停止高空钢结构的安装作业。

(6)高层钢结构安装应按规定在建筑物外侧搭设水平和垂直安全网。第一层水平安全网离地面5~10m,挑出网宽6m;第二层水平安全网设在钢结构安装工作面下,挑出3m。第一、二层水平安全网应随钢结构安装进度往上转移,两者相差一节柱距离。网下已安装好的钢结构外侧应安设垂直安全网,并沿建筑物外侧封闭严密。建筑物内部的楼梯、电梯井口、各种预留孔洞等处,均要设置水平防护网、防护挡板或防护栏杆。

(7)构件吊装时,要采取必要措施防止起重机倾翻。起重机行驶道路必须坚实可靠;尽量避免满负荷行驶;严禁超载吊装;双机抬吊时,应根据起重机的起重能力进行合理的负荷分配,并统一指挥操作;绑扎构件的吊索须经过计算,所有起重机具应定期检查。

(8)使用塔式起重机或长吊杆起重机时,应有避雷防触电设施。

(9)各种用电设备要有接地装置,地线和电力用具的电阻不得大于4Ω,并采用五线三相制连接,要做到"一机一闸一保护"。各种用电设备和电缆(特别是焊机电缆),要经常进行检查,保证绝缘良好。

2. 施工现场消防安全措施

(1)钢结构安装前,必须根据工程规模、结构特点、技术复杂程度和现场具体条件等,拟订具体的安全消防措施,建立安全消防管理制度,并进行强化管理。

(2)应对参加施工安装的全体人员进行安全消防技术交底,加强教育和培训工作。各专业工程应严格执行本工种安全操作规程和本工程制订的各项安全消防措施。

(3)施工现场应设置消防车道,配备消防器材,安排足够的消防水源。

(4)施工材料的堆放、保管应符合防火安全要求,易燃材料必须专库堆放。

(5)进行电弧焊、栓钉焊、气切割等明火作业时,要有专职人员值班防火。氧气瓶、乙炔瓶不应放在太阳光下曝晒,更不可接近火源(要求与火源距离不小于10m);冬季氧气瓶、乙炔瓶阀门发生冻结时,应用干净的热布把阀门烫热,不可用火烤。

(6)安装使用的电气设备,应按使用性质的不同,设置专用电缆供电。其中,塔式起重机、电焊机、栓钉焊机等大用电量设备应分路供电。

（7）多层与高层钢结构安装施工时，各类消防设施（灭火器、水桶、沙袋等）应随安装高度的增加及时上移，一般不得超过两个楼层。

（二）钢结构涂装工程安全技术

钢结构防腐涂料的溶剂和稀释剂大多为易燃品，且有不同程度的毒性，当防腐涂料的溶剂与空气混合达到一定比例时，遇到明火极易发生爆炸，所以应重视防腐涂装的防火、防爆、防毒工作。

（1）防腐涂装施工现场或车间不允许堆放易燃物品，并应远离易燃物品仓库。现场或车间严禁烟火，并应有明显的禁止烟火标志，必须备有消防水源或消防器材。仓库温度不宜高于35℃，不应低于5℃，严禁露天存放、日晒雨淋。擦过溶剂和涂料的棉纱应存放在带盖的铁桶内，并定期处理掉，严禁向下水道倾倒涂料和溶剂。

（2）防腐涂装施工现场或车间禁止使用明火，必须加热时，采用热载体或电感加热，并远离施工现场。施工中禁止用铁棒等物体敲击金属物体和漆桶，如需敲击，应使用木质工具。涂料仓库和施工现场照明灯应有防爆装置，电器设备应使用防爆型的，并要定期检查电路及设备的绝缘情况。在使用溶剂的场所，应严禁使用闸刀开关，且要用三线插销插头。所使用的设备和电器导线应接地良好，防止静电聚集。

（3）施工现场应有良好的通风排气装置，使有害气体和粉尘的含量不超过规定浓度，施工人员应戴防毒口罩或面具。当易出现接触性侵害时，施工人员应穿工作服、戴手套和防护眼镜等，尽量不与溶剂接触，并严格执行安全操作规程。

（三）基本安全防护措施

钢结构安装基本安全要点如表8-12所示

表8-12 钢结构安装基本安全要点

序号	钢结构安装基本安全要点	图 例
1	进入施工现场必须戴安全帽，2米以上高空作业必须佩带安全带	
2	吊装前起重指挥要仔细检查吊具是否符合规格要求，是否有损伤，所有起重指挥及操作人员必须持证上岗	安全帽
3	高空操作人员应符合超高层施工体质要求，开工前检查身体	
4	高空作业人员应佩带工具袋，工具应放在工具袋中，不得放在钢梁或易失落的地方，所有手工工具（如手锤、扳手、撬棍），应穿上绳子套在安全带或手腕上，防止失落伤及他人	双钩安全带
5	钢结构是良好导电体，四周应接地良好，施工用的电源线必须是胶皮电缆线，所有电动设备应安装漏电保护开关，严格遵守安全用电操作规程	

283

续 表

序号	钢结构安装基本安全要点	图 例
6	高空作业人员严禁带病作业,施工现场禁止酒后作业,高温天气要做好防暑降温工作	
7	风力超过6级或有雷雨时应禁止吊装,夜间零星吊装必须保证足够的照明,构件不得悬空过夜	 安全包
8	氧气、乙炔、油漆等易爆、易燃物品,应妥善保管,严禁在明火附近作业,严禁吸烟	
9	电焊机使用时,要求焊把线与地线双线到位,焊把线不超过30m 电箱与电焊机之间的一次侧接线长度不大于5m	
10	焊接平台上应做好防火措施,防止火花飞溅	 气体保护笼
11	现场施工用电执行一机、一闸、一漏电保护器的"三级"保护措施。其电箱设门、设锁,并编号、注明责任人	
12	机械设备必须执行工作接地和重复接地的保护措施	
13	电箱内所配置的电闸、漏电、保护开关、熔丝荷载必须与设备额定电流相等。不使用偏大或偏小额定电流的电熔丝,严禁使用金属丝代替电熔丝	配电箱

(四)现场防护措施

钢结构现场安装过程中,各分项作业防护措施要求如表8-13至表8-17所示。

表8-13 悬空作业防护措施

序号	悬空作业防护措施
1	悬空作业处应有牢固的立足处,必须视具体情况,配置防护栏网、栏杆或其他安全设施
2	悬空作业所用的索具、脚手架、吊篮、吊笼、平台等设备,均需经过技术鉴定或验证方可作用
3	钢结构的吊装,构件应尽可能在地面组装,并搭设进行临时固定、电焊、高强度螺栓连接等工序的高空安全设施,随构件同时上吊就位。拆卸时的安全措施,亦应一并考虑和落实。高空吊装大型构件前,也应搭设悬空作业所需的安全措施
4	悬空作业人员,必须戴好安全带
5	夹层高处作业需设置两道生命线,安全带分别悬挂于两道生命线上

表 8-14　现场安全用电措施

序号	现场安全用电措施
1	保证正确可靠的接地及接零保护措施
2	电气设备的装置、安全、防护、使用、操作与维修必须符合《施工现场临时用电安全技术规范》(JGJ 46)规定要求
3	有醒目的电气安全标志,操作规程牌
4	必须经常对现场的电气线路、各台设备进行安全检查,电气绝缘、接地电阻、电保护器、杆保险等是否完好进行检查。查出的问题要做到定人、定时、定措施,及时整改
5	夜间施工应有足够的照明且应有电工现场值班监护,以防发生意外
6	安装维修或拆除临时用电工程,必须由电工完成
7	机电工长主管现场电气的安全技术档案的建立与管理。《电工维修工作记录》由指定电工代管
8	室内配电必须采取绝缘导线,距地面不得小于 2.5mm,采取防雨措施
9	现场设总配电箱及分配电箱,分配电箱连接开关箱。箱内边接线采用绝缘导线,接头不得松动,不得有外露带电部分

表 8-15　防火安全措施

序号	防火安全措施
1	建立以保卫负责人为组长的安全防火消防组
2	施工现场明确划分用火作业区,易燃可燃材料堆场、仓库、易燃废品集中站和生活区域
3	施工现场必须道路畅通,保证有灾情时消防车畅通无阻
4	施工现场应配备足够的消防器材,指定专人维护、管理、定期更新,保证完整好用
5	氧气、乙炔瓶距明火间距不得小于 10m。氧气、乙炔瓶间距不得小于 5m。氧气、乙炔瓶不得平放和暴晒
6	氧气瓶、乙炔瓶等焊割设备上的安全附件应完整有效,否则不准使用
7	施工现场的焊、割作业必须符合防火要求,严格执行"十不烧"规定
8	严格执行动火审批制度,并要采取有效的安全监护和隔离措施,每个动火点需放置动火警示标志牌,并配备 2A 级灭火器及水桶等消防器材
9	施工现场严禁吸烟

表 8-16　防高空坠物措施

序号	防高空坠物措施
1	每天清理高空废铁等碎小物,用吊箱吊到地面,再归堆,定期搬出现场
2	高空使用的小型工具如线锤、钢卷尺、榔头、扳手等,要放到工具袋中。使用此类工具时,严格遵循项目和班组的安全交底,如榔头、扳手柄上要系细绳套,操作时,细绳套系在手腕上,以免不慎从高空落下伤人
3	高空焊接,不得在高空存放焊条,废弃的焊丝或空焊丝盘,下班时从高空带到地面废料堆。严禁乱抛乱扔
4	高空搭设脚手架操作平台,在正下方用警示绳划出危险区,并派 1 人监护,以免扣件、钢管或扳手不慎掉落。在钢构件起吊时,构件底下严禁站人
5	使用葫芦吊装作业时,每个葫芦必须配置钢丝绳作为保险绳,防止葫芦失效

表 8-17　防止人员高空坠落措施

序号	防止人员高空坠落措施
1	从事高处作业的人员必须持证上岗,并认真遵守安全施工规定,衣着要灵活,禁止穿硬底和带钉易滑的鞋
2	从事高处作业人员应每年进行一次体检,患有心脏病、高血压、精神病、癫痫病者不准从事高空作业
3	高处作业要设防护栏杆,支持安全网和安装防护门,操作人员要系安全带
4	高处作业物料要堆放平稳,不可放置在临边和洞口附近、凡有坠落可能的,要及时撤出或固定以防跌落伤人
5	发现安全设施有缺陷或隐患,应及时报告处理,对危及人身安全的,必须停止施工,消除危险后再进行高处作业
6	任何人不允许移动和擅自拆除安全标志,确实因工作需要须经工长批准后移动和拆除,之后重新安装好。
7	铺设安全网

三、任务实施

(1)做好开工前的安全防护保障措施。

(2)对施工班组做好安全技术交底,并督促检查做好个人防护。

(3)针对钢结构施工特点,采取事前与过程控制相结合的方法,坚持安全巡视制度。

(4)吊装前检查起重设备、吊具是否符合安全。

(5)做好安装阶段构件安装及测量控制。

(6)完工后,做好现场卫生清理工作;整理资料,报监理验收。

四、拓展阅读

2023 年 7 月 23 日 14 时 56 分,黑龙江省齐齐哈尔市第三十四中学体育馆钢网架屋顶发生坍塌事件,造成 11 名师生失去了宝贵生命,如图 8-33 所示。事故原因并非建筑年久失修,而是在和体育馆毗邻的综合楼施工过程中,珍珠岩等施工材料被违规堆放在体育馆的钢网架屋面顶部,受降雨影响,珍珠岩浸水增重,导致屋顶荷载增大,引发坍塌,最终造成了这起悲剧的发生。

图 8-33　体育馆倒塌事故现场

而按照相关规范规定,钢网架屋面仅能承受自身恒荷载及风、雪、积灰等可变荷载。施工单位在进行施工前,也必须对施工场地范围内进行施工总平面图设计,对于大型施工器械及施工材料的堆放场地需提前规划并计算相关施工荷载。本事故中施工单位的做法极不符合相关法律及规范,从而导致了这起悲剧的发生。

党的二十大报告指出:"坚持把发展经济的着力点放在实体经济上,推进新型工业化,加快建设制造强国、质量强国、航天强国、交通强国、网络强国、数字中国。"提升建设工程品质,强化工程质量保障、降低施工安全隐患、减少工程事故发生,是建设"质量强国"的重要方面。

◈ 实训任务

根据图纸,编写门式钢架现场安装技术交底资料。要求介绍工程概况,布置构件吊装场地,明确吊装方案及吊装器械,同时要求对本项目的螺栓安装及现场焊缝做明确的验收标准。

◇ 练习与思考

一、单选题

1.采用旋转法吊装的柱子一般需要几台吊机（　　　）。

A.1台　　　　　　　B.2台　　　　　　　C.3台　　　　　　　D.多台

2.以下（　　　）不属于起重机械三要素。

A.工作幅度　　　　B.起重臂长度　　　　C.起升高度　　　　D.最大起重量

3.吊装钢柱过程中,柱脚处钢柱底板下的螺栓作用是（　　　）

A.校正钢柱平面位置　　　　　　　　B.调整柱底标高

C.防止柱水平滑移　　　　　　　　　D.防止螺栓变松

4.小型门式钢架厂房的安装工程,一般采用（　　　）作为吊装机械。

A.塔吊　　　　　　B.桅杆式起重机　　　C.履带式起重机　　　D.汽车式起重机

二、填空题

1.钢结构的安装顺序有＿＿＿＿＿＿＿、＿＿＿＿＿＿＿和综合安装法。

2.多层及高层钢结构的楼板,可以采用＿＿＿＿＿＿＿和＿＿＿＿＿＿＿所组合的叠合楼板。

三、简答题

1.简述钢结构构件现场堆放要求。

2.尝试列举钢结构安装过程中所用的工具。

参考文献

［1］张蓓,曲大林,赵继伟.主体结构工程施工［M］.北京:北京理工大学出版社,2018.

［2］李彦昌,王海波,杨荣俊.预拌混凝土质量控制［M］.北京:化学工业出版社,2016.

［3］王洪健.建筑施工技术［M］.北京:清华大学出版社,2016.

［4］钱大行.建筑施工技术［M］.大连:大连理工大学出版社,2017.

［5］唐丽萍,杨晓敏.钢结构制作与安装［M］.北京:机械工业出版社,2019.

［6］建筑施工手册编委会.建筑施工手册［M］.5版.北京:中国建筑工业出版社,2012.

［7］中华人民共和国住房和城乡建设部.建筑工程施工质量验收统一标准:GB 50300—
2013［S］.北京:中国建筑工业出版社,2019.

［8］中华人民共和国住房和城乡建设部.砌体结构工程施工质量验收规范:GB 50203—
2019［S］.北京:中国建筑工业出版社,2019.

［9］中华人民共和国住房和城乡建设部.钢结构工程施工质量验收标准:GB 50205—2020
［S］.北京:中国建筑工业出版社,2020.

［10］中华人民共和国住房和城乡建设部.混凝土结构工程施工规范:GB 50666—2011
［S］.北京:中国建筑工业出版社,2012.

［11］中华人民共和国国家质量监督检验检疫总局,中国国家标准化管理委员会.钢筋混
凝土用钢 第2部分:热轧带肋钢筋:GB/T 1499.2—2018［S］.北京:中国标准出版
社,2018.

［12］中华人民共和国国家质量监督检验检疫总局,中国国家标准化管理委员会.预拌混
凝土:GB/T 14902—2012［S］.北京:中国标准出版社,2012.